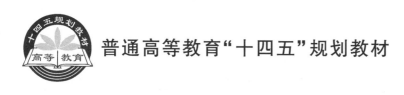

普通高等教育"十四五"规划教材

纳米材料电催化原理及应用

王春霞　主编

U0255012

中国石化出版社

·北京·

内 容 提 要

本书共七章，归纳和概括了各类电催化反应的反应机理、评价参数、电催化剂分类、结构与性能之间的关系，包括电催化析氢反应、电催化析氧反应、电催化氧还原反应、电催化氮气还原反应、电催化二氧化碳还原反应、甲醇电催化氧化反应和乙醇电催化氧化反应等，并介绍了其在相关领域的应用。

本书适合电催化、电化学、催化化学、材料科学、新能源、储能等学科的研究生作为基础课程教材，也可供从事电催化及新能源相关领域科学研究和技术研发的科技工作者参考阅读。

图书在版编目（CIP）数据

纳米材料电催化原理及应用／王春霞主编 . —北京：中国石化出版社，2023.11
ISBN 978-7-5114-7287-8

Ⅰ. ①纳… Ⅱ. ①王… Ⅲ. ①纳米材料–电催化–研究 Ⅳ. ①TB383②O643.3

中国国家版本馆 CIP 数据核字（2023）第 219483 号

中国石化出版社出版发行

地址:北京市东城区安定门外大街 58 号
邮编:100011　电话:(010)57512500
发行部电话:(010)57512575
http://www.sinopec-press.com
E-mail:press@sinopec.com
北京富泰印刷有限责任公司印刷
全国各地新华书店经销

*

710 毫米×1000 毫米 16 开本 12.5 印张 215 千字
2024 年 5 月第 1 版　2024 年 5 月第 1 次印刷
定价:58.00 元

PREFACE 前 言

　　当今社会对煤炭、石油、天然气等化石能源的高度依赖引发能源问题以及环境污染，寻求新兴的可再生清洁能源转换技术成为当今的研究热点和社会发展的重大需求。其中，电催化反应是实现可再生清洁能源转换技术的关键，电催化反应利用电催化剂在电极表面与反应物接触发生反应，可降低反应能垒，提高能源转化中电化学反应的速率和能效。依据不同的电催化反应机理，选择合适的电催化剂对于实现高效、稳定、高选择性的电催化反应至关重要。

　　新型纳米材料是指在三维空间中至少有一个维度位于纳米尺度范围(1~100nm)的材料。由于其具有独特的量子尺寸效应、表面效应，以及宏观量子隧道效应，在电化学过程中表现出优异的催化活性，成为理想的电催化材料。设计新型纳米催化剂并探索其结构、表面化学与催化机制之间的构效关系是当前研究的重点。

　　本书共有七章，归纳和概括了各类电催化反应的反应机理、评价参数、电催化剂分类、结构与性能之间的关系，包括电催化析氢反应、电催化析氧反应、电催化氧还原反应、电催化氮气还原反应、电催化二氧化碳还原反应、甲醇电催化氧化反应和乙醇电催化氧化反应。同时，考虑到电催化反应在能源储存转化方面发挥的作用，本书介绍了上述电催化反应的应用，预测了相关领域的发展趋势。最后，本书概括了近期新型纳米材料在电催化领域的科研思路，以启发读者的创新灵感。

本书紧跟当前新型纳米催化剂的研究前沿，对催化剂的结构设计、作用机理以及应用进行了总结。本书可作为电催化、材料科学、催化科学等研究方向研究生的教材，也可作为电催化领域研究纳米材料催化剂的相关从业者的科普资料。

在编写过程中，编者参阅了大量国内外专著、论文、教材；研究生闫成成、郭文璇、冯瑛、丁兆龙、安玮、马羚、申同俊等参与了编写工作。因编者水平有限，疏漏在所难免，敬请读者批评指正，不胜感激。

编者

目录

CONTENTS

第1章　电催化析氢反应 ………………………………………（ 1 ）

1.1　概述 ………………………………………………………（ 1 ）

1.2　电催化析氢反应机理 ……………………………………（ 2 ）

1.3　电催化析氢反应评价参数 ………………………………（ 3 ）

　1.3.1　氢吸附自由能 ………………………………………（ 3 ）

　1.3.2　过电势 ………………………………………………（ 4 ）

　1.3.3　塔菲尔斜率和交换电流密度 ………………………（ 4 ）

　1.3.4　稳定性 ………………………………………………（ 5 ）

　1.3.5　法拉第效率 …………………………………………（ 5 ）

　1.3.6　电化学活性表面积 …………………………………（ 5 ）

　1.3.7　电化学阻抗谱 ………………………………………（ 6 ）

　1.3.8　转换频率 ……………………………………………（ 6 ）

　1.3.9　氢键能 ………………………………………………（ 6 ）

1.4　电催化析氢催化剂 ………………………………………（ 6 ）

　1.4.1　贵金属催化剂 ………………………………………（ 7 ）

　1.4.2　过渡金属催化剂 ……………………………………（ 14 ）

　1.4.3　非金属纳米催化剂 …………………………………（ 19 ）

1.5　总结与展望 ………………………………………………（ 24 ）

　参考文献 ……………………………………………………（ 25 ）

第2章　电催化析氧反应 ………………………………………（ 28 ）

2.1　概述 ………………………………………………………（ 28 ）

2.2　电催化析氧反应机理 ……………………………………（ 29 ）

2.3　电催化析氧反应评价参数 ………………………………（ 30 ）

　2.3.1　过电势 ………………………………………………（ 30 ）

　2.3.2　塔菲尔斜率 …………………………………………（ 30 ）

I

2.3.3　交换电流密度 ……………………………………………（31）

2.3.4　转换频率 …………………………………………………（31）

2.3.5　法拉第效率 ………………………………………………（31）

2.3.6　稳定性 ……………………………………………………（32）

2.3.7　电化学活性表面积 ………………………………………（32）

2.3.8　电化学阻抗谱 ……………………………………………（32）

2.4　电催化析氧催化剂 …………………………………………（33）

2.4.1　贵金属及其化合物催化剂 ………………………………（33）

2.4.2　过渡金属催化剂 …………………………………………（44）

2.4.3　单原子催化剂 ……………………………………………（56）

2.4.4　碳材料催化剂 ……………………………………………（60）

2.5　电催化析氧反应应用 ………………………………………（64）

2.6　总结与展望 …………………………………………………（64）

参考文献 …………………………………………………………（65）

第3章　电催化氧还原反应 ………………………………………（69）

3.1　概述 …………………………………………………………（69）

3.2　电催化氧还原反应机理 ……………………………………（70）

3.3　电催化氧还原反应评价参数 ………………………………（71）

3.3.1　极化曲线 …………………………………………………（71）

3.3.2　起始电位、半波电位和极限电流密度 …………………（71）

3.3.3　动力学电流密度 …………………………………………（72）

3.3.4　电化学活性表面积 ………………………………………（72）

3.3.5　质量活性和比活性 ………………………………………（73）

3.3.6　塔菲尔斜率 ………………………………………………（73）

3.3.7　电子转移数 ………………………………………………（74）

3.3.8　过氧化氢形成百分比 ……………………………………（74）

3.3.9　转换频率 …………………………………………………（74）

3.4　电催化氧还原催化剂 ………………………………………（75）

3.4.1　铂族金属催化剂 …………………………………………（75）

3.4.2　非铂族金属催化剂 ………………………………………（78）

3.4.3　单原子催化剂 ……………………………………………（81）

3.4.4　碳材料催化剂 ……………………………………………（84）

3.5　电催化氧还原反应应用 ……………………………………（86）

3.5.1　燃料电池 …………………………………………………（86）

3.5.2　金属-空气电池 ……………………………………………（87）

3.6　总结与展望 ···（87）

　　参考文献 ···（88）

第4章　电催化氮气还原反应 ···（92）

4.1　概述 ···（92）

4.2　电催化氮气还原反应机理 ···（93）

4.3　电催化氮气还原反应评价参数 ···（96）

　　4.3.1　氨气产率 ···（96）

　　4.3.2　法拉第效率 ···（96）

　　4.3.3　稳定性 ···（97）

　　4.3.4　其他参数 ···（97）

4.4　电催化氮气还原催化剂 ···（97）

　　4.4.1　贵金属催化剂 ···（97）

　　4.4.2　非贵金属催化剂 ···（105）

　　4.4.3　非金属催化剂 ···（112）

　　4.4.4　金属有机框架化合物催化剂 ·······································（118）

4.5　总结与展望 ···（120）

　　参考文献 ···（122）

第5章　电催化二氧化碳还原反应 ···（127）

5.1　概述 ···（127）

5.2　电催化二氧化碳还原反应机理 ···（128）

　　5.2.1　电催化二氧化碳还原为 C_1 产物 ·································（129）

　　5.2.2　电催化二氧化碳还原为 C_2 及 C_{2+} 产物 ·······················（130）

5.3　电催化二氧化碳还原反应评价参数 ·······································（131）

　　5.3.1　起始电位和过电势 ···（131）

　　5.3.2　电流密度和塔菲尔斜率 ···（131）

　　5.3.3　电化学阻抗谱 ···（131）

　　5.3.4　稳定性 ···（132）

　　5.3.5　气相色谱和核磁共振波谱 ···（132）

5.4　电催化二氧化碳还原催化剂 ···（132）

　　5.4.1　贵金属催化剂 ···（132）

　　5.4.2　过渡金属催化剂 ···（136）

　　5.4.3　金属有机框架化合物和共价有机框架化合物 ·····················（144）

　　5.4.4　碳材料催化剂 ···（147）

5.5　电催化二氧化碳还原反应应用 ···（149）

5.6　总结与展望 ···（151）

参考文献 ·· (152)

第6章 甲醇电催化氧化反应 ························ (155)

6.1 概述 ·· (155)

6.2 甲醇电催化氧化反应机理 ······················ (156)

    6.2.1 酸性条件下反应机理 ····················· (156)

    6.2.2 碱性条件下反应机理 ····················· (157)

6.3 甲醇电催化氧化反应评价参数 ················· (158)

    6.3.1 电化学活性表面积 ······················· (158)

    6.3.2 质量活性和比活性 ······················· (159)

    6.3.3 稳定性 ··································· (159)

6.4 甲醇电催化氧化反应催化剂 ··················· (160)

    6.4.1 铂基纳米催化剂 ························· (160)

    6.4.2 钯基纳米催化剂 ························· (167)

    6.4.3 过渡金属催化剂 ························· (170)

6.5 甲醇电催化氧化反应应用 ····················· (171)

6.6 总结与展望 ······································ (172)

参考文献 ·· (172)

第7章 乙醇电催化氧化反应 ···················· (174)

7.1 概述 ·· (174)

7.2 乙醇电催化氧化反应 ··························· (174)

    7.2.1 乙醇电催化氧化反应机理 ················· (174)

    7.2.2 乙醇电催化氧化反应特征 ················· (176)

    7.2.3 乙醇电催化剂表面结构效应 ··············· (177)

7.3 乙醇电催化氧化反应评价参数 ················· (178)

    7.3.1 电化学活性表面积 ······················· (178)

    7.3.2 质量活性和面积比活性 ··················· (178)

    7.3.3 稳定性 ··································· (179)

    7.3.4 选择性 ··································· (179)

7.4 乙醇电催化氧化催化剂 ························· (180)

    7.4.1 铂及其合金纳米催化剂 ··················· (180)

    7.4.2 钯及复合纳米催化剂 ····················· (187)

    7.4.3 其他金属纳米催化剂 ····················· (188)

7.5 乙醇电催化氧化反应应用 ····················· (189)

7.6 总结与展望 ······································ (190)

参考文献 ·· (191)

第1章 电催化析氢反应

1.1 概述

大力开发清洁、高效、安全的清洁能源是当前热点研究。氢能由于高能量密度和零碳排放等优点，作为一种很有前途的能量载体备受关注。电解水制氢（$2H_2O \longrightarrow O_2 + 2H_2$）是一种可持续且安全可靠的氢气生产技术，通常需施加外界电压才能实现水的分解。图 1.1 所示为实验室电解水的常规装置，由直流电源、阴阳两极以及电解液构成，当外部施加足够的电压时，阴极发生析氢反应（Hydrogen Evolution Reaction，HER），阳极则会发生析氧反应。

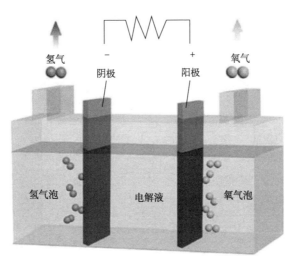

图 1.1 常规电解水示意图

HER 作为水分解反应中的阴极还原反应，需要相对较高的起始电位，能耗大。因此，开发高活性的电催化剂以降低过电位，加速反应动力学，提高能量转换效率迫在眉睫。迄今，Pt/C 仍然是 HER 优良的电催化剂，但高成本、低丰度及较差的稳定性严重阻碍了其在 HER 的实际应用。针对这些问题，已开发了一系列具有高活性和稳定性的析氢催化剂，包括贵金属催化剂、过渡金属催化剂、非金属催化剂。

1.2　电催化析氢反应机理

电催化析氢反应（HER）是一种在电极/电解质界面处发生的多步电化学反应，在酸性和碱性介质中的 HER 机理如图 1.2 所示。

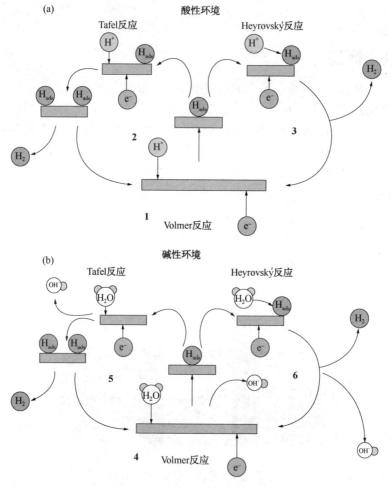

图 1.2　在不同介质中的 HER 机理

酸性条件下，HER 的第一步反应为 Volmer 反应[如图 1.2(a)中 1 所示]，在该过程中电子转移到电极材料表面并与 H 质子结合，产生吸附在电极上的氢原子（H_{ads} 或 H^*）；第二步为氢气的产生过程，第一步反应中形成的 H_{ads} 可以通过两种不同的反应方式产生 H_2，H_{ads} 与另一个 H_{ads} 反应生成氢气则称为 Tafel 反应[如图 1.2(a)中 2 所示]，而 H_{ads} 直接与溶液中 H^+ 反应生成氢气则称为 Heyrovsky 反应[如图 1.2(a)中 3 所示]。在酸性电解质中，HER 通常以 Volmer-Tafel 反应

[见式(1-1)和式(1-2)]或 Volmer-Heyrovský反应[见式(1-1)、式(1-3)]进行：

Volmer 反应： $$H^+ + e^- \longrightarrow H_{ads} \tag{1-1}$$

Tafel 反应： $$H_{ads} + H_{ads} \longrightarrow H_2 \tag{1-2}$$

Heyrovský反应(酸性)： $$H_{ads} + H^+ + e^- \longrightarrow H_2(g) \tag{1-3}$$

与酸性电解质中的 HER 不同，碱性电解质中的 HER 第一步反应是水解离为吸附的氢原子和带负电的氢氧根阴离子[见式(1-4)]。然后通过以下两种途径产生氢气：一种是 Tafel 反应，两个吸附的氢原子结合在一起形成一个氢分子[见式(1-2)]；另一种是 Heyrovský反应，被吸附的氢原子与另一个水分子反应，形成氢分子和氢氧根离子[见式(1-5)]。HER 在碱性电解质中的反应动力学缓慢，比酸性电解质中的反应动力学至少低两个数量级。缓慢的反应速度可能是由三个原因造成的：与溶液中的 H^+ 相比，OH^- 的传输速度较慢；O—H 键在水分子中比在水合质子中的解离难度更大；特定表面在酸和碱中吸附氢的能力不同。到目前为止，碱性电解质中决定 HER 速率的确切因素仍不清楚，迫切需要进行实验和理论研究为设计性能更好的 HER 催化剂提供指导。

水解离： $$H_2O(l) + e^- \longrightarrow H_{ads} + OH^-(aq) \tag{1-4}$$

Heyrovský反应(碱性)： $$H_{ads} + H_2O + e^- \longrightarrow H_2(g) + OH^-(aq) \tag{1-5}$$

1.3　电催化析氢反应评价参数

1.3.1　氢吸附自由能

氢吸附自由能(ΔG_{H^*})代表氢与活性位点之间的键强度，一般来说，优良的 HER 催化剂应具有强弱适中的氢吸附自由能，即 ΔG_{H^*} 接近于 0。过强的 $\Delta G_{H^*}(>0)$ 代表 Volmer 反应缓慢，无论在酸性介质还是在碱性介质中，活性位点上都很难产生 H^*。相反，极弱的 $\Delta G_{H^*}(<0)$ 将导致活性位点上产生的 H^* 难以参与后续的 Heyrovský反应和 Tafel 反应，从而导致电催化剂活性位点总是被 H^* 占据，不能吸附新的 H^*，抑制 Volmer 反应，最终使催化剂发生中毒现象。通过密度泛函理论(DFT)计算研究不同金属上的 ΔG_{H^*}，得到酸性电解质中交换电流密度(j_0)与 ΔG_{H^*} 的函数关系(火山图)。如图 1.3 所示，Pt 的 ΔG_{H^*} 接近于 0，表现出最理想的催化活性。虽然 ΔG_{H^*} 可作为酸性 HER 的性能评价参数，但

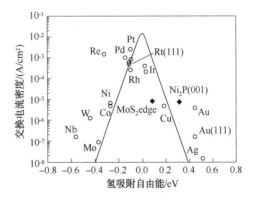

图 1.3　酸性电解质中交换电流密度与氢吸附自由能的函数关系图

在碱性电解质中，由于涉及羟基吸附能和水解离能，HER 活性不能完全由 ΔG_{H^*} 进行评价。

1.3.2 过电势

平衡电极电位下(无外加电流时)，电极上的还原反应电流与氧化反应电流相等，还原反应速度和氧化反应速度相等，此种情况下无净电流产生，无氢气析出。当阴极上有外加电流时，还原反应速率大于氧化反应速率，电极上发生析氢反应。外加电流存在时，电极电位由平衡电极电位向负方向偏移，且外加电流越大其偏移的程度越大，通常将导致电极电位向负方向偏移的现象称作阴极极化。实际应用中，只有当电极电位(φ_i)偏离氢的平衡电位(φ_p)并达到一定程度时，氢气才会在阴极上析出。在某一确定的电流密度下，氢气析出的实际电极电位与氢的平衡电极电位之间的差值，就是在此电流密度下的析氢过电势(η)，如式(1-6)所示：

$$\eta = \varphi_p - \varphi_i \tag{1-6}$$

通常，会根据电流密度为 1mA/cm^2(η_1)、10mA/cm^2(η_{10})、100mA/cm^2(η_{100}) 时对应的 η 值来比较催化剂的活性。η_1 通常被称为"起始过电势"，表示 HER 的起始点。此外，在 10mA/cm^2 下对应的电流密度(η_{10})相当于太阳能分解水装置 12.3% 的效率，因此在该电流密度下所需的过电势可作为参考依据，通常用于比较各种催化剂的 HER 活性。η_{10} 越小，表明催化活性越高。

1.3.3 塔菲尔斜率和交换电流密度

塔菲尔(Tafel)斜率(b)是催化剂的固有特性，通常与电极反应的催化机理有关。b 可通过绘制 η 与 $\log|j|$ 的函数关系图得到。b 越小，表明提供相同的电流密度所需的 η 越小，意味着电子转移动力学越快。Tafel 斜率理论上可以由 Butler-Volmer 方程[见式(1-7)、式(1-8)]推导。当过电势 $\eta > 50\text{mV}$ 时，Butler-Volmer 方程可简化为式(1-9)。

$$\eta = \alpha + b \log j \tag{1-7}$$

$$j = j_0 \left[-e^{-\alpha n F \eta / RT} + e^{(1-\alpha) n F \eta / RT} \right] \tag{1-8}$$

$$\eta = \alpha + b \log j = \frac{-2.3RT}{\alpha n F} \log j_0 + \frac{2.3RT}{\alpha n F} \log j \tag{1-9}$$

式中，α 是电荷转移系数，j 是电流密度，n 是转移的电子数，F 是法拉第常数，R 是理想气体常数，T 是绝对温度。根据 Butler-Volmer 动力学模型中的 Tafel 斜率分析，可推断出速率决定步骤。在 298K 下，反应过程的 Tafel 斜率分别为 $b_1 \approx 120\text{mV/dec}$，$b_2 \approx 40\text{mV/dec}$ 和 $b_3 \approx 30\text{mV/dec}$。这意味着当 b 的值接近 120mV/dec[简化为式(1-10)]时，Volmer 反应是速率决定步骤，并且氢原子在电催化剂表面上的电化学吸附反应缓慢。如果 Tafel 斜率值接近 40mV/dec[简化为式(1-11)]，则 Heyrovský 反应是速率决定步骤。在这种情况下，氢原子的电化学吸附反应容易发生，氢分子的产生主要由电化学脱附控制。如果 Tafel 斜率值约为 30mV/dec[简化为式(1-12)]，Tafel 反应为决速步骤。因此，可根据 Tafel 斜率值来推断反应决速步骤。

对于 Volmer 反应：

$$b_1 = \frac{2.3RT}{\alpha F} \tag{1-10}$$

对于 Heyrovský 反应：

$$b_2 = \frac{2.3RT}{(1+\alpha)F} \tag{1-11}$$

对于 Tafel 反应：

$$b_3 = \frac{2.3RT}{2F} \tag{1-12}$$

1.3.4　稳定性

稳定性是评估 HER 催化剂实际应用潜力的另一个关键参数。循环伏安法和静态电流/电位法可用于测定稳定性。伏安法是在包括起始电位在内的区域内比较一定循环次数前后过电势的变化。循环前后，过电势变化越小，说明催化剂越稳定。静态电流(或静态电位)法是在电流密度(或过电势)恒定的情况下，监测电位(或电流密度)随时间的变化。对于静态电流法，施加的电流密度至少需要 10mA/cm^2，持续时间至少 10h。

1.3.5　法拉第效率

法拉第效率(FE)，也称为库仑效率，是电化学反应中重要的技术和经济指标。法拉第效率是描述来自外部电路的电荷将水分解成氢/氧分子的转化效率，为实际气体量与理论气体量之比。实际气体量可用水-气置换法或气相色谱法检测，理论气体量可根据法拉第定律由总电量计算。反应过程中产生的副产物可能会导致法拉第效率损失，理想的催化剂应具有 100% 的法拉第效率。

1.3.6　电化学活性表面积

电化学活性表面积(ECSA)的大小与双电层电容(C_{dl})呈正比关系。在非法拉第区内通过测量不同扫描速率下的循环伏安曲线(CV)可拟合得到 C_{dl}[见式(1-13)]。此时，非法拉第电流密度(j)与扫描速率(v)呈线性关系。随着 v 的增加，CV 曲线可能偏离矩形。因此，需选择合适的 v，在特定过电势(应用电位范围的中间值)下绘制 CV 曲线以保证线性关系。较大的 C_{dl} 则意味着具有更多活性位点。由于碳复合材料的 C_{dl} 主要来自碳载体，因此不能通过 C_{dl} 准确地评估这类材料的活性。实际电极的双电层电容与理想光滑氧化物电极的表面双电层电容的比值可用于估算粗糙系数（RF）[式（1-14）]。将粗糙系数的值与平面上活性位点的密度相乘可得到电化学活性位点的密度。

$$C_{dl} = \frac{j}{\nu} \qquad (1-13)$$

$$RF = \frac{C_{dl}}{C_{dl(Ref)}} \qquad (1-14)$$

式中，$C_{dl(Ref)}$ 代表参考值。此外，ECSA 还可以通过欠电位沉积或通过电子显微镜对电极进行详细的形态学表征来估算。

1.3.7　电化学阻抗谱

HER 反应中氢在电极表面的动力学可由电化学阻抗谱（EIS）测定。EIS 奈奎斯特（Nyquist）图拟合后可得离子电阻、欧姆电阻和催化剂的电阻（R_{ct}）。就 HER 而言，R_{ct} 与电极的界面电荷转移过程有关，R_{ct} 值越小，表明反应速率越快，过电势越小。此外，Nyquist 图中低频区的半圆，即吸附电阻（R_{ad}），是指电极表面对氧化物种的吸附，它反映了 HER 的起始电位。R_{ad} 越小，起始电位越正。

1.3.8　转换频率

催化剂的内在活性或效率通常根据催化剂单位质量或体积的活性位点数量来确定。1968 年，Michel Boudart 首次提出用转换频率（TOF）来评估催化剂的本征活性，即单个位点单位时间发生反应的分子数。目前，估算 HER 催化剂 TOF 值最常用的方法是基于式（1-15）进行的：

$$TOF = \frac{jA}{4NF} \qquad (1-15)$$

式中，j 为电流密度，A 是工作电极面积，N 是活性位点数目，F 为法拉第常数。然而，对于大多数固态催化剂，并非所有的表面原子都具有催化活性，计算出的 TOF 值相对不精确，但它仍然是比较不同催化剂催化活性的有效方法。

1.3.9　氢键能

理想的 HER 电催化剂应表现出既不太强也不太弱的氢键能。研究发现析氢反应速率最初随着 M—H 键作用的增强而逐渐增强，但若吸附太过强烈，吸附氢便很难从电极上脱附，导致 M—H 键断裂形成氢气的相对速率降低，总反应速率下降。因此，只有在 M—H 键合作用适中时，氢气析出的速率才能达到最大，这一现象也被称为"火山形效应"。

1.4　电催化析氢催化剂

开发高活性的 HER 电催化剂以降低反应过电势、加快反应速率、降低反应能耗是电解水制氢技术中最迫切的需求之一。经过大批科研工作者的努力，目前已经开发出一系列高效稳定的析氢催化剂,大致分为以下三类:贵金属析氢催化剂[铂(Pt)族金属],过渡金属基催化剂[铁(Fe)、钴(Co)、镍(Ni)等],非金属基催化剂(主要为碳基材料)。

1.4.1 贵金属催化剂

1.4.1.1 铂基催化剂

如图 1.3 中的火山曲线所示,位于火山曲线顶点附近的铂族贵金属(PGMs,包括铂、钯、钌、铱和铑)有接近零的 ΔG_{H^*},显示出优异的 HER 催化性能。其中铂(Pt)是活性最高、最早用于析氢的贵金属催化剂。然而,Pt 高昂的成本和有限的储量严重限制了其大规模应用。理论和实验研究表明,超小颗粒的 Pt 纳米催化剂具有高比表面体积、独特的表面几何效应、独特的电子特性和量子尺寸效应,因而展现出优良的电催化活性。如图 1.4 所示,将催化剂颗粒缩小到纳米尺寸和原子水平是提高 HER 电催化活性的可行方法。

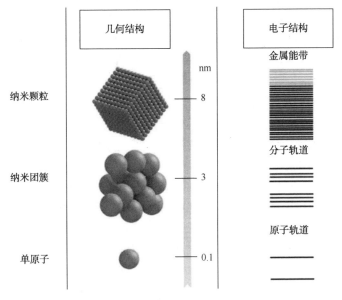

图 1.4 纳米颗粒、纳米团簇和单原子的几何结构和电子结构

铂-过渡金属合金(Pt-M)是在 Pt 中加入过渡金属,改变 Pt 的表面电子结构,形成具有协同效应的合金纳米颗粒。提高 Pt-M 催化活性的方法是将其面心立方(fcc)结构转化为化学有序的面心四方(fct)结构,其中 Pt 和 M 形成交替的原子阵列层,完全有序的 fct-PtFe 合金纳米材料的催化活性优于商业的 Pt 和 fcc-PtFe。如图 1.5 所示,将 Pt 纳米颗粒均匀地嵌入晶体中,制备了具有微米级三角八面体形状的 PtCoMo@NC 三金属合金纳米材料。PtCoMo@NC 通过高度分散的 Pt 纳米颗粒以及 Co 和 Mo$_2$C 之间的协同作用增强了催化活性,在全 pH 范围内显示出与

商业 Pt/C 相当的 HER 催化活性。PtCoMo@NC 的快速析氢动力学归因于其介孔通道内分散的 Pt 纳米颗粒，此外，多孔碳抑制了 Pt 纳米颗粒的聚集，表现出长期稳定性。

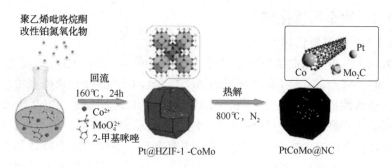

图 1.5　PtCoMo@NC 的合成过程

高熵合金（HEAs）是指含有五种及以上且具有相似原子比的金属合金，每种金属的含量在 5%~35%。HEAs 提供了制备低 Pt 含量的 Pt 基合金催化剂的有效方法，利用 Pt 和其他元素之间的协同作用，使低 Pt 含量的 HEA 催化剂仍具有良好的催化活性和稳定性。通过固定四种元素（Al、Cu、Ni、Pt），添加第五种元素（Pd、V、Co 或 Mn），以自上而下的脱合金方法合成的一系列 Pt 含量为 20%~30% 的 HEAs，表现出优于商业 Pt/C 的活性和稳定性。

Pt 纳米团簇是介于分子与宏观固体物质之间的物质结构，尺寸为几埃至几百埃，可暴露出更多的活性位点，是提高 Pt 原子利用率的有效方法。锚定在硫掺杂碳上的 Pt 纳米团簇（Pt NC/S-C）中，当 Pt 原子数从 1 增加到 44 时，Pt 和 S-C 之间发生电荷转移逆转，d 带中心下移，增强了 Pt 团簇的电子捕获能力，使 Pt 成为富电子相，HER 活性远高于缺电子 Pt 单原子，在 $10mA/cm^2$ 时过电势仅为 11mV。

单原子催化剂（SACs）被认为是一种负载型催化剂，所有金属原子暴露于载体表面可达到极高的原子利用率。但当催化剂尺寸达到原子级别后，显著增大的比表面积使得单原子容易发生团聚，因此需选择合适的载体用于防止单原子在催化反应过程中聚集或脱落，提高催化剂稳定性。碳基材料具有大的表面积、高的电子传导率、优良的化学和物理性质以及可调节的孔结构而被用于稳定单原子的载体。

通常，对于 SACs，金属原子的配位环境在很大程度上影响其电子结构，进而影响其催化活性。将 Pt 单原子锚定在石墨炔（GDY）载体上，形成四配位的 $C_2\text{-Pt-Cl}_2$，如图 1.6 所示。X 射线吸收精细结构谱（EXAFS）分析表明，Pt-GDY 催化剂中无 Pt—Pt 键，Pt-GDY1（$C_1\text{-Pt-Cl}_4$）中 Pt 原子与一个碳原子和四个氯原子配位，Pt-GDY2（$C_2\text{-Pt-Cl}_2$）中 Pt 原子与两个碳原子与两个氯原子配位，锚定

在 GDY 基底上。Pt-GDY2 在 HER 中表现出极高的催化活性，其质量活性分别是
Pt-GDY1 和商用 Pt/C 催化剂的 3.3 倍和 26.9 倍。

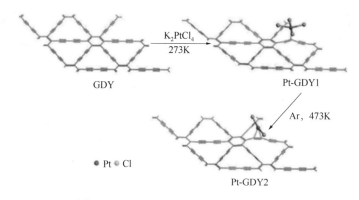

图 1.6　Pt-GDY1 和 Pt-GDY2 的合成过程

在 SACs 中，当以过渡金属作为载体时，单原子通过金属键与过渡金属载体
相互作用。MoS_2 的活性中心为边缘的配位不饱和 S 原子，而 MoS_2 的面内的 S 则
是惰性的，将 Pt 单原子负载于 MoS_2 可使得 MoS_2 面内的 S 具有催化活性。DFT 计
算表明，在无 Pt 单原子的情况下，一旦 H 原子吸附在 S^{2-} 上，则会对催化活性产
生不利影响，并抑制催化反应。但当 Pt 单原子锚定在 MoS_2 表面上时，这些 Pt 单
原子可将从溶液中捕获的 H^+ 作为 HER 的关键活性中心，促进 HER。对于双过渡
金属 MXene 纳米片（$Mo_2TiC_2T_x$），其外层具有大量暴露的表面和 Mo 空位。Pt 原
子进入 MXene 晶格并占据 Mo 空位，导致电子结构的重新分布，从而表现出高催
化活性，其质量活性约为商业 Pt/C 的 40 倍。

1.4.1.2　钌基催化剂

Ru—H 键的结合强度与 Pt—H 键相当，Ru 基催化剂可作为 Pt/C 催化剂的最
佳替代品。目前常用的 Ru 基催化剂可大致分为 Ru 纳米颗粒、Ru 单原子以及 Ru
化合物。通过选择合适的载体、调控电子结构以及设计界面，可提高其固有催化
活性。

Ru 纳米颗粒（Ru NPs）具有较大的表面自由能，通常需要载体来稳定。具有
大比表面积的载体可均匀分散 Ru NPs，暴露更多的活性位点，锚定在边缘羧酸
功能化石墨烯纳米片（CGnP）上的 Ru NPs 催化剂（Ru@GnP）在酸性和碱性介质
中都表现出了优异的 HER 性能。如图 1.7 所示，以双金属 MOFs（CuRu-MOF）为
前体制备的 Ru 负载分层多孔碳（Ru-HPC）具有较高的比表面积以及丰富的孔隙
率，在碱性条件下表现出低过电势（$25mA/cm^2$ 时为 22.7mV，$50mA/cm^2$ 时为
44.6mV）和高转换频率（25mV 为 1.79 H_2/s）。

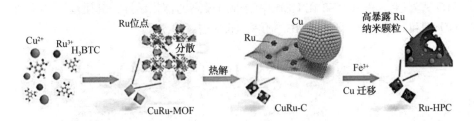

图 1.7　钌负载分层多孔碳制备示意图

杂原子掺杂碳可改变 Ru 的配位环境。如图 1.8(a)所示，Ru 纳米颗粒负载的多孔二维氮化碳(Ru@C_2N)拥有均匀分布的微孔，有利于 Ru NPs 的吸附、成核和生长。DFT 计算表明，在酸性电解质中，Ru_{55}(C_2N 上的 Ru 纳米粒子模型)表面的氢吸附自由能(0.55eV/H)与 Pt(111)基本相当。然而在碱性介质中，锚定在 C_2N 孔上的 Ru_{55} 纳米粒子具有更高的 H_2O 结合能，导致 H_2O 的快速吸附和解离。这些效应补偿了 Ru(相对于 Pt)上不利的高 OH 结合能，提高了整个 HER 效率。Ru@C_2N 在 10mA/cm^2 处展现出低过电势(在 0.5mol/L 硫酸中为 13.5mV，在 1.0mol/L KOH 中为 17.0mV)和 Tafel 斜率(在 0.5mol/L 硫酸中为 33mV/dec，在 1.0mol/L KOH 中为 38mV/dec)。

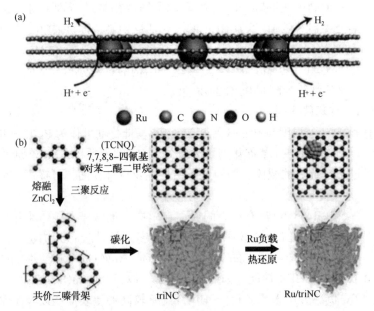

图 1.8　(a)均匀分布在 C_2N 基体上的 Ru 纳米颗粒(Ru@C_2N)示意图；
(b)Ru/triNC 的合成示意图

然而，"额外的氮"在碳载体中分布不均匀，会堵塞金属中心活性，导致催化活性下降。图1.8(b)展示了以内源性氮作为载体制备的Ru纳米颗粒负载于三嗪环掺杂的碳(triNC)上的催化剂(Ru/triNC)。DFT计算表明，与NC和纯C相比，富含N的triNC上的Ru NPs具有更高的功函数，能够更容易地捕获Ru原子的电子，降低费米能级，优化氢的吸附能。进一步计算表明在Ru/triNC催化剂中，氢在Ru表面的吸附能力接近平衡，而水的解离动力学却很快。因此，Ru/triNC催化剂具有优异的HER性能，在10mA/cm²的电流密度下，过电势为2mV，Tafel斜率为32.1mV/dec，交换电流密度高达9.4mA/cm²。

金属基底和Ru NPs之间的强电子相互作用可提高HER活性和稳定性。Ru NPs可均匀地分布在具有丰富吸附位点的一维金属纳米线(WNO)上[见图1.9(a)]，Ru/WNO@C表现出比Pt/C低的过电势，较小的Tafel斜率(33mV/dec)，和高质量活性(50mV时4095.6mA/mg)。DFT计算表明，与Ru(001)和WNO(111)相比，Ru_{13}/WNO/C拥有更趋于平衡的H吸附能[$\Delta G_{H*} = -0.21eV$，见图1.9(b)]和更低的水解能垒[$\Delta G_{H_2O} = 0.16eV$，见图1.9(c)]。差分电荷密度计算表明，在Ru-WNO界面电荷密度增加，表明复合材料中的Ru和WNO之间有强烈的协同作用。

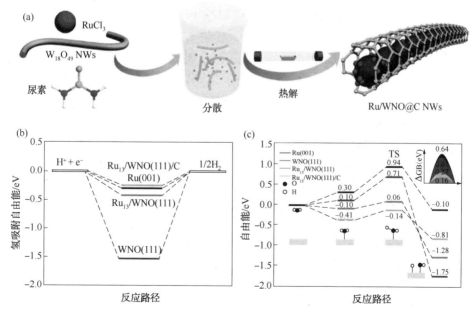

图1.9 (a)线状Ru/WNO@C NW的制备路线示意图；(b)Ru(001)、WNO(111)、Ru_{13}/WNO(111)和Ru_{13}/WNO(111)/C上H吸附自由能图；(c)水的解离能

Ru 单原子(Ru SAs)作为活性中心，分布于各种基底材料中，表现出优异的 HER 性能。首先，Ru 位点可调节电子态和 d 带中心，加速电子转移，增强水吸附能力。其次，Ru 位点可使得电荷重新分布，富电子的 Ru 位点可降低水解离的能量势垒，有利于 H 吸附。此外，Ru SAs 还可以改变相邻催化位点的电子结构，通过协同效应促进 Volmer 步骤和 H-H 偶联步骤。最后，Ru SACs 的局域配位可进一步增强水的吸附和解离过程。在 Ru SAs 中，载体在锚固和稳定 Ru SAs 方面起着重要作用。通过引入具有高比表面积、优异的电子传导性和化学稳定性的载体，可提高电子电导率，暴露更多的活性位点。

碳基材料具有大的比表面积、优异的电子传导性和化学稳定性，不仅可以分散活性物质，还可产生强大的界面作用，提供新的活性位点。具有缺陷和掺杂的碳基材料通过单原子与杂原子键合稳定于基底材料上。研究表明，Ru 和 N、B 共掺杂碳之间存在强烈的金属-载体相互作用。由于 ΔG_{H^*} 接近于零，Ru-N/BC 在碱性和酸性电解质中均表现出优异的 HER 活性，过电势分别为 51mV 和 79mV。单原子 Ru 均匀嵌入 N 掺杂炭黑制备的 Ru_1-N/BP 中，扩展 X 射线吸收光谱表明该样品中不存在 Ru_x 团簇或纳米颗粒，而 XPS 解析表明存在 Ru—N 键，N 可增强 Ru 和碳基底之间的相互作用，金属原子的电子可转移到基底上，导致电荷重新分布，增强对反应物、中间体和产物的吸附，从而提高催化性能。DFT 计算表明从单个 Ru 原子到基底之间有 $0.222e^-$ 电荷转移，显著的电荷转移表明 Ru 原子和 N 掺杂的碳之间存在强烈的相互作用。

金属有机框架化合物(MOFs)是一类通过金属离子和有机配体自组装形成的多孔材料。MOFs 衍生的碳材料是 SACs 的理想载体，其具有大的比表面积、有序的孔结构，可用于锚定高度分散的金属原子，是构建 SACs 的理想载体[见图 1.10(a)]。MOFs 衍生的碳材料可在热解过程中形成强的金属-杂原子(如 N、P、O 等)配位键，从而提高材料的热稳定性和化学稳定性。如图 1.10(b)所示，将原子分散的 Ru 引入 Ni-BDC MOFs 所得的 $NiRu_{0.13}$-BDC($NiRu_x$-BDC，其中 x 表示 Ni 和 Ru 的物质的量比)在宽 pH 值范围内显示出优异的 HER 活性，特别是在 1mol/L PBS(磷酸缓冲盐溶液)中，过电势为 36mV，Tafel 斜率为 32mV/dec。DFT 计算表明，O 配位调节了单原子 Ru 的电子态以及 Ni 的 d 带中心，增强了 Ru 在 $NiRu_{0.13}$-BDC 中的水吸附能力，Ni 的 ΔG_{H^*} 更趋近于零，提高了 HER 性能。

过渡金属碳化物、氮化物或碳氮化物(MXenes)，一般结构为 $M_{n+1}X_nT_x$，其中 M 为过渡金属(TM)，X 为碳/氮元素，T 为表面基团(—O、—OH、—F 等)，n=1、2、3 或 4，具有高表面能、可调的电子结构和均匀的原子排列。MXenes 中具有电负性的表面官能团，可吸附金属阳离子，有利于进一步还原和锚定 SACs 位点，是固定 SACs 的理想材料。MXenes 的制备过程通常需要加入蚀刻剂，

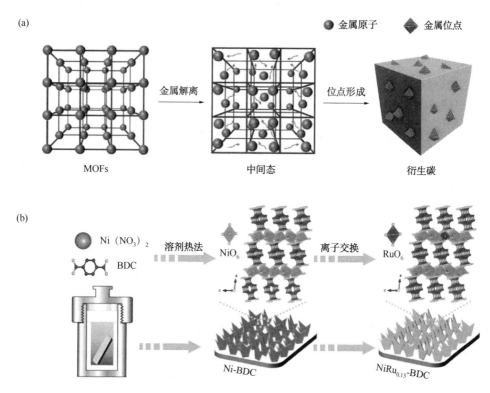

图 1.10　(a)MOFs 和 MOFs 衍生碳；(b)NiRu$_{0.13}$-BDC 催化剂的制备示意图

其晶格内的一些金属原子不可避免地会被蚀刻掉，从而产生金属缺陷位点。不饱和配位的缺陷位点具有一定的还原性，可同时实现金属阳离子的吸附和还原。d带中心更接近费米能级的单原子负载的 MXene 拥有极高的 HER 活性，当费米能级与 O 成键轨道(价带)或金属反键轨道(导带)重叠时，与 H 原子的化学相互作用相对较强。负载在氮掺杂 Ti$_3$C$_2$T$_x$ 上的单原子 Ru 位点显示出优异的 HER 活性，$|\Delta G_{H^*}|$ 为 0.039eV，比 Pt(111)的(0.09eV)更接近零。

Ru 化合物通过改变 Ru 的电子结构削弱 Ru—H 键，在宽 pH 值范围内具有优异的 HER 性能。由于 P 原子的电负性较高，带负电荷的 P 原子不仅可以作为质子载体，还可以促进氢气释放，从而防止吸附的 H 原子因金属—H 键过强而覆盖活性位点。以植酸(PA)为磷源，RuCl$_3$ 为 Ru 源制备了结构、尺寸和负载量相似的三种磷化钌(Ru$_2$P、RuP 和 RuP$_2$)。Ru$_2$P/石墨烯展现出最优的 HER 催化活性，在 10mA/cm^2 时过电势为 18mV。DFT 计算表明 Ru$_2$P(0.164eV)比 RuP(-0.198eV)和 RuP$_2$(-0.428eV)有更优的 ΔG_{H^*} 值。负载在硫掺杂的氧化石墨烯上的无定形硫化钌(RuS$_x$)(RuS$_x$/S-GO)的 ΔG_{H^*} 与 Pt 非常相似，在酸性(31mV)、中性(46mV)和碱性(58mV)中表现出优于 RuS$_x$ 的 HER 活性。此外，在 TiO$_2$ 纳米管阵列(TNAs)上均匀分布的 $Ru_{0.33}Se$ 纳米颗粒,结合了 $Ru_{0.33}Se$ 和 TiO_2 界面的协同效应,$Ru_{0.33}Se@TNA$ 表现出优良的 HER 活性,具有 57mV 的过电势和 50mV/dec 的低 Tafel 斜率,优于直接负载在 Ti 箔($Ru_{0.33}Se/Ti$)和碳布($Ru_{0.33}Se/CC$)的 $Ru_{0.33}Se$ 纳米颗粒(NPs)。

1.4.1.3　其他贵金属催化剂

钯(Pd)与 Pt 属于同一主族,为面心立方晶体结构。但 Pd 的析氢反应动力学比在 Pt 上要困难许多,因此需要通过合金化、表面改性、形貌优化等方法来提高 Pd 基催化剂的催化活性。Pd 合金可以发挥金属间的协同作用,降低起始电位和 Tafel 斜率,提高稳定性。因此,Pd 常作为掺杂元素或第二金属添加至催化剂体系中。在碳纳米纤维(CNF)中掺入 Co/CoO_x 和 Pd NPs 可获得优异的电催化活性,并且在碱性电解质溶液中具有良好的化学稳定性。高达 25% 的 Co、微量的 CoO_x 和少量的 Pd NPs 显示出优异的 HER 电催化活性。氮掺杂碳纳米纤维(N-CNF)具有更多的 Co/CoO_x 边缘位点和更少的 Pd NPs,可加速 Co/CoO_x 和 Pd NPs 之间的电子转移,增强电极电导率,从而提高 HER 活性。

金(Au)具有较强的化学稳定性、优良的导电性,常被用作电极材料。例如,核/壳 NiAu/Au NP 具有类 Pt 性能,在循环后,NiAu NP 中的表面 Ni 被刻蚀,形成核/壳 NiAu/Au,表现出增强的 HER 活性,起始电位和 Tafel 斜率都接近于商业 Pt/C,且具有优于 Pt/C 的优良稳定性。DFT 计算表明在壳周围形成具有低配位数的 Au 位点有助于增强电催化性能。

1.4.2　过渡金属催化剂

过渡金属具有空的 d 轨道,在 HER 中可充当亲电试剂,形成中间产物,降低反应活化能,促进反应进行。因此,合理设计过渡金属基化合物如过渡金属磷化物(TMPs)、过渡金属硫化物(TMSs)、过渡金属氮化物(TMNs)、过渡金属碳化物(TMCs)、过渡金属硼化物(TMBs)等,已成为一种潜在的替代贵金属的催化剂。但过渡金属及其化合物对 HER 和 OER 中间体的吸附自由能不理想,本征催化能力不强;此外,它们在酸性和碱性电解液中容易发生腐蚀,导致稳定性不佳。目前,通常可通过掺杂工程、缺陷工程、界面工程、应力工程等方法提高过渡金属本征活性;也可通过对催化剂进行结构设计,与导电碳材料复合等方法增强其稳定性。

1.4.2.1　过渡金属磷化物

过渡金属磷化物(TMPs)具有理想的电子结构且形貌和结构多变。早期研究表明,无定形 TMPs 在碱性介质中以相对较高的过电势表现出一定的 HER 电催化活性。理论计算发现 Ni_2P 的(001)晶面具有适中的 ΔG_H,其表面上暴露的质子受体和氢化物受体之间的协同效应使得中间体和产物适度键合,表现出优异的 HER 性能。此外，TMPs 中的磷原子具有比金属原子更高的电负性，因此可从金属原子中得到电子，带负电的磷原子能够捕获带正电的质子，有效提高 HER 活性。TMPs 具有更好的耐腐蚀性，这是由于磷化减缓了金属溶解，表面上形成的低溶解性磷酸盐层抑制了 TMPs 的溶解。研究发现 Mo 基催化剂的 HER 活性和稳定性随着磷化程度的增加而增加，即 $MoP>Mo_3P>Mo$。此外，在具有相似形态但不同相的单分散磷化镍纳米粒子中（$Ni_{12}P_5$、Ni_2P 和 Ni_5P_4），具有最高 P 含量的磷化镍表现出最优的催化活性和稳定性。

形貌结构、表面缺陷、导电性以及活性位点是影响 TMPs 性能的关键因素。例如，通过油包水微乳液法制备的 $Ni_{12}P_5$ 空心球结构具有独特的空心结构、大的比表面积以及丰富的孔隙，提供了更多的扩散通道和催化活性位点。在酸性溶液中，当电流密度为 $100mA/cm^2$ 时，过电势为 277mV，Tafel 斜率仅为 46mV/dec。类似地，通过低温磷化法合成的海胆状 CoP 纳米晶，在酸性溶液中表现出优异的 HER 活性，电流密度为 $100mA/cm^2$ 时，过电势为 180mV。

空位缺陷的存在可改变局域的电子结构，降低 HER 的反应能垒。将 Mg 作为"牺牲掺杂剂"引入 FeP 中，通过化学浸出法制备空位 FeP（Vc-FeP）薄膜。DFT 计算表明，原始 FeP 的 $\Delta G_{H^*}=0.16eV$，添加 Mg 后 ΔG_{H^*} 降低至 0.05eV。对于 Vc-FeP，$\Delta G_{H^*}=0.02eV$（见图 1.11）。与 FeP 和 Mg-FeP 相比，Vc-FeP 中铁空位附近产生了相对富磷的环境，带有部分负电荷的磷捕获质子，保持了较好的析氢活性。在泡沫镍表面上制备的磷空位的 v-$Ni_{12}P_5$ 有大量的电子累积，引起电子再分布，极大地提高了 HER 活性。在 1mol/L KOH 溶液中，在 $10mA/cm^2$ 电流密度下，其过电势为 27.7mV，Tafel 斜率为 30.9mV/dec。总的来说，磷空位可削弱过渡金属 3d 和磷 2p 轨道的杂化，促进氢的脱附。

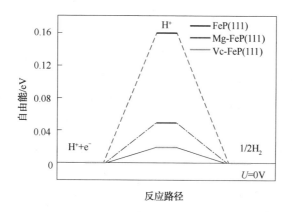

图 1.11　FeP、Mg-FeP 和 Vc-FeP 的自由能图

此外，杂原子掺杂破坏了 TMPs 晶格的周期性，引起局域电子结构的改变，优化电荷转移，可调控 HER 性能。Fe、Ni、Mn 掺杂的 CoP 空心多面体[见图 1.12(a)]改变了 CoP 的电子结构，电荷由掺杂的金属原子向 Co 原子转移。DFT 计算可知，金属原子的掺杂改变了 ΔG_H，其中 Ni 原子掺杂的 ΔG_{H*} 最小（-0.03eV），过电势最小。O 原子引入 MoP、CoP 中可增强固有电导率，使得 Mo—P 和 Co—P 键长变长，促进电荷的转移，展现出优异的 HER 活性。N 原子同时掺杂在磷化物和载体上可得到氮掺杂磷化钼负载的 N 掺杂碳纳米管（N-MoP/N-CNT）。N 掺杂调整了电子结构且与碳纳米管产生耦合效应，促进了析氢活性。在电流密度为 10mA/cm² 时，过电势为（103±5）mV，低于 MoP 纳米颗粒的过电势（243mV）。但单金属和非金属原子掺杂无法很好地平衡水的吸附和解离，而多种元素之间的协同作用能优化对 HER 中间物种的吸附能，降低过电势。Cu 和 O 共掺杂制备的 CoP 纳米线阵列，由于金属-非金属的掺杂产生了大量的晶格缺陷，增加了活性位点，其催化活性比未掺杂的 CoP 纳米线阵列提高了近 10 倍[见图 1.12(b)]。

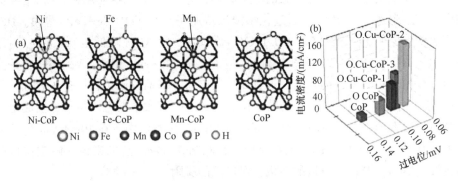

图 1.12　Fe-CoP、Ni-CoP 和 Mn-CoP 的(a)结构；(b)HER 性能

1.4.2.2　过渡金属硫化物

过渡金属硫化物(TMSs)是由不同化学计量比的过渡金属与硫组成的。具有高指数暴露晶面的 Ni_3S_2 纳米片可实现碱性条件下高效 HER 和 OER，其过电势为 223mV 和 260mV，同时也展现出优良的稳定性（>200h）。MoS_2 电催化活性来源于其与固氮酶相似的边缘位点，可有效驱动 HER。理论计算发现，MoS_2 的 Mo（1010）晶面边缘位点的 ΔG_{H*} 在 50% 氢覆盖时约为 0.08eV，非常接近 Pt（$\Delta G_{H*} \approx$ 0）的 ΔG_{H*}。受 MoS_2 边缘位点催化活性启发，可缩小尺寸来最大化其比表面积暴露更多边缘位点。在熔融石英基底上制备的具有丰富活性位点和大拉伸应变的单层 MoS_2 的 HER 催化活性随着边缘位点的数量线性增加。通过微波辅助水热法也可增大边缘活性位点的暴露，例如在碳纤维纸上制造垂直的 MoS_2 纳米片阵列，

其末端为阶梯状表面结构，独特的垂直端阶梯表面结构和丰富的边缘位点确保了最佳的 ΔG_{H^*}（0.02eV），赋予其优良的 HER 性能，在 $10mA/cm^2$ 时过电势为 104mV。将非金属杂原子引入 MoS_2 中可改变其电导率从而提高 HER 内在活性。将 $(NH_4)_2MoS_4$ 作为前体在 rGO 上形成 MoS_2NPs，Mo 前体与 rGO 的复合提供了丰富的边缘，提高了电子电导率，具有更高的 HER 活性。

Ni_3S_2 具有中等的催化活性，Ni 催化活性位点较少。因此，设计独特的形貌，金属掺杂，阴离子表面修饰，以及构建异质界面可优化 Ni_3S_2 材料的电子结构，提高其 HER 催化活性。在泡沫镍（NF）上通过氟化和磷化处理，可构建氟（F）阴离子改性磷化镍（Ni_3S_2）异质结构（$F-NiP_x/Ni_3S_2-NF$）。大量的活性位点和强的电子相互作用，使得其表现出优异的 HER 活性，达到 $100mA/cm^2$ 的电流密度的过电势为 182mV，Tafel 斜率为 83mV/dec（见图 1.13）。

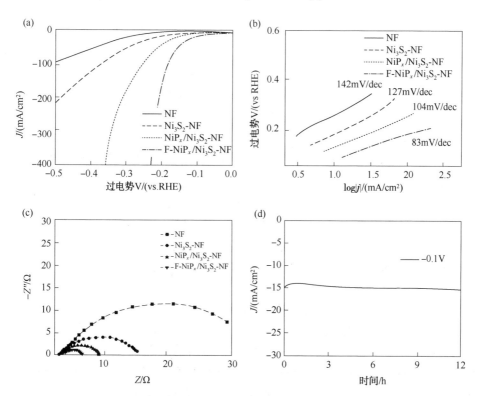

图 1.13 （a）NF、Ni_3S_2-NF、NiP_x/Ni_3S_2-NF 和 $F-NiP_x/Ni_3S_2-NF$ 极化曲线；（b）Tafel 斜率；（c）电化学阻抗谱；（d）$F-NiP_x/Ni_3S_2-NF$ 催化剂稳定性曲线

1.4.2.3 过渡金属氮化物

过渡金属氮化物（TMNs）具有低电阻率、高电子导电性和良好的耐腐蚀性。

此外，TMNs 的 d 带电子结构与贵金属 Pt 类似，表现出优异的 M-H 吸附能力，具有类贵金属的电催化活性。MoN-NC 纳米八面体具有优良的 HER 活性主要归因于以下几个方面：第一，MoN 纳米颗粒的生长受限于 MOFs 有机配体衍生的碳载体，有利于暴露更多的活性位点。第二，碳载体不仅阻碍了 MoN 纳米粒子的聚集，降低了粒子间的界面电阻，而且还充当了高效的导电框架，为电子转移提供了路径。更重要的是，氮掺杂可提高碳载体的导电性，增加 H* 吸附位点，增强 HER 活性。第三，多孔结构增加电极与液体电解质之间的接触，促进质量传输。第四，MoN 与 NC 衬底之间可产生协同效应，有助于提高 MoN 的 HER 活性。第五，MOFs 前驱体均匀而坚固的结构有效地抑制了 MoN 的分离或聚集，有助于 MoN-NC 催化剂优异的稳定性。

1.4.2.4 过渡金属碳化物

过渡金属碳化物（TMCs）和 TMNs 结构类似，具有优良的导电性、化学稳定性及类贵金属的电催化活性。碳化钼（Mo_2C）可主动吸附并活化氢，Mo_2C/CNTs 表现出 152mV 的低电位和 55.2mV/dec 的 Tafel 斜率。此外，将 Mo_2C 与碳基材料复合可有效增强其 HER 活性，Mo_2C 均匀负载在碳纳米管和 XC-72R 炭黑上形成的催化剂中，Mo_2C 与碳载体间的强相互作用不仅可避免 Mo_2C 的团聚，还可调控 Mo_2C 的 d 电子构型，赋予其适度的 Mo-H 结合能，从而使其在酸性溶液中具有低的过电势和高交换电流密度。

碳化钨（W_2C）具有类 Pt 的催化活性。通常使用二氧化硅作为硬模板制备金属封端 W_2C，以防止氧化钨的烧结。由此产生的催化剂其活性比商业 W_2C 高约100 倍。此外，通过 WO_xNPs 与 CNT 之间的反应，可在多壁碳纳米管（MWCNTs）上合成超小且纯相的 W_2C NPs，这种方法在很大程度上防止了 W_2C 在高温下的聚集，创造了一个缺碳环境以获得纯 W_2C 相。在酸性条件下，W_2C/MWCNTs 展现出 123mV 的过电势和 45mV/dec 的 Tafel 斜率以及优良的稳定性。

1.4.2.5 过渡金属硼化物

过渡金属硼化物（TMBs）在酸性和碱性介质中具有金属特性和优良的稳定性。硼原子半径较小，形成化合物时，容易填充到金属晶格的空隙中，保留了金属原有的键连方式。硼原子与过渡金属之间的电子转移有多种形式，因而成键方式和化学键的强弱不同，从而导致过渡金属硼化物具有丰富的晶体结构。TMBs 中，硼具有较大的电负性，可防止金属被氧化，但具有较差的电导率和稳定性。非金属掺杂的过渡金属硼化物中具有较高电负性的非金属原子可从金属原子中捕获电子，有利于在 HER 过程中将质子捕获在带负电荷的非金属上，促进 HER 过程。Co-P-B 催化剂结合了 Co-B 和 Co-P 催化剂的特性，P 的加入调节了 Co 的电子密度，优化了氢吸附能力（见图 1.14），从而提高了 HER 性能。

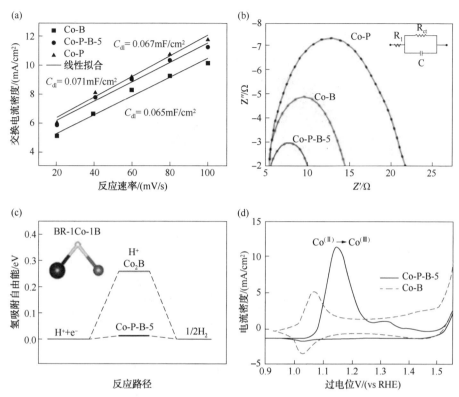

图 1.14 Co-B、Co-P 和 Co-P-B-5 催化剂的(a)双电层电容;
(b)电化学阻抗谱;(c)Co$_2$B 和 Co-P-B-5 的吉布斯自由能图;
(d)Co-P-B-5(实线)和 Co-B(虚线)在 2mV/s 扫描速率下的循环伏安曲线

锚定在功能化碳纳米管上的超薄硼化镍纳米片(Ni$_x$B/f-MWCNT)可作为双功能电催化剂用于水分解,其电化学活性表面积和电荷转移电阻分别是 Ni$_x$B 纳米片的 3.4 倍和 0.24 倍,且 Ni$_x$B/f-MWCNT 对 OER 和 HER 均显示出优异的催化活性和稳定性,在 10mA/cm^2 的电流密度下展现出 1.60V 的水分解电压。

1.4.3 非金属纳米催化剂

低成本的非金属纳米催化剂是未来可再生能源系统摆脱高成本金属催化剂的理想选择。碳基材料地壳丰度高,成本低,结构和形态可调控。但水氧化能力以及同时吸附和释放氢的能力较差,因而较少直接用于 HER。通过控制碳的 sp^2 和 sp^3 杂化程度,掺入杂原子可以改变碳的态密度(DOS)并改变其电子结构,增加活性位点。图 1.15 所示为不同碳同素异形体组成的不同结构的碳基材料。

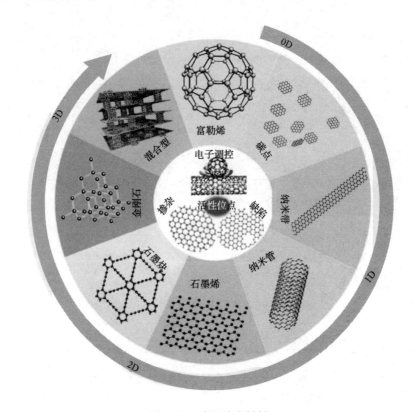

图 1.15　碳基纳米材料

1.4.3.1　零维碳纳米材料

碳量子点(CDs)是一种新型的零维碳基纳米材料，为单分散球形纳米颗粒。CDs 表面丰富的官能团(—OH、—COOH、—NH$_2$等)可作为过渡金属离子的配位位点，增强电催化性能。CDs 的酰胺官能团可充当电子供体和受体，在 0.5mol/L 硫酸中表现出良好的 HER 催化能力，在 10mA/cm^2 下展现出 280mV 的过电势和 87mV/dec 的 Tafel 斜率。

富勒烯(C_{60})是一种具有 sp^2 杂化碳的零维碳纳米材料。通过溶剂工程法调整 C_{60} 的形貌可形成具有六边形紧密堆积晶体结构的菱形纳米片和纳米管，这种特殊结构使其电催化活性远远超过了市售非晶态 C_{60}，并且具有生成分子氢的超高电化学稳定性。其催化活性的提高可归因于高曲率表面处增强的局部电场，C_{60} 作为电子受体可吸附到单壁碳纳米管(SWCNTs)上，诱导与 SWCNTs 的电荷转移，形成 C_{60}-SWCNTs。重氮盐是一种有机分子，对碳表面具有高亲和力，C_{60} 和重氮基团的共价组装可被用作构建优异的 HER 催化体系。重氮基团的存在导致 C_{60} 衍生物发生极化，将负电荷集中在更接近 C_{60} 表面官能化的碳上，由此产生的纳米复合物显示出独特的电子特性、大量的低配位位点和巨大的表面积-体积比，显著提高电催化反应的活性、选择性和法拉第效率。

1.4.3.2　一维碳纳米材料

碳纳米管(CNTs)可分为单壁(SWCNTs)或多壁(MWCNTs)碳纳米管，具体取决于圆柱形结构中石墨层的数量。SWCNTs 在结构上可以看成是由石墨烯片卷曲而成的准一维管状结构。SWCNTs 的直径约为 0.4~2nm，长度为几微米，内部中空。CNTs 的纵横比(即长径比)经常超过 10000，因此，CNTs 被认为是有史以来生产的最具各向异性的材料。由于原始 CNTs 的 HER 催化活性较差，因此需要对其表面进行功能化。例如，通过酸性氧化和阴极预处理后的 CNTs 表现出高活性。原因在于酸性基团和 CNTs 的协同效应促进了电子传输，提高了 HER 性能。离子液体(IL)功能化碳纳米管(IL-CNTs)，可作为 HER 的无金属电催化剂。在 IL-CNT 中，IL 提供了足够的质子吸附，而 CNTs 提供了高电导率。另外，通过将 N 掺杂的碳骨架(MHCF，电子受体)和 CNTs(电子供体)复合可形成电子耦合的碳供体-受体复合物，进一步由富含羧基的聚合物修饰得到 MHCF-CNTs@PEMAc。该催化剂在全 pH 值范围内具有高效的 HER 电催化性能。MHCF 和 CNTs 之间的费米能级差引起界面电荷分离，并且 N 掺杂导致分子内电荷转移到 MHCF，从而调控氢的吸附和解吸。

碳纤维材料具有高比表面积和良好的导电性。通过在碳纤维表面诱导缺陷或掺杂杂原子，可作为活性物质提高碳纤维的催化活性。此外，碳纤维也可作为活性材料的基底。由聚丙烯腈(PAN)膜碳化合成的氮掺杂碳纤维(NCFs)，氮原子均匀地掺杂到碳基质中，PAN 既充当氮源又充当碳源。通过研究不同温度下制备的碳化 NCFs-x(x 表示碳化温度)发现纤维结构在 900℃ 时开始受到轻微破坏，其中 NCFs-800 具有最高百分比的石墨 N 和吡啶 N，在酸性和碱性介质中过电势分别为 114.3mV 和 198.6mV。

1.4.3.3　二维碳纳米材料

二维(2D)碳纳米材料由单层或多层碳原子组成，其平面内原子间的相互作用远远强于堆积方向上的相互作用。石墨烯是由碳原子按照平面六边形蜂巢网格排列形成的二维材料，本征石墨烯具有零带隙半导体的特征，其对称的能带结构导致石墨烯对 HER 表现出相当低的电催化活性。因此，需要对石墨烯进行功能化，以便于带隙的产生，进而改善催化活性。杂原子掺杂是一种常见的改性方法，这些杂原子可以破坏 sp^2 框架并构建石墨烯的 sp^3 缺陷，改变石墨烯的电子结构。氮具有比 C 更大的电负性，氮的引入改变了碳原子周围的电荷密度，提高了导电性，有利于电解质和氮掺杂石墨烯之间的电荷交换。此外，N 掺杂可产生额外的活性位点，提高石墨烯基电催化剂的 HER 活性。双缺陷石墨烯材料

（DDGM）具有石墨烯的优异导电性，与单一缺陷石墨烯相比，DDGM 具有更优的 HER 活性。在酸性介质中，在 $10mA/cm^2$ 下的过电势低至 $-0.245V$。

维生素 B_{12} 功能化氮掺杂石墨烯（Vit. B_{12}-NGr）是一种电化学稳定、可重复使用的 HER 电催化剂。由于生物结构中的氧化还原活性位点受到良好保护，并具有自我修复能力，展现出优异的稳定性。Vit. B_{12}-NGr 在 HER 中的起始电位为 $-0.096V$，Tafel 斜率约为 $60.35mV/dec$，过电势为 $-0.210V$。此外，胺官能化氮掺杂石墨烯（HT-AFNG），也显示出优良的 HER 催化活性，HT-AFNG 在 $10mA/cm^2$ 的电流密度下展现出 $100mV$ 的起始电位和 $350mV$ 的过电势。胺官能化和氮掺杂在 HT-AFNG 的催化活性中起着重要作用，可降低 $|\Delta G_{H^*}|$ 值及增加氮掺杂石墨烯（NG）的电子转移能力，促进 HER。

石墨炔（GDY）是一种由 sp^2 和 sp 杂化碳原子组成，具有高度共轭结构、均匀分布的孔隙和高比表面积的二维材料。GDY 具有天然带隙（$0.47\sim1.12eV$），其电荷载流子迁移率（$2\times10^5cm^2/V$）与石墨烯的迁移率不同。GDY 中电子密度分布不均匀，带正电和带负电的碳原子共存。此外，GDY 的垂直排列阵列能促进电子传输，从而提高 HER 性能。在 3D 碳纤维网络上控制生长的超薄 GDY 纳米片阵列具有大量中孔/微孔，有利于电子和气体传输，增大催化剂的表面积，并最大化活性位点的可及性，有利于 HER。

石墨碳氮化物（$g-C_3N_4$）是一种新兴的 2D 碳纳米材料（见图 1.16），由于具有大的表面积、良好的化学稳定性而被用作 HER。由于块状 $g-C_3N_4$ 层之间的弱范德华引力，可将 $g-C_3N_4$ 剥离成具有高表面积的 $g-C_3N_4$ 纳米片。片层 $g-C_3N_4$ 具有较大的表面积和更多的传质通道，在 $0.5mol/L$ 硫酸中，过电势为 $259mV$，Tafel 斜率为 $109.33mV/dec$。此外，硫掺杂 $g-C_3N_4$ 可提供高电荷密度和自旋密度，降低吸附 H^* 的吉布斯自由能（ΔG_{H^*}），提高 $g-C_3N_4$ 材料在 HER 中的催化性能。例如，由硫脲衍生的介孔碳（MPC）制备的 SCN-MPC 中，起始电势为 $60mV$，Tafel 斜率为 $51mV/dec$，优于大多数其他非金属电催化剂。硫掺杂改变了 $g-C_3N_4$ 的电子能带结构、电荷和自旋密度，为 HER 的反应中间体提供了更好的吸附位点。

$g-C_3N_4$ 的低电导率可通过与各种导电基底耦合来实现。水热法制备的红磷、rGO 和 $g-C_3N_4$ 的复合材料，可产生更多缺陷和 H^+ 吸附活性位点。氮和磷可作为表面结合 H^+ 离子的活性位点，rGO 为电子传递提供了较小的电阻。三元 $P-rGO-g-C_3N_4$ 复合材料表现出比二元 $rGO-g-C_3N_4$ 复合材料高 18.84 倍的电流密度，其起始电势为 $146mV$，Tafel 斜率为 $122.5mV/dec$。$g-C_3N_4$ 与 N、P 掺杂的纳米多孔石墨烯复合形成 $g-C_3N_4@P-pGr$，pGr 表面富含断裂的碳键充当活性位点，$g-C_3N_4$ 提供了具有高度活性的氢吸附位点，N、P 掺杂的多孔石墨烯促进了电子转移。

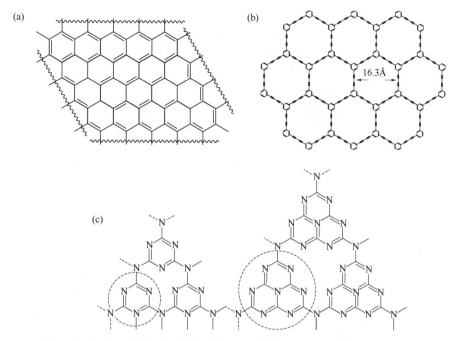

图 1.16　典型二维碳纳米材料示意图(a)石墨烯；(b)石墨炔；(c)g-C₃N₄

1.4.3.4　三维碳纳米材料

三维(3D)碳纳米材料具有大的比表面积和丰富的孔洞结构,有利于气体扩散和质量传输(见图 1.17)。2D 氮掺杂石墨烯纳米片和 1D 氮掺杂截短碳纳米管的夹层结构形成了独特的 3D 互连结构 N-TCNTs@ NGS。由于 N-TCNTs 比 CNTs 短,可提供更大的表面积和更多的含氧官能团。此外,NGS 和 N-TCNTs 可以通过 π-π 堆叠相互作用和氢键连接,提供了更大的接触面积、更多的电子交换通道、足够的空间,加快电化学反应,从而展现出卓越的电催化活性,Tafel 斜率为 50mV/dec,起始过电势为 16mV, 在 10mA/cm² 时过电势为 62mV。

电化学聚合制备的 N、P 共掺杂多孔碳纳米纤维网络结构,可产生缺陷和催化活性位点,从而提高 HER 活性。sp² 杂化的 3D 微孔石墨骨架(3D-MGF)具有大比表面积和窄孔径分布, 3D 结构与石墨框架保证了良好的导电性,展示出优良的 HER 催化活性。将烟蒂与双氰胺/甲醇混合碳化,制备氮含量为 20% 的 3D 多孔氮掺杂碳(PNC)产生了更多的活性中心。N、O 和 P 掺杂的中空碳(NOPHCs)含有丰富的活性位点,吡啶 N 和石墨 N 有利于电荷离域和电子迁移,其比表面积达 2824m²/g,显著提高了该催化剂的 HER 活性。

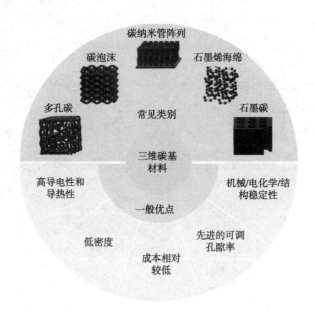

图 1.17　常见 3D 碳纳米材料及优点

1.5　总结与展望

氢能是一种清洁、高效的二次能源。在众多制氢技术中，电解水制氢是最具潜力的制氢路线之一。本章阐明了评估催化剂的关键电化学参数，总结了目前贵金属、过渡金属和非金属催化剂的结构与 HER 性能之间的关系。尽管目前已经取得了巨大的进步和成就，但电解水制氢在商业上的应用还有很长的路要走。目前电解水催化剂仍存在以下问题：第一，贵金属负载量很低的催化剂合成过程复杂且成本较高，催化剂的产量和质量也无法满足工业和商业需求。第二，过渡金属基 HER 电催化剂中只有少数催化剂具有与铂基催化剂相当的性能。改善现有过渡金属基催化剂的催化性能是未来几年的核心研究目标之一。第三，尽管 DFT 可预测催化剂的反应中间体和活性位点，并设计出高效的 HER 催化剂，但理论模型可能无法反映真实的催化条件。深入了解 HER 的机理有利于合理地指导高性能催化剂的设计。第四，电子传输是 HER 的关键因素，影响催化剂的整体活性。将电催化剂集成或嵌入合适的导电载体中，可增强电子传输。第五，水分解的效率不仅取决于 HER 电催化剂，还取决于 OER 电催化剂，开发具有双功能的电催化剂至关重要。第六，除降低 HER 电催化剂的生产成本外，电力消耗是电解水制氢的另一个主要障碍。将 HER 设备集成到其他可再生电力资源中，如太阳能光伏发电系统、风能或潮汐发电机，可以推动 HER 的工业应用。

参 考 文 献

［1］ Yu Z Y, Duan Y, Feng X Y, et al. Clean and affordable hydrogen fuel from alkaline water splitting: Past, recent progress, and future prospects[J]. Adv. Mater., 2021, 33(31): 2007100.

［2］ Nørskov J K, Bligaard T, Logadottir A, et al. Trends in the exchange current for hydrogen evolution[J]. J. Electrochem. Soc., 2005, 152(3): 23.

［3］ Gong M, Wang D, Chen C, et al. A mini review on nickel-based electrocatalysts for alkaline hydrogen evolution reaction[J]. Nano Res., 2016, 9(1): 28-46.

［4］ Huang X, Zhang H, Guo C, et al. Simplifying the creation of hollow metallic nanostructures: One-pot synthesis of hollow palladium/platinum single-crystalline nanocubes[J]. Angew. Chem. Int. Edit., 2009, 48(26): 4808-4812.

［5］ Zhang H, Jin M, Liu H, et al. Facile synthesis of Pd-Pt alloy nanocages and their enhanced performance for preferential oxidation of CO in excess hydrogen[J]. ACS Nano, 2011, 5(10): 8212-8222.

［6］ Zhang J, Yang H, Martens J, et al. Pt-Cu nanocubes: Synthesis and comparative study with nanocubes on their electrochemical catalytic performance[J]. Chem. Sci., 2012, 3(11): 3302-3306.

［7］ Wu J, Qi L, You H, et al. Icosahedral platinum alloy nanocrystals with enhanced electrocatalytic activities [J]. J. Am. Chem. Soc., 2012, 134(29): 11880-11883.

［8］ Wu Y, Cai S, Wang D, et al. Syntheses of water-soluble octahedral, truncated octahedral, and cubic Pt-Ni nanocrystals and their structure-activity study in model hydrogenation reactions[J]. J. Am. Chem. Soc., 2012, 134(21): 8975-8981.

［9］ Xia B Y, Wu H B, Li N, et al. One-pot synthesis of Pt-Co alloy nanowire assemblies with tunable composition and enhanced electrocatalytic properties[J]. Angew. Chem. -Int. Edit., 2015, 54(12): 3797-3801.

［10］ 王春霞, 宋兆毅, 倪基平, 等. 电催化析氢催化剂研究进展[J]. 化工进展, 2021, 40(10): 5523-5534.

［11］ Wang Y, Ren J, Deng K, et al. Preparation of tractable platinum, rhodium, and ruthenium nanoclusters with small particle size in organic media[J]. Chem. Mat., 2000, 12(6): 1622-1627.

［12］ Kong X, Xu K, Zhang C, et al. Free-standing two-dimensional Ru nanosheets with high activity toward water splitting[J]. ACS Catal., 2016, 6(3): 1487-1492.

［13］ Gao K, Wang Y, Wang Z, et al. Ru nanodendrites composed of ultrathin fcc/hcp nanoblades for the hydrogen evolution reaction in alkaline solutions[J]. Chem. Commun., 2018, 54(36): 4613-4616.

［14］ Zhao M, Figueroa-Cosme L, Elnabawy A O, et al. Synthesis and characterization of Ru cubic nanocages with a face-centered cubic structure by templating with Pd nanocubes[J]. Nano Lett., 2016, 16(8): 5310-5317.

［15］ Lu J, Low K, Lei Y, et al. Toward atomically-precise synthesis of supported bimetallic nanoparticles using atomic layer deposition[J]. Nat. Commun., 2014, 5(1): 1-9.

［16］ Wang Q, Ming M, Niu S, et al. Scalable solid-state synthesis of highly dispersed uncapped metal (Rh, Ru, Ir) nanoparticles for efficient hydrogen evolution[J]. Adv. Energy Mater., 2018, 8(31): 1801698.

［17］ Wang J, Wei Z, Mao S, et al. Highly uniform Ru nanoparticles over N-doped carbon: pH and temperature-universal hydrogen release from water reduction[J]. Energy Environ. Sci., 2018, 11(4): 800-806.

［18］ Kong X, Xu K, Zhang C, et al. Free-standing two-dimensional Ru nanosheets with high activity toward water splitting[J]. ACS Catal., 2016, 6(3): 1487-1492.

［19］ Peng J, Chen Y, Wang K, et al. High-performance Ru-based electrocatalyst composed of Ru nanoparticles and Ru single atoms for hydrogen evolution reaction in alkaline solution[J]. Int. J. Hydrog. Energy, 2020, 45(38): 18840-18849.

［20］ Liao L, Wang S, Xiao J, et al. A nanoporous molybdenum carbide nanowire as an electrocatalyst for hydrogen evolution reaction[J]. Energy Environ. Sci., 2014, 7(1): 387-392.

［21］ Jaramillo T F, Jørgensen K P, Bonde J, et al. Identification of active edge sites for electrochemical H_2 evolution from MoS_2 nanocatalysts[J]. Science, 2007, 317(5834): 100-102.

［22］ Wan Y, Zhang Z, Xu X, et al. Engineering active edge sites of fractal-shaped single-layer MoS_2 catalysts for high-efficiency hydrogen evolution[J]. Nano Energy, 2018, 51: 786-792.

［23］ Kong D, Wang H, Cha J J, et al. Synthesis of MoS_2 and $MoSe_2$ films with vertically aligned layers[J]. Nano Lett., 2013, 13(3): 1341-1347.

［24］ Hu J, Huang B, Zhang C, et al. Engineering stepped edge surface structures of MoS_2 sheet stacks to accelerate the hydrogen evolution reaction[J]. Energy Environ. Sci., 2017, 10(2): 593-603.

［25］ Junfeng X, Hao Z, Shuang L, et al. Defect-rich MoS_2 ultrathin nanosheets with additional active edge sites for enhanced electrocatalytic hydrogen evolution[J]. Adv. Mater, 2013, 25(40): 5807-5813.

［26］ Zhang J, Wang T, Liu P, et al. Engineering water dissociation sites in MoS_2 nanosheets for accelerated electrocatalytic hydrogen production[J]. Energy Environ. Sci., 2016, 9(9): 2789-2793.

［27］ Voiry D, Yamaguchi H, Li J, et al. Enhanced catalytic activity in strained chemically exfoliated WS_2

nanosheets for hydrogen evolution[J]. Nat. Mater. , 2013, 12(9): 850-855.

[28] Kong D, Cha J J, Wang H, et al. First-row transition metal dichalcogenide catalysts for hydrogen evolution reaction[J]. Energy Environ. Sci. , 2013, 6(12): 3553-3558.

[29] Laursen A B, Patraju K R, Whitaker M J, et al. Nanocrystalline Ni_5P_4: A hydrogen evolution electrocatalyst of exceptional efficiency in both alkaline and acidic media [J]. Energy Environ. Sci. , 2015, 8(3): 1027-1034.

[30] Eric J, Popczun, et al. Nanostructured nickel phosphide as an electrocatalyst for the hydrogen evolution reaction[J]. J. Am. Chem. Soc. , 2013, 135(5): 9267-9270.

[31] Xiao P, Sk M A, Thia L, et al. Molybdenum phosphide as an efficient electrocatalyst for the hydrogen evolution reaction[J]. Energy Environ. Sci. , 2014, 7(8): 2624-2629.

[32] Gong Q, Wang Y, Hu Q, et al. Ultrasmall and phase-pure W_2C nanoparticles for efficient electrocatalytic and photoelectrochemical hydrogen evolution[J]. Nat. Commun. , 2016, 7(1): 1-8.

[33] Qu L, Zhang Z, Zhang H, et al. Transformation from graphitic C_3N_4 to nitrogen-boron-carbon ternary nanosheets as efficient metal-free bifunctional electrocatalyst for oxygen reduction reaction and hydrogen evolution reaction[J]. Appl. Surf. Sci. , 2018, 448: 618-627.

[34] Zhang L, Jia Y, Gao G, et al. Graphene defects trap atomic Ni species for hydrogen and oxygen evolution reactions[J]. Chem. , 2018, 4(2): 285-297.

[35] Jin H, Sultan S, Ha M, et al. Simple and scalable mechanochemical synthesis of noble metal catalysts with single atoms toward highly efficient hydrogen evolution[J]. Adv. Funct. Mater. , 2020, 30(25): 2000531.

[36] Ji L, Yan P, Zhu C, et al. One-pot synthesis of porous 1T-phase MoS_2 integrated with single-atom Cu doping for enhancing electrocatalytic hydrogen evolution reaction [J]. Appl. Catal. B-Environ. , 2019, 251: 87-93.

[37] Nellist P D, Pennycook S J. Direct imaging of the atomic configuration of ultradispersed catalysts[J]. Science, 1996, 274(5286): 413-415.

[38] Zhang H, An P, Zhou W, et al. Dynamic traction of lattice-confined platinum atoms into mesoporous carbon matrix for hydrogen evolution reaction[J]. Sci. Adv. , 2018, 4(1): 6657.

[39] Ye S, Luo F, Zhang Q, et al. Highly stable single Pt atomic sites anchored on aniline-stacked graphene for hydrogen evolution reaction[J]. Energy Environ. Sci. , 2019, 12(3): 1000-1007.

[40] Yin X P, Wang H J, Tang S F, et al. Engineering the coordination environment of single-atom platinum anchored on graphdiyne for optimizing electrocatalytic hydrogen evolution [J]. Angew. Chem. Int. Edit. , 2018, 57(30): 9382-9386.

[41] Park J, Lee S, Kim H E, et al. Investigation of the support effect in atomically dispersed Pt on WO_{3-x} for utilization of Pt in the hydrogen evolution reaction[J]. Angew. Chem. Int. Edit. , 2019, 58(45): 16038-16042.

[42] Lu B, Guo L, Wu F, et al. Ruthenium atomically dispersed in carbon outperforms platinum toward hydrogen evolution in alkaline media[J]. Nat. Commun. , 2019, 10(1): 1-11.

[43] Meng X, Ma C, Jiang L, et al. Distance synergy of MoS_2-confined rhodium atoms for highly efficient hydrogen evolution[J]. Angew. Chem. , 2020, 132(26): 10588-10593.

[44] Yu H, Xue Y, Huang B, et al. Ultrathin nanosheet of graphdiyne-supported palladium atom catalyst for efficient hydrogen production[J]. IScience, 2019, 11: 31-41.

[45] Wang Q, Zhao Z L, Dong S, et al. Design of active nickel single-atom decorated MoS_2 as a pH-universal catalyst for hydrogen evolution reaction[J]. Nano Energy, 2018, 53: 458-467.

[46] Wei L, Karahan H E, Goh K, et al. A high-performance metal-free hydrogen-evolution reaction electrocatalyst from bacterium derived carbon[J]. J. Mater. Chem. A, 2015, 3(14): 7210-7214.

[47] Zhang J, Qu L, Shi G, et al. N, P-codoped carbon networks as efficient metal-free bifunctional catalysts for oxygen reduction and hydrogen evolution reactions[J]. Angew. Chem. , 2016, 128(6): 2270-2274.

[48] Li S, Yu Z, Yang Y, et al. Nitrogen-doped truncated carbon nanotubes inserted into nitrogen-doped graphene nanosheets with a sandwich structure: a highly efficient metal-free catalyst for the HER [J]. J. Mater. Chem. A, 2017, 5(14): 6405-6410.

[49] Yuan Z, Li J, Yang M, et al. Ultrathin black phosphorus-on-nitrogen doped graphene for efficient overall water splitting: dual modulation roles of directional interfacial charge transfer[J]. J. Am. Chem. Soc. , 2019, 141(12): 4972-4979.

[50] Deng B, Wang D, Jiang Z, et al. Amine group induced high activity of highly torn amine functionalized nitrogen-doped graphene as the metal-free catalyst for hydrogen evolution reaction[J]. Carbon, 2018, 138: 169-178.

[51] Besharat F, Ahmadpoor F, Nezafat Z, et al. Advances in carbon nitride-based materials and their electrocatalytic applications[J]. ACS Catal. , 2022, 12: 5605-5660.

[52] Edison T N J I, Atchudan R, Karthik N, et al. Green synthesized N-doped graphitic carbon sheets coated carbon cloth as efficient metal free electrocatalyst for hydrogen evolution reaction[J]. Int. J. Hydrog. Energy, 2017, 42(21): 14390-14399.

[53] Cui W, Liu Q, Cheng N, et al. Activated carbon nanotubes: A highly-active metal-free electrocatalyst for hydrogen evolution reaction[J]. Chem. Commun. , 2014, 50(66): 9340-9342.

［54］Gao R，Dai Q，Du F，et al. C_{60} -adsorbed single-walled carbon nanotubes as metal-free, pH-universal, and multifunctional catalysts for oxygen reduction, oxygen evolution, and hydrogen evolution［J］. J. Am. Chem. Soc. , 2019, 141(29): 11658-11666.

［55］Guo X，Zhu Y，Han W，et al. Nitrogen-doped graphene quantum dots decorated graphite foam as ultra-high active free-standing electrode for electrochemical hydrogen evolution and phenol degradation［J］. Chem. Eng. Sci. , 2019, 194: 54-57.

［56］Talapaneni S N，Kim J，Je S H，et al. Bottom-up synthesis of fully sp^2 hybridized three-dimensional microporous graphitic frameworks as metal-free catalysts［J］. J. Mater. Chem. A, 2017, 5(24): 12080-12085.

［57］Huang S，Meng Y，Cao Y，et al. N-，O-and P-doped hollow carbons: Metal-free bifunctional electrocatalysts for hydrogen evolution and oxygen reduction reactions［J］. Appl. Catal. B: Environ. , 2019, 248: 239-248.

第2章 电催化析氧反应

2.1 概述

电催化析氧反应为电解水反应的阳极反应，称为析氧反应(Oxygen Evolution Reaction，OER)(如图2.1所示)，是水在一定电压下分解产生 O_2 的过程，反应方程式如下所示，酸性：$2H_2O \longrightarrow O_2 + 4H^+ + 4e^-$；碱性：$4OH^- \longrightarrow O_2 + 2H_2O + 4e^-$，反应为4电子转移过程，涉及三种含氧中间体($^*O$、$^*OH$、$^*OOH$)。反应过程中存在 O—H 键的断裂、O=O 键的生成所需各种能量势垒，导致 OER 动力学过程缓慢。由于在实际情况下产生极化，需要施加较高的电压(1.23V)才能驱动反应的发生，因此 OER 反应通常被认为是整个电解水的决速步骤。

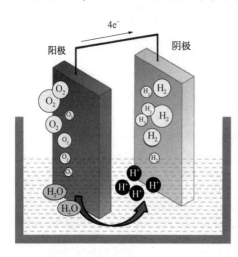

图 2.1　电催化析氧反应示意图

RuO_2、IrO_2 是迄今为止活性最高的析氧催化剂之一，在宽 pH 范围内表现出高的催化活性，被称为"标杆"催化剂，目前已经商业化并投入工业电解水中的析氧催化剂主要围绕上述两种金属氧化物展开。RuO_2 和 IrO_2 的结构为典型的四方系金红石结构，其中氧离子近似六方密堆积，铱(Ir)或钌(Ru)金属离子占据氧八面体空隙的 1/2，热力学稳定。虽然 RuO_2 比 IrO_2 价格低廉且表现出更高的 OER 活性，但在高阳极电位下反应时很容易氧化形成可溶的 RuO_4，在实际应用中的稳定性差。此外，这些催化剂的稀缺性和高成本严重制约了其在工业生产中的应用。

除贵金属电催化剂外，过渡金属基催化剂具有资源丰富、价态多变、电子结构易调等优点，被广泛研究。但过渡金属基催化剂在反应过程中易与电解质溶液反应，稳定性和活性通常低于贵金属催化剂。碳基催化剂由于具有较好的导电性、耐腐蚀性、结构多样性和较大的表面积而被应用于 OER，然而碳基电极的活性逊于贵金属和过渡金属基催化剂，析氧电位有限难以广泛应用于工业生产中。

本章首先介绍了 OER 反应机理，并阐明了用于 OER 性能评价的关键电化学参数。重点介绍了贵金属、过渡金属、单原子和碳基 OER 电催化剂，并从过电势、Tafel 斜率、法拉第效率和稳定性等角度重点讨论了以上催化剂的结构与性能之间的构效关系。最后简要介绍了 OER 在燃料电池、电化学合成、环境保护以及传感器方面的应用。

2.2　电催化析氧反应机理

OER 在酸性和碱性条件下的反应路径不同，涉及氢氧根离子或水失去电子、生成氧气的过程。与 2 电子转移的析氢反应不同，OER 是一个 4 电子-质子耦合反应，动力学反应较慢，制约整个电解水反应。OER 反应涉及多步中间体的吸附和解吸过程，即 $OH_{ads} \rightarrow O_{ads} \rightarrow OOH_{ads} \rightarrow O_{2ads}$ 过程，反应式如式（2-1）~式（2-14）所示，其中，* 表示催化剂表面的活性位点，"ads"表示中间产物（OH_{ads}、O_{ads}、OOH_{ads}、O_{2ads}）的吸附状态。

酸性条件下，两个水分子转化为四个质子（H^+）和一个氧分子[见式（2-2）]。首先，H_2O 被吸附在活性位点上，失去一个质子和电子后转化为吸附的羟基自由基（OH_{ads}）[见式（2-3）]，再进一步失去质子和电子后转化为吸附的氧自由基（O_{ads}）[见式（2-4）]，并通过以下两步不同的路线生成 O_2。一种是 O_{ads} 与 H_2O 发生质子-电子作用产生羟基氧中间体（OOH_{ads}）[见式（2-5）]，进一步失去质子和电子后释放出 O_2[见式（2-6）]。另外一种路线则是两个 O_{ads} 结合直接产生 O_2[见式（2-7）]。

酸性电解质中的阴极反应，
$$4H^+ + 4e^- \longrightarrow 2H_2(g)，\quad E^\ominus = 0V \tag{2-1}$$
酸性电解质中的阳极反应，
$$2H_2O(l) \longrightarrow O_2(g) + 4H^+ + 4e^-，\quad E^\ominus = 1.23V \tag{2-2}$$
酸性条件下的机理如下：
$$* + H_2O(l) \longrightarrow OH_{ads} + H^+ + e^- \tag{2-3}$$
$$OH_{ads} \longrightarrow O_{ads} + H^+ + e^- \tag{2-4}$$
$$O_{ads} + H_2O(l) \longrightarrow OOH_{ads} + H^+ + e^- \tag{2-5}$$
$$OOH_{ads} \longrightarrow O_2 + H^+ + e^- \tag{2-6}$$
$$O_{2ads} \longrightarrow O_2 + * \tag{2-7}$$

在中性和碱性条件下，主要是四个氢氧根离子转化成两个水分子和一个氧分子[见式（2-8）、式（2-9）]。首先，OH^- 吸附在活性位点上形成 OH_{ads}[见式（2-10）]。OH_{ads} 与 OH^- 相互作用失去一个电子产生 O_{ads}[见式（2-11）]。继而 OH^- 对 O_{ads} 进行亲核进攻形成中间体 OOH_{ads}[见式（2-12）]，然后和 OH^- 结合释放 O_2[见式（2-13）]。

另外一种路线则是两个 O_{ads} 结合直接产生 O_2 [见式（2-14）]。

碱性电解质中的阴极反应，

$$4H_2O(1)+4e^- \longrightarrow 2H_2(g)+4OH^-, \quad E^{\ominus}=-0.83V \qquad (2-8)$$

碱性电解质中的阳极反应，

$$4OH^- \longrightarrow O_2(g)+2H_2O(1)+4e^-, \quad E^{\ominus}=-0.40V$$

$$(2-9)$$

碱性条件下机理如下：

$$* +OH^- \longrightarrow OH_{ads}+e^- \qquad (2-10)$$

$$OH_{ads}+OH^- \longrightarrow O_{ads}+H_2O(1)+e^- \qquad (2-11)$$

$$O_{ads}+OH^- \longrightarrow OOH_{ads}+e^- \qquad (2-12)$$

$$OOH_{ads}+OH^- \longrightarrow O_2+H_2O(1)+e^- \qquad (2-13)$$

$$O_{2ads} \longrightarrow O_2 + * \qquad (2-14)$$

2.3 电催化析氧反应评价参数

2.3.1 过电势

在标准条件下（温度为 25℃，压力为 1atm），OER 所需的电压应等于该反应的平衡电势。然而，由于电子转移过程中存在能量壁垒，为了克服这些壁垒促进反应进行，通常需要提供高于平衡电势的电压。因此，过电势（η）可以被定义为实际电势与平衡电势之间的差异。实际电势可由 Nernst 方程 [见式（2-15）] 计算所得：

$$E=E^{\ominus}+\frac{RT}{nF}\ln\frac{C_O}{C_R} \qquad (2-15)$$

式中，C_O 和 C_R 是氧化物和还原物浓度，R 是理想气体常数，T 表示绝对温度，n 为反应中转移电子的数量，F 是法拉第常数，$E^{\ominus}$ 是整个反应的电势，E 表示外加电势。同一电流密度下过电势越小或相同电势下，电流密度越大，催化性能越好。在实验中，通常选择电流密度为 $10mA/cm^2$ 时对应的过电势即 η_{10} 作为衡量催化剂性能的标准。然而，一些含过渡金属的 η_{10} 数值容易受到氧化还原峰影响。因此，可考虑电流密度较高（如 $100mA/cm^2$）时的过电势。

2.3.2 塔菲尔斜率

塔菲尔（Tafel）斜率是评价催化剂活性的一个关键指标。Tafel 方程由 Butler-Volmer 方程将过电势和电流密度取对数作图得到，如式（2-16）~式（2-18）所示：

$$\eta=a+b\times\log(j) \qquad (2-16)$$

$$a=\frac{2.303RT\log j_0}{\alpha nF} \qquad (2-17)$$

$$b = \frac{2.303RT}{\alpha nF} \tag{2-18}$$

其中，b 是 Tafel 斜率，j 表示电流密度，j_0 是交换电流密度，R 是理想气体常数，T 为绝对温度，n 是电子转移数，F 是法拉第常数，α 表示电荷传递系数。Tafel 斜率直观地反映了过电势每增加一个数量级对应电流密度增加的快慢，交换电流密度越大，电极与电解质之间电荷转移电阻越小，电极催化活性越好。另外，Tafel 斜率可用于揭示电催化的反应机理和速率决定步骤。当 Tafel 斜率值为 120mV/dec 时，OH_{ads} 的生成过程（酸性：$* + H_2O(l) \longrightarrow OH_{ads} + H^+ + e^-$，碱性：$* + OH^- \longrightarrow OH_{ads} + e^-$）为该电化学反应的速控步骤；当 Tafel 斜率值为 60mV/dec 时，O_{ads} 的生成过程（酸性：$OH_{ads} \longrightarrow O_{ads} + H^+ + e^-$，碱性：$OH_{ads} + OH^- \longrightarrow O_{ads} + H_2O(l) + e^-$）为速控步骤；若 Tafel 斜率值为 30mV/dec，速控步骤为 OOH_{ads} 生成反应（酸性：$O_{ads} + H_2O(l) \longrightarrow OOH_{ads} + H^+ + e^-$，碱性：$O_{ads} + OH^- \longrightarrow OOH_{ads} + e^-$）。

2.3.3 交换电流密度

交换电流密度（j_0）定义为过电势等于零时的电流密度。其大小反映了电极与电解质之间的本征电子传递速率。j_0 不能直接通过电化学方法测量，一般可以通过 Tafel 方程计算得到，其大小取决于反应动力学和电化学反应机理。j_0 与催化活性比表面积成正比，通常 j_0 越大，OER 性能越优异。在 OER 中，j_0 是反映氧气生成速率和电极表面电催化活性的重要参数。

2.3.4 转换频率

转换频率（TOF）是用于描述电催化反应速率的一个重要参数，指在每个催化活性位点上每秒钟转化为所需产物的反应物数量。其计算公式如式（2-19）所示：

$$TOF = \frac{jN_A}{nF\Gamma} \tag{2-19}$$

式中，N_A 为阿伏伽德罗常数，Γ 为活性位点表面的总浓度或参与原子数，j 为电流密度，n 为转移电子数，F 为法拉第常数。通常情况下，TOF 值越大，反应速率越快越高。

2.3.5 法拉第效率

法拉第效率（FE）是表征参与反应的电子利用效率的一个定量参数，在 OER 中，理论上每 2 个电子和 2 个质子可以转化为 1 个氧气分子，依据实验产生的氧气量与理论确定的氧气量之比进行计算，因此法拉第效率可以用来反映 OER 的实际效率。如果法拉第效率为 100%，则表示所有的电子都用于氧气的生成，反应是完全有效和可逆的；如果法拉第效率小于 100%，则表示反应有一定程度的失效或副反应的发生，可能会导致氧气的纯度降低。

法拉第效率的计算见式(2-20):

$$FE = \frac{4Fn}{It} \times 100\% \qquad (2-20)$$

式中，F 是法拉第常数，n 是产生的氧气的物质的量，I 是施加的电流，t 是反应时间。在实际体系中，考虑到副反应，可将电化学设备和气相色谱联用分析法拉第效率。将具有三电极结构的密封电化学电解池连接到气相色谱分析的循环系统上，采用恒电流法测试 20h 以上，通过比较实验产生的氧气与理论计算得到的氧气量，可得到电化学反应的法拉第效率。

2.3.6 稳定性

电催化剂的稳定性可以采用连续循环伏安法(CV)和计时电位法(CP)或计时电流法($i-t$)来评估。循环伏安法是通过比较多次 CV 前后的线性扫描伏安曲线来评价电催化剂的稳定性。具体来说，该方法是在高扫描速率下进行几百或几千次循环试验后，比较在特定电流密度(通常为 $10mA/cm^2$)下的过电势偏移。如果过电势的变化很小，说明电催化剂具有较高的稳定性。计时电位法可以监测在恒定电流下的电位变化，计时电流法可以监测在恒定电位下的电流变化。催化剂在计时电位测量中可忽略过电势的增加或在计时电流测量中具有稳定的电流密度，即催化剂稳定性良好。此外，可以采用非原位和原位扫描电子显微镜、透射电子显微镜、X 射线光电子能谱和 X 射线衍射分析等一系列技术来检测形貌、结构和成分的稳定性。

2.3.7 电化学活性表面积

电化学活性表面积(ECSA)反映了催化剂表面上实际提供的活性位点数量。具有高比表面积的催化剂可以暴露出更多的活性位点，从而具有更高的催化活性。由于电化学双电层电容(C_{dl})和催化剂 ECSA 成正比，可以通过电化学双层电容获得催化剂的 ECSA。用电流对扫描速率作图时，得到一条可以表示为 $i_c = C_{dl} \times dv$ 的直线，v 为扫速，其斜率为 C_{dl}。C_{dl} 数值越高表明催化剂的 ECSA 越高，可提供更多的活性位点。

2.3.8 电化学阻抗谱

电化学阻抗谱(EIS)是一种用来研究电化学体系中电荷转移过程和界面反应的表征技术。通过对电极施加小幅度交流信号来扰动电化学体系，并观察体系在稳态时随扰动的变化。通常阻抗谱图在高频下呈现一个半圆形，半圆的直径代表电极和溶液界面的电荷传输电阻 R_{ct}，半圆的直径越小，表示电荷传输电阻 R_{ct} 越小，电荷传输能力越强，催化性能越好。

2.4 电催化析氧催化剂

2.4.1 贵金属及其化合物催化剂

贵金属催化剂包括铂（Pt）、铱（Ir）、钯（Pd）、钌（Ru）、贵金属合金及氧化物，是一类在 OER 中广泛应用的电催化剂。此类催化剂能够在低电位下促进氧气生成，并在长时间的反应过程中保持良好的催化性能，实现较高的产氧效率；可与其他金属形成合金，提高其催化性能；结构可控，可通过调控晶体结构、表面形貌、尺寸等提高催化性能。本节将从单一贵金属、贵金属合金以及贵金属氧化物等方面详细介绍贵金属催化剂在 OER 方面的研究。

2.4.1.1 贵金属纳米催化剂

铱（Ir）是一种比 Pt 的丰度还要低 10 倍的贵金属。Ir 的稀缺所造成的高成本阻碍了其在电催化剂领域的广泛应用。然而，Ir 仍是少数具有高活性的 OER 电催化剂之一，并且在酸性电解质中具有优良的稳定性。早在 1978 年，Miles 等研究发现 Ir 在 80℃酸性条件下展现出优异的 OER 活性，其活性来源于金属 Ir 与其表面形成的具有金属性质的 IrO_2 薄膜。而 Ir 表面能较高会倾向于形成纳米颗粒来降低自身的表面能，不利于实现高活性 OER。通过改变形貌、电子结构从而增加催化剂的活性位点数量可有效解决该问题并提高原子利用率。利用湿化学方法可制备出厚度约为 1.7nm 的超薄 1D 波浪形 Ir 纳米线，由于 Ir 纳米线的高纵横比和大的比表面积，其表现出较高的 OER 活性，在 0.5mol/L $HClO_4$ 中达到 10mA/cm^2 电流密度所需的过电势为 270mV，低于 Ir 纳米颗粒（298mV）。此外，利用湿化学法以聚苯乙烯-b-聚环氧乙烷（PS-b-PEO）为牺牲剂、甲酸为还原剂制备的介孔 Ir 纳米片，其独特的介孔结构产生了丰富的活性位点，使其在 OER 中表现出良好的性能，达到 10mA/cm^2 所需的过电势为 255mV。同时，通过溶剂热法合成的由厚度约为 1.3nm 的二维 Ir 纳米片（2D Ir NSs）组成的 3D 超薄层状 Ir 纳米花［见图 2.2（a）］，具有高度暴露的活性位点，在酸性电解液中过电势为 270mV［见图 2.2（b）~（d）］。

RuO_x 和 IrO_x 对含氧中间体具有优良的吸附能力。根据 Miles 和 Thomason 的研究，贵金属在 80℃下，0.1mol/L H_2SO_4 中的 OER 活性遵循 Ru>Ir>Pd>Rh>Pt>Au>Nb>Zr~Ti~Ta 的顺序。这与已探明的 Ru、Ir 和 Pt 纳米颗粒在 0.1mol/L H_2SO_4 中 OER 活性顺序（Ru>Ir>Pt）一致。虽然 RuO_x 比 IrO_x 更活跃，但稳定性较差，在酸性或碱性电解液的 OER 过程中，Ru 的析氧起始电位与发生腐蚀的电位相同，易被腐蚀。通过形貌及结构设计可提高 Ru 的 OER 活性以及稳定性。例如，通过溶剂热法制备的二维 Ru 纳米片催化剂（2D Ru NSs）在 0.5 mol/L H_2SO_4 中表现出优

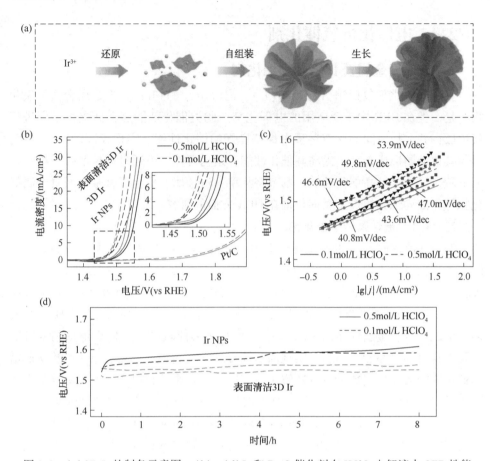

图 2.2 (a)3D Ir 的制备示意图；(b)~(d)Ir 和 Pt/C 催化剂在 HClO₄ 电解液中 OER 性能

异的 OER 性能，达到 10mA/cm² 电流密度时的过电势为 260mV，并具有理想的稳定性。此外，在氢气气氛下，以十八烯为溶剂通过还原乙酰丙酮 Ru(Ⅲ)制备的刻面分枝 Ru 纳米颗粒，具有六方紧密堆积(hcp)单晶晶体结构，可通过调节支链尺寸和表面来实现高活性和稳定性，其分枝表面上的低指数晶面使其在 OER 条件下拥有较低的 Ru 溶解速率。因此，刻面分枝的 Ru 纳米颗粒拥有良好的 OER 性能，在 0.1mol/L HClO₄ 中只需要 180mV 的过电势就能达到 10mA/cm² 电流密度，并且能保持数小时的析氧性能。

除 Ir 和 Ru 之外，Pt、Rh、Pd 等单贵金属用于 OER 电催化剂的研究也有报道，但都通过采取结构设计方法对单一 Rh、Pd 和 Pt 电催化剂进行调控，其催化效率及稳定性远远不够。一般都是通过合理设计 Pt、Pd、Rh 复合物催化剂以实现高效 OER，在此不做过多讨论。

2.4.1.2 贵金属合金

贵金属纳米颗粒可实现较优的 OER 性能，但其活性和稳定性仍有待提高。例如 3D 超薄层状 Ir，虽然在 0.1mol/L HClO$_4$中达到 10mA/cm^{2}电流密度的过电势为 270mV，但其稳定性低于 10h。一种简单且常用的改性方法是将贵金属与成本相对较低的过渡金属合金化形成合金纳米结构。合金化可改变主体金属的晶格参数和电子结构，使吸附物在催化剂表面的吸附和脱附得到优化，与贵金属纳米颗粒相比，贵金属合金的 OER 性能大幅提高。

不同形貌的 Ir 基合金纳米结构如纳米簇、纳米枝晶、纳米花和十二面体等不仅为 Ir 基合金催化剂提供了高比表面积和丰富的活性位点，还加快了 OER 过程中的电子转移。因此，在设计 Ir 基合金催化剂的过程中，形貌调控也是备受关注的热点。利用溶剂热法可直接在碳粉上生长单分散且表面规整的双金属 IrM（M = Ni、Co、Fe）纳米团簇催化剂，Ni、Co 和 Fe 的引入使催化剂在 HClO$_4$ 和 H$_2$SO$_4$ 中的 OER 活性和稳定性大幅提高。例如，多孔 Ir-W 纳米枝晶拥有高活性和持久稳定性，在 3000 次循环后仍能保持良好的稳定性。DFT 计算表明 W 掺杂使相关含氧中间体在 IrW 上的吸附能低于 IrO$_2$，并且稳定了活性位点，抑制了 Ir 的溶解，从而促进了 OER 动力学，提高了其稳定性。

由于合金化诱导的配体效应和独特的 3D 形貌，IrNi 纳米花也表现出良好的 OER 性能，达到 10mA/cm^2 的过电势为 293mV，比商业 Ir/C 催化剂低 44mV。对于十二面体 Ir 基合金纳米结构，研究者通过湿化学途径合成了 IrNi$_x$（$x=1$、2 和 3）菱形十二面体，并通过电化学刻蚀研究其在不同 OER 环境中的结构演变，发现 IrNi$_x$ 催化剂在 OER 过程中会发生自重构。刻蚀使 Ni 从合金中析出，从而形成了具有更多活性位点和缺陷的富含 Ir 的纳米框架。因此，IrNi$_x$-P 菱形十二面体的酸性 OER 活性大幅度提高。除此之外，Ir 基合金纳米结构例如 IrNiCu 双层纳米框架、Cu-Ir 纳米笼和纳米多孔 Ir 基核壳结构等也展现出优化的电子结构、高度暴露的活性中心和丰富的缺陷，可增强 OER 性能。

在 Ir 基合金结构上构筑纳米孔可增强其活性。在强酸性条件下，Ir 基合金中的杂质元素易发生腐蚀和溶解。因此，将 Ir 基合金中的杂质元素进行选择性化学刻蚀可产生缺陷，从而暴露更多的活性中心，极大地提高 OER 性能。此外，利用油胺（OAm）辅助化学合成法合成固体 IrCu$_x$ 合金纳米晶后，将其置于硝酸中进行选择性刻蚀得到 IrCu$_x$ 合金多孔纳米晶（P-IrCu），纳米孔的存在使得电化学活性面积以及电子传输速度得到了提升，在 0.05mol/L H$_2$SO$_4$ 中的 OER 活性远高于未刻蚀的催化剂。同样，利用 Fe^{3+} 刻蚀 Ir 基固体纳米晶（SNCs）可合成 IrM（M=Co、Ni 和 CoNi）等多孔中空纳米晶（PHNCs）。在室温下制备的 IrM PHNCs

颗粒高度分散且多孔[见图2.3(a)]，充分暴露了反应活性位点，有利于OER过程中的传质。根据DFT模拟计算得知，合金化所产生的配体效应使催化剂的态密度(DOS)偏离费米能级，d带中心也远离了费米能级，这使得IrCoNi PHNCs催化剂对氧相关中间体的吸附减弱，从而增强了催化性能，在0.1mol/L HClO$_4$中达到10mA/cm^{2}电流密度时过电势为303mV，优于已报道的多数酸性OER催化剂。总之，合金化使得Ir的电子结构得到优化，降低了含氧中间体的吸附和形成能垒，从而使得其OER性能大幅提高。而形貌和结构设计使得合金催化剂的活性中心数量增加，增强了Ir基合金纳米结构催化剂的OER性能。

　　Ru在OER反应过程中极不稳定，较短的时间内便会转变为RuO$_4$而失活，合金化与形貌设计在很大程度上解决了催化不稳定的问题。将Ru与过渡金属合金化可以明显改变Ru的电子结构以及OER关键含氧中间体(如*OH、*O和*OOH)的吸附特性，从而提高Ru基催化剂的活性和稳定性。成本相对较低的过渡金属，如Ni、Co、Fe、Cu、Mn和Mo，常被用来与Ru形成合金，以提高Ru基催化剂的OER性能。通过湿化学方法，以油胺为溶剂和表面活性剂制备了具有大比表面积、高纵横比、高密度的不饱和原子和丰富孔道的2D RuCu纳米片催化剂。在OER过程中，Ru晶格会发生畸变，缺陷增加，在0.5mol/L H$_2$SO$_4$中达到10mA/cm^{2}电流密度所需的过电势为236mV。一方面，其活性由于非晶体Cu改变了Ru的电子结构，优化了中间体的吸附能，从而提高了OER性能；另一方面，2D RuCu纳米片的通道有利于表面电子的活化，增加了Ru金属活性位点的数量和利用率。除了2D RuCu纳米片外，其他双金属Ru基纳米结构，例如Ru-Ni纳米片组件[见图2.3(b)]、Ru-Pb波浪纳米线[见图2.3(c)]、Ru-Ni夹层纳米板[图2.3(d)]在酸性条件下都表现出优于商业催化剂的稳定性。

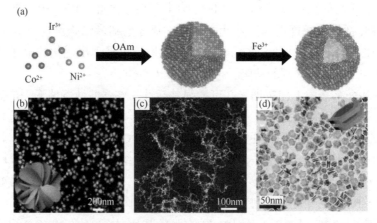

图2.3　(a)IrCoNi PHNCs的制备示意图；(b)Ru-Ni纳米片组件的HAADF-STEM图；
(c)Ru-Pb波浪纳米线的STEM图像；(d)Ru-Ni夹层纳米板的TEM图

由于 Ir 比 Ru 具有更高的稳定性和 OER 活性，Ir 和 Ru 也经常被合金化形成 RuIr 双金属纳米结构。早在 1985 年，Kötz 和 Stucki 利用溅射法制备了 RuIr 合金。Ru 与 Ir 的合金化形成了保护性的 Ir 氧化层，可显著减少 Ru 的腐蚀。此外，利用一种表面偏析的合成方法可制备 RuIr 合金催化剂，这种方法可平衡催化剂表面原子的活性及稳定性。通过这种方法，$Ru_{0.5}Ir_{0.5}$ 合金催化剂在活性不变的情况下，稳定性可以提高四倍[见图 2.4(a)]。虽然 Ru 与 Ir 合金化可以在一定程度上减少 Ru 的腐蚀，但由于 Ru、Ir 与中间物结合得太强，OER 活性往往会降低。另外一种可行的方法便是将 RuIr 与其他过渡金属(如 Ni、Co 和 Fe)合金化来设计三元合金。随着进一步合金化，RuIr 合金的局部电子环境会进一步优化，表面活性物种(如表面羟基)的浓度可能会增加，这样便会增强 RuIr 合金的 OER 活性。利用共还原法制备过渡金属掺杂的 RuIr 合金(M–RuIr，M＝Co、Ni、Fe)可用于酸性水分解，其中 Co–RuIr 展现出最佳的 OER 活性[见图 2.4(b)～(d)]，RuIr 在与 Co 合金化后，在 0.1mol/L $HClO_4$ 中达到 $10mA/cm^2$ 电流密度的过电势为 235mV，远低于 RuIr 的过电势(344mV)，并且在 0.1mol/L $HClO_4$ 中 $10mA/cm^2$ 电流密度的条件下可以保持 25h 的长久稳定性。在酸性条件下，进一步合金化的 RuIr 会浸出一些杂质原子，使晶格氧原子与金属断键，成为低配位氧物种，且表面上拥有更高比例的羟基(OH^-)，而羟基可以适度结合含氧中间体，从而增强了 OER 活性。

Pt 是最稳定的贵金属之一，从 OER 催化剂的稳定性来看，Pt 也是最稳定的抗溶解催化剂。将 Pt 与其他金属结合，可增加其固有的 OER 活性。通过对 Pt、Pd 进行合理设计，可构建出应用于催化析氧反应(OER)、氧还原反应(ORR)和电催化析氢反应(HER)的双功能或三功能电催化剂。利用胶体化学法制备的超薄 2D PtPdM(M＝Fe、Co、Ni)三元合金纳米环(NRs)在碱性介质中表现出优异的 OER 催化活性，其性能优于商业 Pt/C 和商业 Ir/C 催化剂。在 1.4V 处发现阳极峰，表明三元合金 PtPdM–NRs 的 OER 活性和 TOF 的提高源于金属态 Ni、Fe 和 Co 向(氧)氢氧化物/氧化物的演变，进一步说明合金化引起的结构优化在提高 OER 活性方面发挥着关键作用。

2.4.1.3 贵金属氧化物

贵金属合金催化剂具有优良的催化性能，但其在合成过程中通常需要表面活性剂的辅助，表面活性剂因难以去除会导致活性位点的堵塞。而贵金属氧化物表面氧空位和易改变的化学环境能够促进 OER 活性以及稳定性。受限于贵金属昂贵且资源稀缺的特点，目前对于贵金属氧化物的研究集中在通过结构设计或成分优化在降低贵金属用量的同时使活性位点充分暴露。到目前为止，IrO_2、RuO_2 是应用最广泛的酸性 OER 催化剂。早在 1983 年，Stucki 和同事们通过 XPS 研究了

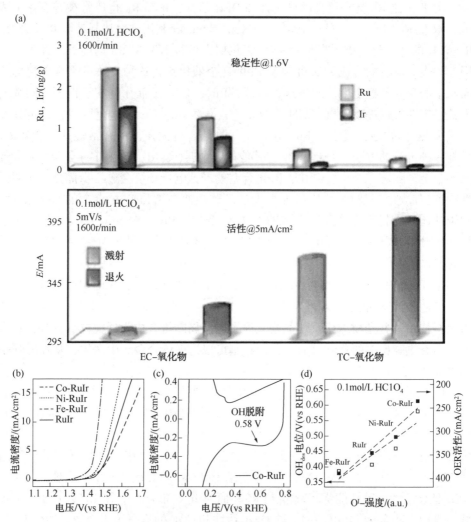

图 2.4　（a）OER 过程中溅射和退火 $Ru_{0.5}Ir_{0.5}$ 活性与稳定性的关系；（b）M-RuIr（M = Co、Ni、Fe）和 RuIr 电催化剂的 LSV 曲线；（c）Co-RuIr 的 CV 曲线，箭头表示 OH 解吸电位；（d）M-RuIr 和 RuIr 电催化剂上 O 物质浓度与 OH 脱附（OH_{des}）电位（左 y 轴，空心点）和 OER 活性之间的关系

RuO_2 阳极在 1.0mol/L H_2SO_4 中的析氧过程，并在 1986 年研究了 RuO_2 的 OER 稳定性。在 1987 年，经过同位素标记和在线质谱仪表征研究了 RuO_2 上的 OER 过程，无论是在 $H_2^{16}O$ 中的 $Ru^{18}O_2$ 上或者在 $H_2^{18}O$ 中的 $Ru^{16}O_2$ 上，最后都会形成 $^{16}O^{18}O$，证明了 RuO_2 参与了 OER 过程，促进了含氧中间体的形成。当用同样的方法研究 Ru 用于 OER 时，也可以观察到 RuO_2 薄膜的存在。而对于 IrO_2 的研究，

Beni 等在 1979 年便发现溅射 IrO_2 薄膜的 OER 性能优于 Pt、Pd、Au 等金属。

金属氧化物通常通过热化学方法（TC-氧化物，晶体）和电化学方法（EC-氧化物，高缺陷和无定形）制备，当用于酸性 OER 时，OER 活性与稳定性之间呈负相关，即氧化物的活性越高，其稳定性越低。对于贵金属氧化物，如图 2.5（a）所示，其活性顺序遵循 Au≪Pt<Ir<Ru≪Os，稳定性顺序则为 Au≫Pt>Ir>Ru≫Os，热化学方法和电化学方法制备的 IrO_2 和 RuO_2 都可以在活性与稳定性之间实现较好的平衡。图 2.5（b）则展示了 Ir、Ru 氧化态随电位的变化以及氧化态与反应活性的关系。随着电位升高，Ir、Ru 氧化物会从稳定的 +4 价态转变为不稳定的高于 +4 价态。

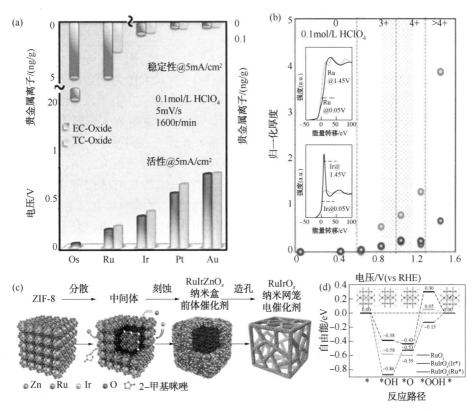

图 2.5　（a）热化学和电化学方法制备的金属氧化物的活性和稳定性之间的趋势；（b）活性、稳定性和氧化态与电位依赖性变化的关系，插图为 XANES 光谱，以及 Ru 氧化态和 Ir 氧化态的电位变化；（c）$RuIrO_x$ 纳米网笼的制备示意图；（d）电势为 1.23V 时，RuO_2（110）和 $RuIrO_x$（110）的 OER 自由能图

由于 IrO_2、RuO_2 可以在活性及稳定性之间实现良好的平衡，因此 IrO_2 经常被用来与 RuO_2 合金化，形成合金氧化物或核/壳结构，以此提高 RuO_2 的 OER 稳

定性。Adams 利用熔融法制备了 $Ir_xRu_{1-x}O_2$（$x = 0.2$、0.4、0.6）合金氧化物，其中，$Ir_{0.2}Ru_{0.8}O_2$ 拥有最高的 OER 活性，在 $0.5mol/L\ H_2SO_4$ 中可以稳定析氧 40000s，其活性高于 IrO_2，稳定性远高于 RuO_2（20000s），在贵金属使用量较低的情况下实现了优良的 OER 活性及稳定性。同样，以沸石咪唑骨架（ZIF-8）为模板，采用分散-刻蚀-打孔方法，也可实现 IrO_2 与 RuO_2 的合金化，合成高活性和稳定性的 3D $RuIrO_x$（$x \geqslant 0$）纳米网笼催化剂用于酸性 OER [见图 2.5（c）]。3D $RuIrO_x$ 纳米网笼具有孔状和网状的自支撑结构，由超细纳米线（宽度 2~4nm）相互连接。凭借其独特的结构及合金氧化物的配体效应，在暴露了更多活性位点的同时，大幅度降低了 $^*O$ 形成 $^*OOH$ 的能垒 [见图 2.5（d）]，$RuIrO_x$ 纳米网笼催化剂在 $0.5mol/L\ H_2SO_4$ 中表现出优良的 OER 活性，达到 $10mA/cm^2$ 电流密度所需的过电势为 233mV，并且拥有良好的稳定性。

尽管 IrO_2 与 RuO_2 通过合金化所形成的合金氧化物结构可以弥补 IrO_2 活性及 RuO_2 稳定性不足的问题，但鉴于形成合金的 IrO_2 与 RuO_2 皆为贵金属氧化物，催化剂制备成本较高。因此，通过引入过渡金属形成合金，在节约成本的同时提高 RuO_2 及 IrO_2 的活性及稳定性。过渡金属的引入可有效地调节金属的本征电子结构，优化金属活性位点，从而提高电催化性能。此外，表面原子的排列和构型会强烈影响电催化活性和稳定性。将 Cu 掺杂到 IrO_2 中所制备的 $Cu_{0.3}Ir_{0.7}O_8$ 电催化剂中，Cu 的引入调控了 IrO_2 的轨道占有率，使得 IrO_2 的几何结构畸变，从而产生大量缺陷，因而与 IrO_2 相比，$Cu_{0.3}Ir_{0.7}O_8$ 在酸性电解质中具有显著的 OER 活性。同样地，将 Fe、Co、Ni 等过渡金属引入 RuO_2 中可制备呈网状结构的 $M-RuO_2$ 纳米线催化剂（$M-RuO_2$，M = Fe、Co、Ni）。过渡金属的掺杂使 RuO_2 含有高密度的结构缺陷，调节了含氧中间体的吸附自由能，因此，$M-RuO_2$ 催化剂具有良好的 OER 活性，在 $1.0mol/L\ KOH$ 中达到 $10mA/cm^2$ 电流密度所需的过电势为 235mV。

此外，将 RuO_2 或 IrO_2 与耐酸腐蚀的过渡金属氧化物合金化可制备活性及稳定性良好的合金氧化物催化剂。二氧化铬（CrO_2）是一种具有高抗酸性腐蚀的氧化物。因此，将 RuO_2 或 IrO_2 与 CrO_2 合金化可改善 RuO_2 或 IrO_2 的稳定性，以 Cr 基金属有机框架 [MIL-101（Cr）] 为模板，将 $RuCl_3$ 负载到其孔道中 [$RuCl_3$-MIL-101（Cr）]，经煅烧得到了 Cr 和 Ru 原子随机分布的 Cr-Ru 合金氧化物电催化剂 [见图 2.6（a）]。该催化剂在 $0.5mol/L\ H_2SO_4$ 中达到 $10mA/cm^2$ 电流密度所需的过电势为 178mV，并在 10000 次 CV 循环后过电势（189mV）仅略有增加 [见图 2.6（b）]。Ir-Cr 合金氧化物纳米线（$Ir_{0.6}Cr_{0.4}O_x$）性能优良，在 $0.5mol/L\ H_2SO_4$ 中达到 $10mA/cm^2$ 电流密度所需的过电势为 250mV，并在 $10mA/cm^2$ 下可以保持 25h 的持久稳定性。Cr 的掺杂不仅大幅度提高了 IrO_2 或 RuO_2 的稳定性，并且可优化

Ru 和 Ir 的电子结构,降低了形成 *OOH 的能垒,从而在提高稳定性的同时保证了活性。

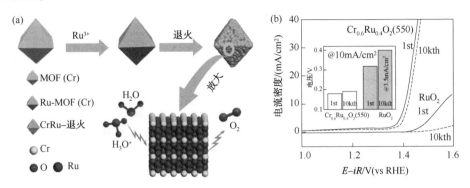

图 2.6 (a)CrRu 氧化物固溶体催化剂制备示意图;(b)$Cr_{0.6}Ru_{0.4}O_2(550)$ 及商业 RuO_2
催化剂在第 1 次以及第 10000 次 CV 循环后的 OER 极化曲线

除了金属元素掺杂,非金属元素的掺杂也可以提高贵金属氧化物的活性和稳定性,例如,通过湿化学法以 $NaNO_3$、氟化物为前驱体并且经过 500℃ 处理可合成 F 掺杂的 IrO_2,其性能远高于未掺杂 F 的 IrO_2。非金属元素掺杂虽然可以在一定程度上提高贵金属氧化物的 OER 性能,但是其 OER 性能仍不足以与金属氧化物合金相比,因此,关于此方面的研究较少。此外,受多元金属合金的启发,三元合金氧化物催化剂如 IrO_2-RuO_2 和 IrO_2-SnO_2 三元合金氧化物的开发,为贵金属合金氧化物提供了一条可行的设计途径。

设计具有独特组成、结构的纳米材料也是构建高效酸性 OER 催化剂一个颇具吸引力的方法。IrNi@ IrO_x 核/壳纳米催化剂在质量活性方面比 IrO_2 和 RuO_2 提高了 3 倍。在催化剂/载体耦合概念的启发下,将 IrNi@ IrO_x 核/壳纳米颗粒负载到锑掺杂氧化锡(ATO)上可进一步提高 IrNi@ IrO_x 核/壳纳米颗粒的 OER 活性及稳定性。氧化铱壳层提供了优异的 OER 活性,而介孔氧化锡载体一方面分散了催化剂纳米颗粒,减小了纳米颗粒尺寸,另一方面则提供了优异的抗腐蚀性。其析氧速率是商用 IrO_2 催化剂的 2.5 倍,并且可保持 20h 的析氧活性。具有超细且单分散的 Ru@ IrO_x 纳米晶,Ru 核发生高度应变,IrO_x 壳层部分氧化,Ru 核和 IrO_x 壳层之间电荷重新分配,Ru 核价态降低,IrO_x 壳层价态增加。电荷重新分配激活了核壳结构和电子的协同作用,在核壳结构中,IrO_x 壳层为 Ru 核提供了充分的保护,防止其在 OER 过程中被腐蚀。因而 Ru@ IrO_x 拥有良好的活性及稳定性,其在 0.05mol/L H_2SO_4 中达到 $10mA/cm^2$ 电流密度只需要 282mV 的过电势,并且在经历 24h 反应后仍能保持 90% 的活性。

钙钛矿型复合氧化物及烧绿石型复合氧化物是一种有效减少贵金属(Ir 或

Ru)在酸性 OER 电催化剂中使用量的方法。钙钛矿分子式为 ABO_3，A 位元素包括：碱土金属(如 Ba、Sr)、稀土金属(如 Pr、La)或者它们的组合。B 位元素通常是过渡金属，如 Co、Cu、Ir 和 Ru，B 位原子与氧原子通常形成六重八面体 BO_6。OER 常发生在钙钛矿表面过渡金属占据的 B 位上。对于 Ir 或 Ru 基钙钛矿复合物，它们通常与氧原子形成 IrO_6 或 RuO_6 八面体作为 OER 活性中心。在由非贵金属元素组成的框架中掺入贵金属 Ir 或 Ru，可以极大地减少贵金属的使用。

对于 Ir 基复合氧化物，$IrO_x/SrIrO_3$ 电催化剂在 0.5mol/L 硫酸中 10mA/cm^2 电流密度下过电势为 270～290mV，其高活性和稳定性归因于表面形成的 IrO_3 或锐钛矿型 IrO_2。此外，6H 相 $SrIrO_3$ 钙钛矿(6H-$SrIrO_3$)也具有高活性及稳定性。6H-$SrIrO_3$ 是一种独特的钙钛矿氧化物，具有面共用而不是边共用的八面体结构，共面八面体削弱了 Ir-O 之间的相互作用，促使其具有优异的 OER 活性和稳定性。其中的 Ir 质量分数虽然比 IrO_2 中的 Ir 质量分数低 27.1%，但却表现出比 IrO_2 高约 7 倍的 Ir 质量活性，在 0.5mol/L H_2SO_4 中达到 10mA/cm^2 电流密度所需的过电势仅为 248mV，并且能维持 30h 的长期稳定性。当将 Co 掺入 6H-$SrIrO_3$ 中时，Co 的加入可以增加 6H-$SrIrO_3$ 表面羟基的覆盖度，进一步调节 Ir-O 之间的相互作用，从而使 Co 掺杂的 6H-$SrIrO_3$ 表现出高的 Ir 质量活性，在酸中的质量活性提高了三倍。利用钛酸锶(Ir-STO)可进一步减少 Ir 的使用量，并获得比 IrO_2 更好的酸性 OER 性能。Ir 的掺杂改变了 Ti 的电子结构，增强了氧在 Ti 活性位点上的吸附，在 0.1mol/L $HClO_4$ 中达到 10mA/cm^2 的电流密度时过电势为 247mV，并可稳定析氧 20h，在降低 Ir 使用量的同时实现了高活性及稳定性。

鉴于 Ru 的高本征 OER 活性，Ru 基钙钛矿也被广泛应用于 OER 研究。尽管 Ru 基钙钛矿 $SrRuO_3$ 在热力学上稳定，但由于 Sr 和 Ru 的溶解，$SrRuO_3$ 在 OER 条件下会出现严重的活性衰减，而且碱性或酸性电解质中的稳定性并不高。通过对 $SrRuO_3$ 进行 Na 掺杂，可以增强活性，特别是改善稳定性。Na 掺杂后，Ru 的 d 带中心和表面 O 的 p 带中心会发生正移，使 Ru 对中间产物的吸附减弱，因此，OER 活性得到很大的提高。此外，Na 掺杂还增加了 Ru 氧化态的数量，降低了表面能，抑制了 RuO_6 八面体变形，从而提高了 $SrRuO_3$ 的稳定性。

双钙钛矿的通式为 $A_2BB'O_6$，其中 A 位由较大的阳离子占据，而 B 和 B' 位由两个较小的阳离子占据，其晶体结构如图 2.7(a)所示。通过在 A、B 和 B' 位点上结合不同的阳离子，可制备出一系列具有可调节的电子和物理化学性质的双钙钛矿。如 Ba_2MIrO_6(M = Y、La、Ce、Pr、Nd 和 Tb)催化剂，其在 0.1mol/L $HClO_4$ 中的 OER 活性与 M 位有关，顺序为 Ce ≈ Tb ≈ Y < La ≈ Pr < Nd[见图 2.7(b)]。Ba_2MIrO_6 双钙钛矿中的 Ir 含量比 IrO_2 中的 Ir 含量少 32%(质)，但活性比 IrO_2 提升了三倍以上。Ba_2PrIrO_6 和 Ba_2YIrO_6 在酸性条件下的 OER 稳定性高于

IrO_2，而含 La、Nd 和 Tb 的双钙钛矿，在稳定性测试 1h 后便失去活性。从活性和稳定性方面考虑，Ba_2PrIrO_6 是优于 IrO_2 的酸性 OER 电催化剂。这些双钙钛矿的酸性 OER 性能增强与共角八面体的 3D 钙钛矿网络有关。类钙钛矿网络优化了轨道相互作用，有助于调节局部电荷变化。对于这些双钙钛矿，可以通过仔细选择 A、B 和 B′阳离子以及通过优化合成工艺来减小双钙钛矿的粒径，从而进一步提高电化学性能。

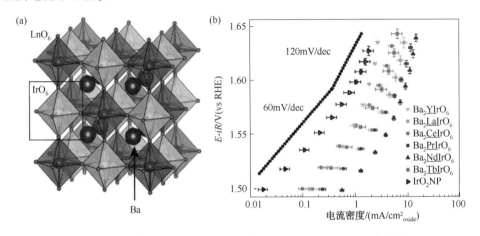

图 2.7　(a) Ba_2MIrO_6 双钙钛矿的晶体结构；(b) Ba_2MIrO_6 双钙钛矿

(M=Y、La、Ce、Pr、Nd、Tb) 与 IrO_2 在 0.1mol/L $HClO_4$ 中的 OER 活性

烧绿石氧化物中 Ru 和 Ir 基烧绿石氧化物拥有良好的 OER 活性及稳定性。烧绿石氧化物，通式为 $A_2B_2O_{7-\delta}$，A 位通常被碱土金属(如 Bi、Pb)或稀土金属(如 Ln)占据。B 位元素可以是 Ir、Ru、Os、Ti、Nb、Sn。其结构通用性强、灵活性好，通过组合不同的 A 和 B 阳离子不仅可以优化电子结构，实现性能调节，还可以改变材料的状态。例如对于 5d 烧绿石铱氧化物 $R_2Ir_2O_7$ (R 是稀有金属离子)，可以通过调节 $R_2Ir_2O_7$ 中的 R 离子来改变材料状态(如绝缘体、半金属和金属)。烧绿石型 $R_2Ir_2O_7$ (R＝Ho、Tb、Gd、Nd 和 Pr) 氧化物的晶体结构如图 2.8(a) 所示，其 OER 活性与电子结构密切相关。研究发现，当 R 离子半径从 Ho 增加到 Pr 时，Ir—O—Ir 的键角会增大 [见图 2.8(b)]，从而引起压力化学效应，使得 $R_2Ir_2O_7$ 的晶格发生膨胀。通过研究 $R_2Ir_2O_7$ 在 0.1mol/L $HClO_4$ 中的 OER 活性，发现随着 R 离子半径的增加，$R_2Ir_2O_7$ 的 OER 活性急剧增强，达到 10mA/cm² 电流密度的过电势从 $Ho_2Ir_2O_7$ 的 500mV 下降到 $Pr_2Ir_2O_7$ 的 290mV。值得注意的是，所有的 $R_2Ir_2O_7$ 氧化物都表现出比 IrO_2 高得多的 OER 活性。结果表明，随着 R 离子半径的增加，烧绿石 $R_2Ir_2O_7$ 氧化物表现出绝缘体-半金属-金属过渡的趋势，这是由电子关联减弱和 R 离子半径增加引起的。导电性的提高和 Ir—O 键的共价性

也有助于 $Nd_2Ir_2O_7$ 和 $Pr_2Ir_2O_7$ 活性的提升。此外，研究表明 IrO_6 八面体发生了畸变且在 $0.1mol/L$ $HClO_4$ 中的 OER 活性强烈依赖于其畸变，其 OER 活性顺序为 $Pb_2IrO_{6.5}$>IrO_2>Bi_2IrO_7。DFT 计算表明，IrO_6 八面体畸变水平的增加导致 Ir 5d 轨道带宽变宽[见图 2.8(c)]，优化了 Ir 5d 和 O 2p 轨道之间的结合。因此，OER 活性随着 IrO_6 畸变水平的增加而呈现出上升趋势[见图 2.8(d)]。这些工作表明了电子结构调整在增强催化性能方面的作用，并为合理设计高效电催化剂提供了指导。

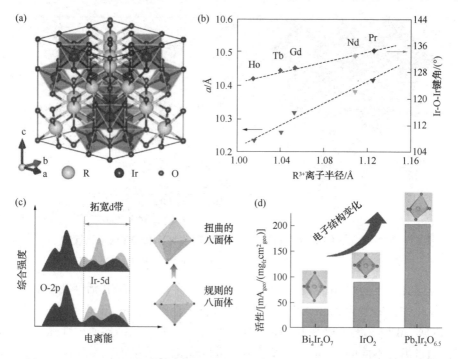

图 2.8 (a)$R_2Ir_2O_7$ 的晶体结构；(b)R^{3+} 与晶格常数 a 和 Ir—O—Ir 键角的关系；
(c)畸变八面体引起的 Ir 5d 波段变化示意图；(d)IrO_2、$Bi_2Ir_2O_7$ 和 $Pb_2Ir_2O_{6.5}$ 以及
具有不同几何畸变的 IrO_6 在 $0.1mol/L$ $HClO_4$ 中的 OER 活性

2.4.2 过渡金属催化剂

贵金属 Ir 基与 Ru 基催化剂拥有出色的 OER 性能，但贵金属的天然稀缺及高成本仍是阻碍其用于大规模工业化生产的一道难关，因此，研究者一直致力于探索一种地球储量丰富、成本低且活性和稳定性良好的非贵金属基材料来取代贵金属材料。过渡金属基电催化剂由于其特殊的电子结构、稳定的化学性质、适中的本征活性，是最有潜力替代贵金属的 OER 电催化剂，因此受到广泛的关注与研究。本节将从过渡金属合金、过渡金属磷化物、过渡金属硫族化合物、过渡金属(氧)氢氧化物等方面介绍过渡金属基电催化剂在 OER 方面的研究。

2.4.2.1 过渡金属合金催化剂

纯金属态的过渡金属是一种优良的 OER 电催化剂,但在酸性和碱性电解质中易被腐蚀造成部分溶解,难以直接应用。因此,对于过渡金属,无论是单金属状态还是合金状态,都需被嵌入或修饰在相对稳定的基底材料中,而碳纳米材料由于性质稳定、储量丰富、结构多样等特点经常被用作过渡金属基电催化剂的负载材料。过渡金属负载碳材料中金属与载体耦合及协同作用,可实现良好的 OER 活性。例如,通过热解 2D/3D ZIF-67@碳布,可制备镶嵌在 2D N 掺杂碳纳米片和 3D N 掺杂中空碳多面体(Co@N-CS/N-HCP@CC)中的超细 Co 纳米颗粒[见图 2.9(a)]。C 与 Co 相互作用,有效降低了中间体*OH 的吸附能,使*O 到*OH 的转化成为速率决定步骤[见图 2.9(b)]。Co 向碳层的电荷转移及 N 的掺杂

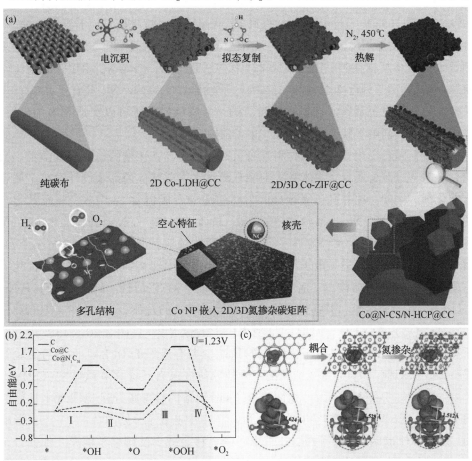

图 2.9 (a)Co@N-CS/N-HCP@CC 的合成示意图;(b)电势为 1.23V 时 Co@N-CS/N-HCP@CC 的 OER 自由能图;(c)C、Co@C 和 Co@N_1C_{31} 上的电荷密度分布

则提高了 C—OOH 的结合强度[见图 2.9(c)]，降低了能量势垒，展现出 Co、N、C 之间的协同效应。同样地，热解 ZIF-8@ZIF-67 合成的双壳层杂化纳米笼(NC @ Co-NGC)也观察到了 Co、N、C 之间的协同效应。Co 纳米颗粒、石墨碳和 N 掺杂物种之间的电荷转移和电荷重新排布优化了催化剂的电子结构，促进了 *OOH 的吸附，增强了 OER 活性。另外，ZIF-67 衍生的 Co-NGC 外壳具有稳定的结构和良好的导电性，ZIF-8 衍生的 N 掺杂微孔碳(NC)内壳为中空骨架，增强了扩散动力学，内壳与外壳相互作用使 NC@ Co-NGC 具备了良好的 OER 性能。

除形成复合材料外，调控过渡金属的晶相也是提高 OER 性能的有效方法。对于尺寸相近但晶相不同的 Ni 纳米颗粒负载的 N 掺杂碳壳(NC)，与面心立方相 fcc-Ni@NC 相比，六方最密堆积相 hcp-Ni@NC 具有更好的 OER 性能，hcp-Ni@NC 仅需 305mV 的过电势即可达到 10mA/cm^2 的电流密度，比 fcc-Ni@NC 降低了 55mV，对于 fcc-Ni@NC 和 hcp-Ni@NC 来说，内核中 Ni 纳米颗粒的不同晶相导致了外部 N 掺杂碳壳层的不同电子状态，而与 fcc-Ni@NC 相比，hcp-Ni@NC 具有更易调节外部 N 掺杂碳壳层的电子性质，hcp-Ni@NC 具有更高的 OER 活性。此外，对于金属@石墨烯核壳结构，金属核的电子可以穿透石墨烯壳层，调节石墨烯表面电子状态，实现较优的 OER 性能。

过渡金属合金化并与基底材料复合可极大地提高催化剂的稳定性及活性。目前，通常将过渡金属合金纳米颗粒封装在碳纳米管或球体内部来设计过渡金属合金催化剂。例如，在介孔二氧化硅的封闭通道中合成包含 Fe、Co、Ni 及其合金的单层石墨烯(M@NCs, M=Fe、Co、Ni、FeCo、FeNi、CoNi)[见图 2.10(a)]可实现良好的 OER 活性及稳定性。合金化的配体效应优化了过渡金属电子结构，而石墨烯则极大地促进了电子从封装的金属合金表面转移到石墨烯表面，优化了石墨烯表面的电子结构，二者协同作用，增强了 OER 活性。因此，对于 FeNi、FeCo、CoNi 金属合金，其活性及稳定性均优于单一的过渡金属[见图 2.10(b)]。根据 $\Delta G(O^*) - \Delta G(HO^*)$ 计算的呈现火山形的过电势[见图 2.10(c)]发现，在所有催化剂中，FeNi@C 位于火山图的顶端，拥有最好的 OER 活性，与实验结果一致。类似地，将 Co 基双金属纳米颗粒原位嵌入 N 掺杂多孔碳球中(CoM-e-PNC, M=Ni、Fe、Mn、Cu)[见图 2.11(a)]制备的合金催化剂也展现出良好的 OER 活性。Co 与 M 合金化可有效地调节 d 带中心位置[见图 2.11(b)]，影响 OH 吸附和 O$_2$ 脱附之间的平衡。d 带中心的上移会减少反键电子填充，加强合金与 OH 的相互作用，从而提高本征 OER 活性。但合金与 OH 之间过强的相互作用反而会阻碍 O$_2$ 的解吸，不可避免地降低 OER 活性，因此，d 带中心存在最佳位置。CoM-e-PNC 合金中，d 带中心和转换频率(TOF)之间的变化趋势呈火山形曲线，而 CoNi 催化剂距离火山顶部最近[见图 2.11(c)]，具有最佳的 d 带中心，可实现最优的 OER 活性。

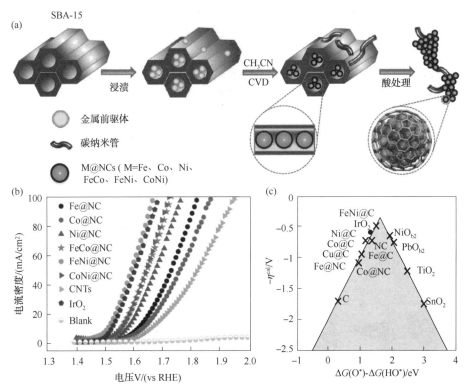

图 2.10　(a)从含金属的前驱体和 SBA-15 制备 M@ NCs 的示意图；
(b) M@ NCs、CNTs 与 IrO₂ 的 OER 极化曲线；(c)不同催化剂的
负过电势($-\eta^{cal}$)与通用描述符 $\Delta G(O^*)-\Delta G(HO^*)$ 的关系图

　　高熵合金(HEAs)作为一种特殊的合金于 2004 年首次被报道，在 OER 应用方面展现出巨大的潜力。HEAs 通常被定义为五个或五个以上主成分接近且等物质的量组成的合金，并且其结晶固溶体相稳定在一个较高的混合熵。与传统的金属和合金相比，HEAs 可以保持原子均匀分布的高熵状态，在拥有各组成元素的优点的同时，各种金属之间的相互作用在调节电子性质和催化活性的方面提供了灵活性。如纳米多孔 AlFeCoNiCr 高熵合金达到 10mA/cm² 电流密度所需的过电势仅为 240mV，Tafel 斜率为 52mV/dec，低于三元、四元和其他五元样品，可实现良好的 OER 性能，加之熵效应的增强，与 AlFeCoNi 相比，具有更高的稳定性。

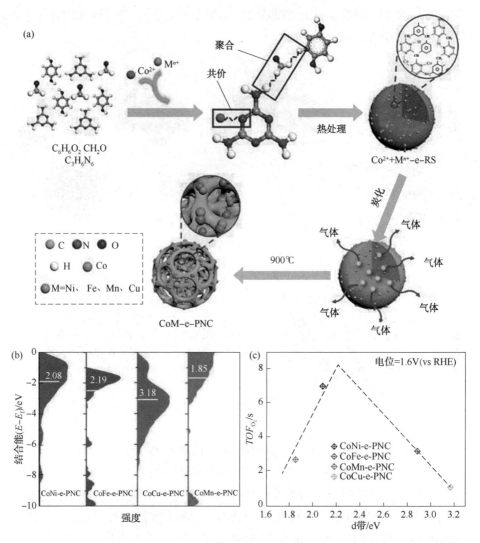

图 2.11 (a) CoM(M=Ni、Fe、Mn、Cu)双金属纳米颗粒嵌入 N 掺杂多孔碳球中的形成机理示意图;(b)d 带中心结合能强度图;(c)不同 CoM 催化剂 d 带中心与 *TOF* 的关系

2.4.2.2 过渡金属磷化物

过渡金属磷化物(TMPs)具有丰富的活性位点、独特的物理化学性质、可调的组分结构以及优良的 OER 催化活性。其中,磷的存在使金属的 d 带中心和费米能级发生改变,所生成的 TMPs 具有类似 Pt 的电子结构,因此具有类似贵金属的催化性能。自 2015 年 Ni_2P 首次被用于 OER 后,一系列 TMPs 如 FeP、CoP、Ni_5P_4、CoFeP、NiCoP、NiFeP 等被作为高活性、廉价的 OER 催化剂广泛研究。向 TMPs 中引入杂原子,可调控 TMPs 的电子结构,增加其活性位点数量,优化

OER 中间体生成能，大幅提高 TMPs 的 OER 性能。NiFe 基磷化物表现出优异的 OER 活性，在碳布上将制备的 Fe 掺杂的 Ni_2P 纳米片用于 OER 时，其达到 $50mA/cm^2$ 和 $100mA/cm^2$ 电流密度时所需的过电势分别为 215mV 和 235mV。通过气相沉积法制备的多孔三元 FeMnP 纳米催化剂（FeMnP/GNF）拥有较高的比表面积，达到 $10mA/cm^2$ 电流密度所需的过电势和 Tafel 斜率分别为 230mV 和 35mV/dec。多原子掺杂可进一步调控 TMPs 的电子结构，增加活性位点的数量。对于三原子掺杂的 B，N，S-CoP@C@rGO 催化剂，可通过热解氧化石墨烯包覆的 ZIF-67（ZIF-67@rGO）制备［见图 2.12（a）］，热解过程中形成的还原氧化石墨烯（rGO）和多孔碳提供了 3D 导电网络，起到双重纳米限域作用，有效地防止了 CoP 纳米颗粒的聚集。因此 B，N，S-CoP@C@rGO 具有良好的 OER 活性，其达到 $10mA/cm^2$ 电流密度所需的过电势仅为 264mV。

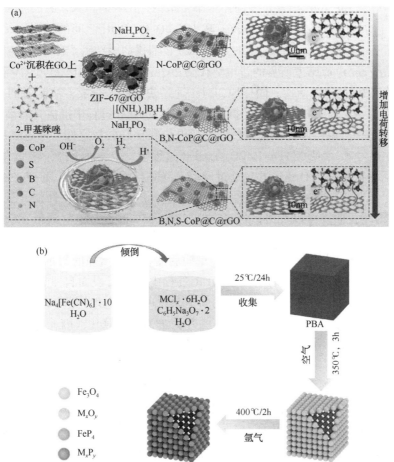

图 2.12 （a）B，N，S-CoP@C@rGO 的制备示意图；（b）过渡金属磷化物的合成示意图

TMPs 优异的 OER 活性及稳定性归功于其在电化学氧化环境下形成的金属氧化物/氢氧化物相，因此，在反应过程中设计易于重构的 TMPs 催化剂尤为关键。对于锚定在还原氧化石墨烯(rGO)基底上的镍铁磷化物($Ni_xFe_{2-x}P@rGO$)催化剂，由于 Ni/Fe 的电子效应，表面重构为无定形的 NiFe 氧氢氧化物具有很强的氧亲和力，可调节金属离子的配位，促进催化剂表面与反应物之间的界面接触。因此，$Ni_xFe_{2-x}P@rGO$ 在 1.0mol/L KOH 中达到 $10mA/cm^2$ 电流密度所需的过电势为 210mV。同样，在以含钠的多溴联苯作为前驱体制备的 Co-Fe 磷化物纳米立方体催化剂中[见图 2.12(b)]，立方体表面的磷化物在 OER 过程中可重构形成含 Na^+ 的 Co/Fe 氧氢氧化物电催化剂，在 $10mA/cm^2$ 电流密度时的过电势为 283mV。

此外，TMPs 的表面重构也可以通过控制元素掺杂来进行调控。利用原位表征技术，研究者发现 Ru 掺杂可以诱导 Co_2P 的表面重构形成 $Ru-RuP_x-Co_xP$ 多面体。重构后的 $Ru-RuP_x-Co_xP$ 多面体呈中空结构，比表面积大，具有丰富的活性位点。Ru 的掺杂则使 M—P 键伸长，减小了 $^*O$ 和 $^*OOH$ 之间的吸附能级差，进而增强了 Co_2P 的活性。所以，$Ru-RuP_x-Co_xP$ 催化剂展现出了良好的 OER 性能，达到 $10mA/cm^2$ 电流密度所需的过电势仅为 291mV，并且在 10000 次 CV 循环后，仍能保持良好的 OER 活性。同样地，对于通过快速高压合成方法制备的 $CoMoP_2$ 电催化剂[见图 2.13(a)]，Mo 的掺杂会诱导其在 OER 过程中形成具有高活性 Co 位点的 $Co(OH)_2$ 层，因此表现出较低的过电势和良好的稳定性。通过在磷化镍/磷酸盐中掺入 Fe 会使 $Ni-Fe-P/PO_3$ 在 OER 过程中发生表面重构，转变为 $Fe-\gamma-NiOOH$ 活性物质进行 OER。并且通过调控 Fe 的掺杂量可以调控 $Ni-Fe-P/PO_3$ 的重构程度，改变 $Fe-\gamma-NiOOH$ 活性物质的数量，从而影响 OER 性能。从图 2.13(b)的计时电位曲线可以看出，当 Fe 掺杂率为 25%时，过电势最低，OER 活性最优。

在 TMPs 催化剂中，活性物质表面重构后催化活性增强的根本原因是吉布斯自由能降低。比如，$NiPS_3$ 纳米片在 OER 过程中会进行表面自重构形成 $NiPS_3-NiOOH$[见图 2.13(c)]，s 和 p 之间的轨道杂化可以有效地调节 Ni 的表面电子结构，从而降低吸附 OH^- 的吉布斯自由能并促进 Ni^{2+} 的氧化，因而 $NiPS_3-NiOOH$ 表现出优良的 OER 活性和稳定性。进一步研究表明，通过多种催化活性物种的协同作用可以降低反应的吉布斯自由能。研究者成功制备出环四磷酸钴($Co_2P_4O_{12}$)电催化剂并且通过引入 TiO_2 提高了 OER 性能。在碱性溶液中，TiO_2 削弱了 $Co_2P_4O_{12}$ 的 P—O 键，加速表面还原为 Co。同时，TiO_2 中的氧空位促进了 OH^- 的吸附和 O_2 的脱附，加速了 $TiO_2@Co_2P_4O_{12}$ 表面的 OER 进程。因此，OER 性能得到显著改善，在 $20mA/cm^2$ 电流密度下观察到的过电势为 330mV，比纯 $Co_2P_4O_{12}$ 的过电势低 87mV。

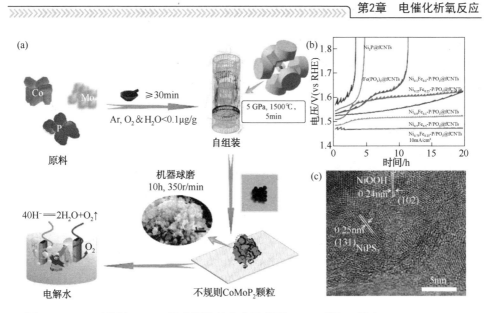

图 2.13 （a）不规则 CoMoP$_2$纳米颗粒的合成示意图；（b）不同 Fe 掺杂 Ni$_{1-x}$Fe$_x$-P/PO$_3$ 的计时电位曲线；（c）NiPS$_3$纳米片 OER 测试后的 HR-TEM 图

2.4.2.3　过渡金属硫族化合物

过渡金属硫族化合物（TMXs）包括过渡金属硫化物（TMSs）、硒化物（TMSes）和碲化物（TMTes）价带与导带之间的带隙较窄，因而具有较好的导电性。根据结构不同，TMXs 主要被分为两类：层状 MX$_2$ 和非层状 M$_x$X$_y$。在层状 MX$_2$ 中，一层 M 原子与两层 X 原子相结合，层与层之间通过相对较弱的范德华力相互作用，因此，MX$_2$ 很容易被剥离成单层。层状 MX$_2$ 可分为三种不同的类型，即单层四方（1T）、双层六方（2H）和三层菱方（3R），其基面和边缘上的两种表面活性位点具有各向异性，基面上的位点具有较低的表面能，其活性低于边缘上的活性位点。此外，MX$_2$ 面内的电导率高于层间的电导率。非层状 M$_x$X$_y$ 采用黄铁矿或白铁矿结构，其中 M 原子与 X 原子呈八面体键合，黄铁矿中的八面体呈角共用结构，而白铁矿的八面体是边共用的。非层状 M$_x$X$_y$ 的表面能和电子结构取决于 M 原子的 d 电子数，并且低指数晶面上的 M 原子通常具有较少的配位数，有望提高 OER 活性。

TMSs 主要包括硫化钴、硫化镍、硫化铁、硫化铜、硫化钼、硫化钨及其复合材料。由于过渡金属与硫之间配位环境复杂，可生成具有不同化学计量比组成的化合物。迄今为止，研究者们已制备了多种不同化学计量比组成的硫化钴用作 OER，包括 CoS$_2$、Co$_3$S$_4$ 及 Co$_9$S$_8$ 中空纳米片。八面体配位的 Co 对促进 OER 活性有利，在 CoS$_2$ 中，所有的 Co 离子都以 CoS$_6$ 的形式（Co 八面体配位）存在，而在

Co_3S_4和Co_9S_8中，分别只有三分之二和九分之一的 Co 离子以八面体配位(Co_{Oh})的形式存在，因此CoS_2中更多的Co_{Oh}使得CoS_2具有比Co_3S_4及Co_9S_8更好的 OER 活性。此外，通过调节暴露的活性表面自旋态可极大地提高 OER 活性。Co_3S_4原子级超薄纳米片具有比其块体更强的 OER 活性。这是因为八面体中的高自旋Co^{3+}会发生 Jahn-Teller 畸变，从而形成一个微扭曲的棱柱，对提高 OER 活性起着关键作用。

掺杂杂原子或构建异质结构是提高 OER 活性的另一种途径。氧掺杂的非晶态CoS_x多孔纳米立方体[见图 2.14(a)]在碱性和中性介质中表现出比RuO_2更强的 OER 活性[见图 2.14(b)、(c)]，更倾向于形成由大量缺陷组成的多孔结构，并产生更多的活性 Co—S 悬挂键，从而显著增强*O 吸附并促进 OER。当将 N 掺入CoS_2中时，电子将从 Co 转移到相邻的 N 上，由此产生的缺电子 Co 倾向于形成更高的氧化态，并以较低的反应势垒促进 OER。同样，在Co_9S_8中掺入 P 后，Co_9S_8的导电性会显著增强。将 Pt 纳米颗粒负载在CoS_2上形成的异质结构，由于较强的电荷转移，CoS_2会产生缺电子区域，而 Pt 则会产生富电子区域，由此产生的较高价态的 Co 位点有利于OH^-的吸附，降低形成的*OOH 能垒，从而加速

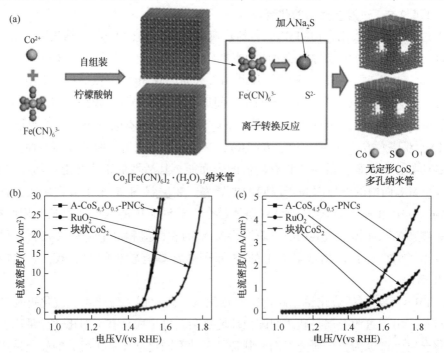

图 2.14 (a)A-$CoS_{4.6}O_{0.6}$-PNCs 的合成过程；(b)1mol/L KOH(pH 值=13.7)下 OER 极化曲线；(c)0.1mol/L PBS(pH 值=7.0)下 OER 极化曲线

了反应动力学。硫化钴与导电碳的复合可提高催化剂的活性和稳定性，具有高功函数的 CoS_2 从 N 掺杂的石墨碳中捕获电子，形成缺电子的碳壳，导致碳的费米能级下移，有利于中间体的吸附，降低了活化能。Co_9S_8 则可通过不同程度的碳化封装在各种碳基体中，其导电性的增强、组分间有效的电子耦合协同促进了 OER。

复杂的 Ni-S 配位环境使得硫化镍具有不同的组成（Ni_3S_2、NiS 和 NiS_2 等）。研究证实，通过对硫化镍进行元素掺杂可调节电子构型和 d 带中心的位置，从而提高导电性和优化反应中间体的吸附能。例如，Cu 掺杂可以使 NiS_2 从半导体向导体转变，其中 Cu 原子的 d 轨道赋予了 NiS_2 类金属行为。同样地，这种现象也能在 V 掺杂的 NiS_2 中观察到，从 V 到 Ni 的电子转移使 Ni 位点获得更多的电子，因此，V 掺杂的 NiS_2 具有良好的 OER 活性。此外，Fe 掺杂在 NiS_2 后使 NiS_2 转变为金属相。在导电 FeNi 合金箔上制备的 Fe 掺杂 Ni_3S_2 纳米片阵列（$Fe-Ni_3S_2/FeNi$）比 Ni_3S_2 具有更多的金属态。此外，与 Ni_3S_2 相比，$Fe-Ni_3S_2$ 对 H_2O 的吸附作用更强，吸附能更低，O_2 更容易从其表面脱附，这些因素相互作用，使得 $Fe-Ni_3S_2$ 具有比 Ni_3S_2 更好的 OER 活性。当 Fe 掺杂过量时，这种成分偏析会在 Ni_3S_2 中引入应变、晶格畸变和晶界，其协同作用增强了 Ni_3S_2 的导电性。

与 TMSs 类似，TMSes 也是一种很有潜力的 OER 催化剂。其中，$CoSe_2$ 因其较高的电导率、独特的电子结构被广泛研究。DFT 计算揭示了单晶胞正交 $CoSe_2$ 原子层的金属特性[见图 2.15(a)、(b)]。另外，具有金属特性的 $CoSe_2$ 纳米片不仅拥有超高比例的低配位表面原子，而且纳米片中结构扭曲会降低表面能，有利于结构稳定，因此，表现出比体相催化剂高约 4.5 倍的催化活性。众所周知，结构的不同也会影响催化剂的 OER 活性，$CoSe_2$ 既可以存在于稳定的立方黄铁矿型中，也可以存在于亚稳态的正交晶系白铁矿型中。通过 Ar/O_2 等离子体可在 $CoSe_2$ 中诱导剥离、表面重组和相变，这些因素协同提高了 $CoSe_2$ 的 OER 活性，在 $10mA/cm^2$ 时的过电势仅为 251mV。将掺杂策略应用于 $CoSe_2$ 同样也可以提高 OER 活性。将 Zn 掺入 $CoSe_2$ 中，Zn 的掺杂会使 Co 的态密度（DOS）降低，进而使中间体与 Co 的结合强度变弱[见图 2.15(c)~(e)]。同时，由于 Jahn-Teller 效应，晶格中会产生伸长或压缩的 $CoSe_6$ 八面体，可调节 $CoSe_2$ 的 d 轨道分布。此外，通过等离子体技术在 $CoSe_2$ 中创造 Se 空位，然后用 Pt 填充 Se 空位可以在缺陷 $CoSe_2$ 中形成 Pt-Co-Se 结构单元，有利于 Co 位点与中间产物（$^*OH$，$^*O$ 和 $^*OOH$）之间的相互作用，其 OER 活性随着 Pt 的掺杂显著增强。

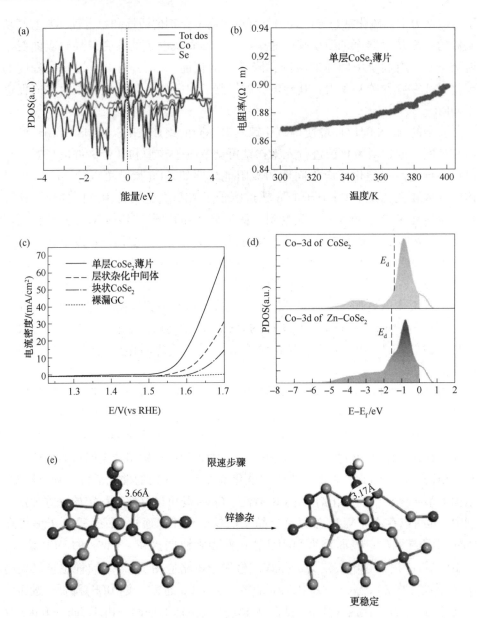

图 2.15　(a) 态密度 (DOS) 计算图；(b) 单层 CoSe$_2$ 薄片的电阻率曲线；(c) CoSe$_2$、层状杂化 CoSe$_2$ 中间体和块状 CoSe$_2$ 的极化曲线；(d) CoSe$_2$ 中 Co 原子的 d 带投影态密度图；(e) 吸附构型

　　除阳离子掺杂，P 掺杂的 CoSe$_2$ 空心团簇也具有良好的 OER 催化性能。P 掺杂后，P-CoSe$_2$ 表现出金属特性，Co 的 d 轨道上移，更多的电子填充在导带中，

因此 P-CoSe$_2$ 的过电势远低于 CoSe$_2$。此外，NiSe$_2$ 也被用作 OER 电催化剂。通过引入结构畸变，可以使超薄 NiSe$_2$ 纳米片中 Ni^{2+} 的自旋态被调节到离域态，从而使 H$_2$O 在 NiSe$_2$ 纳米片的吸附能远低于块体 NiSe$_2$，因此，在 0.5V 下，NiSe$_2$ 纳米片的电流密度是块体 NiSe$_2$ 的 11 倍。通过改变 Se 掺杂含量也可调控硒化镍的电子结构，Se 含量较低的 Ni$_3$Se$_2$ 为金属态，表现出更好的 OER 活性。同时，NiSe-Ni$_{0.85}$Se 异质结构增强的导电性和更有利的 OH 吸附使其具有显著的 OER 性能。除了硒化物构建的异质结外，在仅添加 10% Se 的情况下制备的 Ni$_3$S$_2$/NiSe 由于较强的导电性及较低的表面氧化程度而具有比纯 Ni$_3$S$_2$ 更低的过电势，这些都充分证明了改变 Se 掺杂含量可以调控 NiSe$_2$ 的电子结构，从而增强 OER 活性。

与 TMSs 和 TMSes 相比，TMTes 被用作 OER 的研究较少，仍有广阔的探索空间。纳米晶 CoTe$_2$ 已被证明具有催化 OER 的能力，并且由于中间体在其上的结合强度和横向相互作用不同，其性能优于 CoTe$_2$。通过界面设计，将 NiTe 纳米阵列与 NiS 耦合可构建 NiTe/NiS 异质结。OER 过程中的中间体在 NiTe 上的吸附过强，NiS 的掺杂诱导电子密度重新分布，从而优化了中间体的结合能，使 NiTe/NiS 异质结的 OER 活性增强，其达到 10mA/cm^2 电流密度所需的过电势仅为 209mV，Tafel 斜率为 49mV/dec。Fe$_3$GeTe$_2$ 是一种在水中和空气中稳定的金属层状材料，当将其剥离成纳米片时，其二维结构保留了块体的金属性，保证了 Fe$_3$GeTe$_2$ 纳米片在电化学反应过程中的有效电子转移。同时，提供了丰富的活性位点，提高了 Fe$_3$GeTe$_2$ 纳米片的 OER 活性。

尽管已经实现了较高的 OER 活性，但是 TMXs 在电化学条件下的稳定性仍有待考察。根据 Pourbaix 图分析 TMXs 腐蚀和钝化行为，研究发现，在 pH 值 <7 的情况下，电势超过 OER 电位时，TMXs 易形成可溶性金属离子，因此，在酸性介质中，TMXs 的稳定性仍是一个难题。当 pH 值 ≥7、电势超过 OER 电位时，容易形成过渡金属（氧）氢氧化物，并且硫族元素更倾向于转化为可溶性物种。因此，在 OER 过程中，硫族元素易浸出，而 TMXs 催化剂会不可逆地转化为（氧）氢氧化物，而（氧）氢氧化物才是真正的催化活性物种。在这个过程中，如果转化过程缓慢或形成的（氧）氢氧化物足够致密防止 TMXs 进一步氧化，则可以形成核壳结构，其中 TMXs 内核可以促进电荷转移，而（氧）氢氧化物外壳则作为真正的活性物种催化 OER。

对于垂直生长的 CoTe 纳米阵列，其 OER 性能良好，达到 100mA/cm^2 电流密度时所需的过电势仅为 350mV。然而通过 DFT 计算得到的 CoTe 的理论过电势为 0.74V，与实验相差甚远。OER 测试后的 XPS 中 780.5eV 处的 Co 2p 的出现和卫星峰的衰减则证明了 Co^{3+} 的存在。高分辨率透射电镜（HRTEM）显示 CoTe 上包覆了一层薄的 CoOOH，其晶面间距为 0.211nm。此外，Co^{2+} 到 Co^{3+} 的不可逆强氧化和 Co—O 键的形成则反映在 X 射线近边吸收光谱中（XANES）Co 的 k 边正移。以上证明了 CoTe 在 OER 过程中发生了表面重构。在形成的 CoOOH（1014）晶面上，Co^{3+} 与 $^*OOH$ 强烈结合，使 $^*OOH$ 形成的自由能更接近最优值。因此，真正的活性位点应该是表面形成的 CoOOH。

当 NiSe 暴露在 OER 条件下时，NiSe 的单晶纳米线会转变为由超薄纳米片组成的多晶颗粒。OER 测试后，样品的选区电子衍射图（SAED）被标定为 $Ni(OH)_2$ 平面，在样品 OER 测试前后的 HRTEM 中不同的晶格条纹也证实了这一转换。此外，OER 测试后 Se 含量从 50.2% 降低到 4.0%，而氧含量从 2.4% 增加到 52.8%。因此，在 OER 条件下，NiSe 几乎完全转化为 $Ni(OH)_2$，作为真正的活性位点催化 OER。并且出乎意料的是 NiSe 衍生的 $Ni(OH)_2$ 活性高于直接合成的 $Ni(OH)_2$。同样的现象在其他 TMXs 催化剂中也可以观察到，TMXs 的 CV 曲线中不可逆氧化峰的出现表明硫族化合物转化为（氧）氢氧化物。这种原位氧化过程提高了 OER 活性。受此启发，TMXs 可以作为模板制备具有多孔结构和丰富缺陷的（氧）氢氧化物，所制备的（氧）氢氧化物比传统方法制备的具有更高的 OER 活性。

2.4.3 单原子催化剂

贵金属的高成本和资源有限性迫使研究人员探索了过渡金属合金、硫族化合物、磷化物以及无金属碳复合材料等多种地球储量丰富的替代品。单原子催化剂（SACs）由于高度暴露的活性中心及独特的化学性质已经成为 OER 研究的前沿。SACs 中所有金属原子都暴露在表面，可实现 100% 的原子利用率，具有单原子形式且分散良好的低配位活性中心和独特的几何和电子性质，显著改变了中间体在金属中心上的吸附/结合能，因此，具有良好的 OER 催化活性和选择性。然而，金属单原子通常具有较高的表面能，在高温合成后容易发生团聚，形成金属原子团簇和纳米颗粒，严重影响了 SACs 的稳定性。适当的金属-载体结合可以防止金属单原子聚集并保持其稳定性和 OER 催化性能。在各种类型的载体中，碳基材料、氮化碳、层状双金属氢氧化物等由于较快的电荷迁移率、大的比表面积、丰富的缺陷、高比例的表面原子暴露及易调控而被用于稳定 SACs。

对于碳基材料，为了防止金属单原子在碳基载体上的聚集，其大孔结构、缺陷或杂原子掺杂常被用来锚定金属原子。同时，金属原子与载体之间形成的不同类型的键（如 C—M、C—N—M 和 C—O—M 键，M 为金属原子）可增强单原子的稳定性。石墨烯和类石墨烯材料由于高导电性和较大的比表面积被广泛用于负载 SACs，金属物种和石墨烯上的杂原子（如 B、N、S 等）是决定 OER 活性的两个主要因素。利用高温热解法将过渡金属（Fe、Co、Ni）嵌入氮掺杂石墨烯可制备 M—NHGF（M=Fe、Co、Ni）催化剂［见图 2.16（a）］。研究表明，M—NHGF 催化剂的结构为 MN_4C_4 基元，其 OER 性能与 MN_4C_4 基元中 M 的 d 轨道电子数（Nd）密切相关。对于 Fe(Nd=6)和 Co(Nd=7)SACs，所有含氧中间体(*OH、*O 和 *OOH)都倾向于吸附在 M 位而不是 C 位，为单位点催化。而对于 Ni(Nd=8)SACs，*O 和 *OH倾向于与 C 位点结合，*OOH 则倾向于与 Ni 位点结合，降低了 OER 能量势垒，所以 M-NHGF 呈现出 Ni>Co>Fe 的趋势。

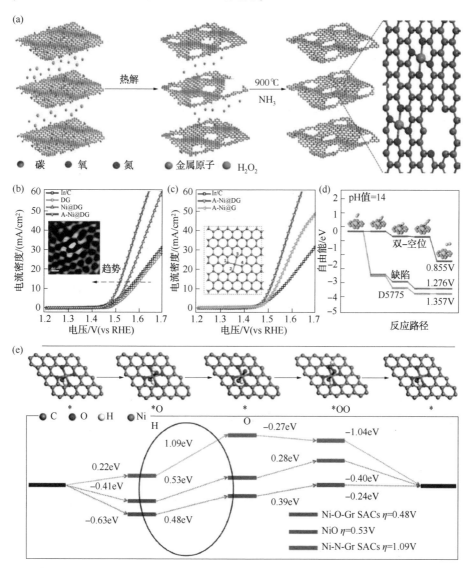

图2.16 (a)M-NHGF 制备示意图；(b)A-Ni@DG，Ni@DG，DG 和 Ir/C 在 1.0mol/L KOH 电解液中的 OER 极化曲线；(c)缺陷碳催化剂的 OER 极化曲线；(d)缺陷碳催化剂的自由能图；(e)Ni-O-Gr SACs 的 DFT 计算

此外，缺陷锚定、O 原子配位的单原子催化剂也具有较高的 OER 活性。单个 Ni 原子嵌入缺陷石墨烯的 A-Ni@DG 催化剂中，具有四配位的 NiC_4 结构，石墨烯上的双空位与单原子 Ni 强烈结合，将单原子牢牢固定在石墨烯表面，并优化了 Ni 的电子结构，因此，A-Ni@DG SACs 具有良好的 OER 活性及稳定性[见图 2.16(b)~(d)]。对于氧键合在石墨烯上的单原子催化剂，Ni-O-Gr SACs 中电负性较高的 O(3.5，相比于 Ni 的 1.8 值)使 Ni 原子具有较高的正电性，从而具有较高的理论氧化态(+2.34)。因此，含高价 Ni 的 Ni-O-G SACs 催化剂在 10mA/cm^2 电流密度时过电势为 -0.39V。此外，DFT 计算结果也表明[见图 2.16(e)]，高价 Ni 会显著降低 OER 过程的吉布斯自由能，使 Ni-O-Gr SACs 具有较低的过电势。

层状双氢氧化物(LDHs)是由带正电荷的 MO_6 八面体主层板和层间带负电荷的阴离子及水分子堆叠而成，其分子式通式为 $M_{1-x}^{II}M_x^{III}(OH)_2(A^{n-})_x/n \cdot yH_2O$，$M^{II}$ 和 M^{III} 分别为金属二价阳离子和三价阳离子，A^{n-} 为插层阴离子。LDHs 包括一元 LDHs[如 $Ni(OH)_2$ 和 $Co(OH)_2$]和二元 LDHs(如 NiFe-LDHs、NiCo-LDHs、CoFe-LDHs 和 CoMn-LDHs 等)，其本身具有可调控的化学组成，在 OER 方面具有很大的潜力。OER 通常发生在 LDHs 的边缘位点而不是面内位点，通过掺杂、表面硫化和缺陷设计来最大限度地利用其活性位点。单金属一般锚定在 LDHs 的表面，与 MO_6 单元中的 O 原子键合形成 M_1-O—M_2 键(M_1 为单金属原子，M_2 为 LDHs 中的金属位点)，SACs 可优化 LDHs 的电子结构，因此，以 LDHs 为载体的 SACs 也可实现良好的 OER 性能。

利用电沉积法可将单原子 Au 负载到 NiFe LDHs 上制备 Au/NiFe LDHs 催化剂，可实现高效的 OER 活性。其高活性源于 LDHs 上的 Fe 活性位点，单原子 Au 可通过电子转移诱导活性 Fe 位点的电荷进行重新分布，改变活性 Fe 及其周围原子的电荷分布，起到优化 Fe 电子结构的作用。DFT 计算表明[见图 2.17(a)]，单原子 Au 的引入有利于 OH 的吸附并调节催化剂上 *O 和 *OOH 的结合强度，从而降低了 *O 形成 *OOH 速率决定步骤的能垒，增强了 OER 活性。此外，通过溶剂法将单原子 Ir、Ru 负载到 NiV-LDHs 上也可促进 OER 动力学。在将单原子 Ir 和 Ru 选择性引入 NiV-LDHs 后，Ni、V 和 Ir(或 Ru)协同作用可促进电子传递，Ir(或 Ru)的引入会使 LDHs 产生晶格畸变和 V 空位，调节了 Ni 和 V 的局部配位环境。并且 Ir 的掺杂会加快 M-OH 和 M-O 过程，Ru 的掺杂会加快 M-OOH 过程，因此，与 NiV-LDHs 相比，NiVIr-LDHs 和 NiVRu-LDHs 的 OER 活性均得到了改善[见图 2.17(b)、(c)]。

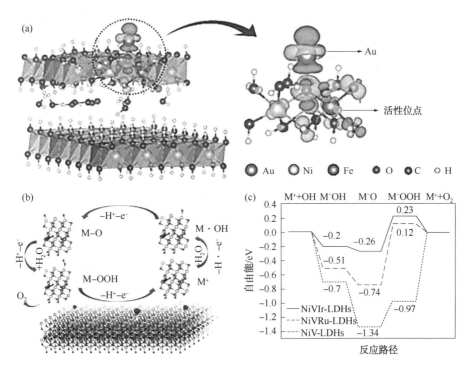

图 2.17 （a）O 原子吸附在 Fe 位点时，掺杂与未掺杂 Au 原子的 NiFe LDH 的电荷密度；
（b）NiVIr-LDHs 的原子模型及 OER 反应路径；（c）NiV-LDHs、NiVRu-LDHs 和
NiVIr-LDHs 的 OER 自由能图

单原子 Ir 锚定在 NiFe 核壳纳米线@纳米片上形成的非晶态 NiFeIr$_x$/Ni 核壳纳米线@纳米片（NiFeIr$_x$/Ni NW@NSs）中，核壳结构为反应提供了充足的活性位点，理论计算表明 NiFeIr$_x$/Ni NW@NSs 催化剂本征活性是由于 Ir 单原子作为活性位点的同时调节了 Ni 活性位点的电子结构[见图 2.18（a）、（b）]。将 Ir 单原子引入 NiO 载体，单原子 Ir 在 NiO 载体表面通过 Ir—O 共价键稳定 Ir（IV）氧化态，所得的 Ir-NiO 催化剂在 1.49V（vs RHE）时表现出比商业 IrO$_2$ 高 46 倍的电流密度。

氮化碳同素异形体 g-C$_3$N$_4$ 由于具有吡啶型氮，可提供多对孤对电子锚定金属物种，因此，常被用作 SACs 的载体。通过热解法可将 Ru SACs 负载于 g-C$_3$N$_4$ 上，Ru 位点发生单个氧原子的动态吸附活化转化为 O-Ru$_1$-N$_4$，使 Ru 4d 带下移，Ru—N/O 键的共价性增强。同时，Ru 原子会将电子供给邻近 N 原子，并通过轨道杂化吸附在 O-Ru-N-C 的 O 原子上，优化了 *OH、*O 和 *OOH 中间体的结合能。O-Ru$_1$-N$_4$ 位点形成 *OOH 中间体具有较低的 O-O 形成能垒，增强了 OER 活性。通过高温热解制备的 NiFe@g-C$_3$N$_4$/CNTs，拥有石墨相氮化碳（g-C$_3$N$_4$）包裹碳纳米管（CNTs）的核壳结构[见图 2.18（c）]，并且单原子 Ni 和 Fe 通

过金属–N_x结构嵌入 g–C_3N_4的三嗪单元中形成双金属(Ni、Fe)活性位点，核壳结构使其活性位点充分暴露，而 Ni、Fe 协同作用，使部分电荷转移，优化了催化剂的电子结构，因此，NiFe@ g–C_3N_4/CNTs 具有良好的 OER 性能。

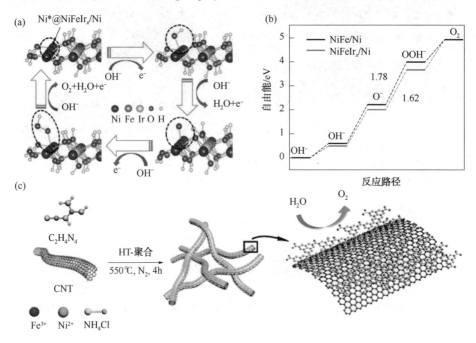

图 2.18　(a)NiFeIr$_x$/Ni 的 Ni*活性位点上的 OER 过程示意图；
(b)NiFe/Ni 和 NiFeIr$_x$/Ni 模型的吉布斯自由能图；(c)NiFe@ g–C_3N_4/CNTs 制备示意图

2.4.4　碳材料催化剂

碳基纳米材料具有较好的导电性、耐腐蚀性和结构多样性，在 OER 领域被广泛研究。然而，sp^2或 sp^3态的本征碳材料因为中性碳原子很难吸附反应分子或中间体而导致其电催化活性非常低，甚至可以忽略不计。为了提高碳材料本征活性，必须向碳材料中引入杂原子(N、S、O、P)来诱导碳原子的电荷极化、改变电子结构和局部态密度，提高碳基纳米材料的催化性能。研究表明，一些杂原子掺杂的无金属纳米碳甚至比 Pt/C、IrO_2、RuO_2等贵金属基电催化剂表现出更优异的 OER 性能。目前，N、O、S 和 P 等杂原子掺杂可改变碳纳米材料的本征性质，使其能够在保持高电导率的情况下吸附反应物，达到优异的电催化性能。

对于电催化剂而言，良好的导电性和稳定性是不可或缺的。其中，N 掺杂的碳材料被认为是理想的 OER 材料。这是因为 N 原子比 C 原子多一个价电子，这使得其费米能级会更接近导带，从而使 N 掺杂碳材料具有更高的电子传导性。此外，将 N 掺入碳材料会形成 C≡N 键，增强 N 掺杂碳材料的稳定性。通过在不同温度的 NH_3 气氛下热解化妆棉可制备具有多孔海绵结构的氮掺杂碳材料（NCMT-W，W=800℃、900℃、1000℃ 和 1100℃）并用于 OER。N 掺杂一方面提供了丰富的活性位点，另一方面诱导了碳原子不对称的电荷分布，增强了相邻碳原子的极化程度，提高了氮掺杂碳材料对不同中间体的吸附能力，从而降低了过电势，增强了 OER 活性。NCMT-1000 表现出最优的 OER 性能，其活性低于 Ir/C，稳定性优于 Pt/C。

此外，N 的类型可直接影响催化剂的活性，通过热解三聚氰胺/甲醛聚合物与硝酸镍的复合物，再经浓盐酸酸浸处理可制备 N/C 材料，该材料以季氮[37.4%（摩尔比）]和吡啶氮[56.5%（摩尔比）]为主，其达到 $10mA/cm^2$ 电流密度所需的过电势为 380mV。因此，为了设计具有较小 OER 过电势的 N 掺杂碳电催化剂，控制氮的类型至关重要，通过控制热解温度调节不同类型的 N 浓度是最常用的方法。通过热解柠檬酸和 NH_4Cl 的混合物可制备 N 掺杂超薄纳米片（NCNs）。当温度从 800℃ 升高到 1000℃ 时，热稳定性较差的吡啶型 N 和吡咯型 N 可转化为石墨型 N[见图 2.19（a）]，而石墨型 N 可促进氧原子的吸附，增强 OER 性能。经 1000℃ 碳化处理的 NCNs 具有最优的电催化性能，其活性与商业 IrO_2 相当，并且可以在 1.5V 下稳定析氧 12000s。

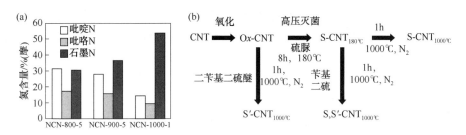

图 2.19 （a）NCN-800-5、NCN-900-5、NCN-1000-1 中不同类型 N 含量；
（b）S，S′-CNT$_{1000℃}$、S-CNT$_{1000℃}$、S′-CNT$_{1000℃}$ 的制备示意图

由于氧（O）原子比氮（N）原子具有更大的直径，所以，O 掺杂有利于纳米碳材料原子空位的形成和含氧中间体的吸附。通过等离子体刻蚀碳布（CC）可制备具有多孔结构的 P-CC。与空气接触后，P-CC 表面的氧含量显著增加（从 2.89% 增加到 13.9%）。与原始 CC 相比，经过氧化处理的 P-CC 表现出更优异的 OER 性能，在相同的电势下，表现出更高的电流密度。此外，通过使用氧等离子体处理碳纳米管（CNTs）模型体系，可以有效地调节 CNTs 的氧掺杂程度，实现对 CNTs 含氧官能团的调控。研究表明，在 OER 过程中，C≡O 基团附近的 C 原子可以吸收 OH⁻ 的电子，形成 *OH。随后，*OH 中间体会进一步与邻近的 OH⁻ 生

成 *O。同时，DFT 计算证明，C=O 基团可吸附相邻 C 原子的电荷，有效降低能垒，从而使 *OH 向 *O 的转化速率加快，增强了 OER 性能。在另一项研究中，通过对表面氧化多壁纳米管(o-MWCNTs)研究也观察到了 C=O 的 OER 催化作用，与原始 MWCNTs 相比，o-MWCNTs 氧含量显著增加(从 1.1%(摩)增加到 4.0%(摩))并在经过电化学活化后进一步增加到 6.0%(摩)。在这些氧化过程中，C=O 基团的比例也有大幅提升。因此，o-MWCNTs 的 OER 性能增强，达到 $10mA/cm^2$ 电流密度时所需的 OER 过电势更低。

除此之外，硫(S)原子可引起自旋密度重新分配，可用作碳材料的活性位点。通过将氧化碳纳米管(O_x-CNT)与硫脲水热并在 N_2 气氛下用苄基二硫化物进行退火处理可得到 S，S'-$CNT_{1000℃}$ 催化剂[见图 2.19(b)]，S 原子嵌入 CNTs 的碳网络中，促进了过氧化物的形成，从而促进了 O_2 的析出，OER 性能增强，达到 $10mA/cm^2$ 电流密度所需的过电势为 350mV，并表现出高达 75h 的稳定性。除 S 原子外，磷(P)原子由于其优异的供电子能力也有望提高碳材料的 OER 电催化活性。例如，通过球磨石墨和红磷的混合物可制备磷掺杂石墨烯(G-P)，P 的掺杂不仅可以诱导碳材料产生缺陷，还可以促进氧吸附，降低反应自由能垒。与纯碳材料相比，G-P 具有良好的 OER 性能，在 1.0mol/L KOH 中的过电势为 330mV。

随着杂原子数量的增加，不同杂原子之间的相互作用会产生协同效应，从而促进 OER。在这些杂原子中，N、P 共掺杂可以提高纳米碳材料的导电性。通过热解由聚苯胺(PANI)、植酸(PA)和氧化石墨烯(GO)组成的聚合物凝胶可制备 N、P 共掺杂的石墨烯/碳纳米片(N，P-GCNS)，N，P-GCNS 纳米片表面充分暴露的活性位点、石墨烯的高电导率以及 N、P 原子之间的协同效应使 N，P-GCNS 纳米片具有良好的 OER 活性，达到 $10mA/cm^2$ 电流密度所需的过电势为 340mV。此外，在 1000℃ 热解聚苯胺气凝胶和植酸的混合前驱体可合成介孔 N、P 掺杂泡沫碳。此催化剂起始电位比 RuO_2 小，过电势低于商业 Pt/C。另外，控制 N、P 掺杂的位置可进一步提高碳纳米材料的 OER 性能。在惰性气氛下热解 PANI、PA 和 MnO_2 球可制备 N、P 掺杂多孔碳球(NPCS)催化剂[见图 2.20(a)]，NPCS 的高度多孔结构不仅提供了大的比表面积，而且掺杂的杂原子位于石墨碳边缘，增加了活性位点的数量，增强了催化活性。同时，DFT 计算也表明 N、P 的边缘掺杂有利于提高 OER 催化活性。因此，NPCS 具有良好 OER 性能，达到 $10mA/cm^2$ 电流密度所需的过电势为 310mV。

由于 N 和 S 原子之间的协同效应，N、S 共掺杂碳也被认为是 OER 的重要电催化剂。通过在多壁碳纳米管表面沉积聚多巴胺(PDA)，并与硫醇基团化学接枝，经热处理可制备 N、S 共掺杂碳纳米管(N，S-CNTs)，N、S 共掺杂使催化

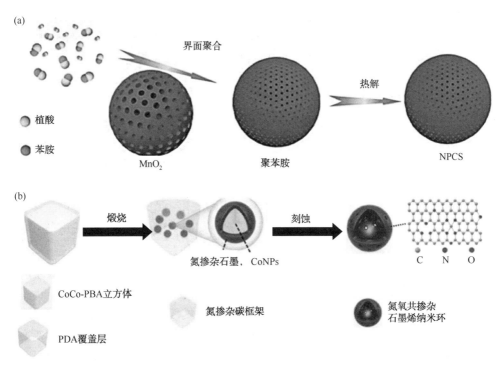

图 2.20 (a) NPCS 制备示意图;(b) NOGB 制备示意图

剂产生了丰富的活性位点,同时,多孔结构和优异的导电性则保证了 OER 的顺利进行。因此,N、S-CNTs 达到 10mA/cm² 电流密度所需的过电势为 360mV,Tafel 斜率为 56mV/dec。类似地,通过将三聚氰胺-硫酸镍复合物冷冻干燥,然后与氯化钾混合球磨,经热处理可制备具有独特层状结构的二维氮掺杂石墨片(SHG)。N、S 的共掺杂促进了水的吸附,而大的比表面积和多孔结构有利于电子转移和离子扩散,因此,SHG 具有良好的 OER 性能,其达到 10mA/cm² 电流密度所需的过电势为 360mV。研究表明,控制 N 的位置,实现特定的 N、S 掺杂也是一种提高 OER 活性的方法。通过热解石墨炔、三聚氰胺、硫化物的混合物可得到具有特定 N 形态(sp-N)的 N、S 共掺杂碳材料。sp-N 对降低过电势起主导作用,S 的掺杂加速了 OER 动力学,N、S 共掺杂碳材料的 OER 活性优良,达到 10mA/cm² 所需的过电势为 299mV。

由于电负性差异(B 约为 2.04,N 约为 3.04),B、N 共掺杂碳材料也被用于 OER 研究。以壳聚糖、硼酸、红磷和乙酸钴为原料,通过热解-酸浸-退火可制备 B、N 共掺杂的石墨化碳纳米笼(NB-CN)。得益于 NB-CN 独特的半开放纳米笼结构、富含缺陷的石墨化性质以及 B、N 共掺杂的协同效应,NB-CN 达到 10mA/cm² 的过电势为 390mV,并可稳定析氧 14h。通过对聚多巴胺和立方体普鲁士蓝类似物热解并进一步进行酸刻蚀处理，可制备 N、O 共掺杂石墨烯纳米环（NOGB）[见图 2.20(b)]。在热解和酸刻蚀处理过程中，金属纳米颗粒被去除并引入 O 元素，N、O 协同作用使 NOGB 展现出良好的 OER 性能。

2.5　电催化析氧反应应用

OER 有丰富的应用前景，在能源存储和转换、环境保护、化学合成以及传感器等领域可发挥重要作用。在能源转换方面主要是指将其作为电池反应的一部分，以产生电能或储存能量。在质子交换膜燃料电池中，氢气在阳极处氧化成水，而在阴极处，氧气被还原成水，同时释放出电子，形成电流；在金属-空气电池利用方面，利用金属与氧气反应产生电能的电池，在铝-空气电池中，铝在阳极处被氧化，而在阴极处，氧气被还原成水，同时释放出电子，形成电流；在海水电池利用中，利用海水中的氧气和铝、锌等金属反应产生电能，在铝-海水电池中，铝在阳极处被氧化，而在阴极处，氧气被还原成水，同时释放出电子，形成电流。

OER 在电化学合成方面主要是利用其产生的氧气参与到有机化学反应中。例如利用氧气参与到环氧化反应、氧化反应、羟化反应中，从而合成出高附加值的有机化合物；在无机合成方面，可以利用氧气参与到氧化反应、氧化还原反应、氧化分解反应中，从而合成出各种无机化合物。OER 在环境保护方面主要是利用反应去除废水、废气中的污染物，从而减少环境污染和改善环境质量。在废水处理方面，此反应可将有机废水中的有机物氧化成 CO_2 和 H_2O，或将重金属离子还原成金属沉淀，从而净化废水。OER 可用于大气净化，例如利用电解水技术将空气中的有害气体(如 SO_2、NO_x 等)氧化成无害物质，从而减少大气污染。OER 还可以用于环境监测，利用氧气参与到传感器反应中，从而检测环境中的氧气含量或其他物质的浓度。除了上述用于环境保护方面的传感器外，还可用于生物传感器。生物传感器是利用 OER 检测生物分子浓度的传感器。例如，在生物传感器中，将生物分子固定在电极表面，利用氧气参与到生物分子与底物之间的化学反应中，从而检测生物分子浓度。此技术为实现可持续发展、改善环境质量、提升化学合成效率、提高传感器检测灵敏度等方面作出重要贡献。

2.6　总结与展望

OER 是一种将电能转化为氧气等高附加值产物的重要能源转换技术，可应用于如燃料电池、太阳能电池、电解水制氢等领域，具有重要的应用价值和社会意义。基本原理是利用电能将水分子电解成氧气的反应，OER 中缓慢的四电子转移过程是水分解的速控步骤，需要使用催化剂来降低反应的能量势垒，提高反应的效率。因此，催化剂的选择和设计对于 OER 的发展至关重要。

本章首先介绍了 OER 的反应机理及 OER 催化剂的评价参数。其次，重点介绍了近些年来被广泛研究用于 OER 的贵金属电催化剂、过渡金属合金、过渡金属磷化物和过渡金属硫化物/硒化物/碲化物以及碳基纳米催化剂，并且结合评价手段对其催化性能进行了描述。最后，简要介绍了 OER 反应的应用以及展望。

高效的 OER 催化剂应具有较高的导电性和合适的吸附能。为了改变催化剂的结构，提高催化剂的本征活性，对于贵金属及其化合物催化剂，一方面可以通过引入杂原子、负载基底等方式调控催化剂电子结构或宏观形貌，控制催化剂的分散度和稳定性。另一方面，通过改变催化剂的氧化状态以及控制催化剂的晶体结构等方式，调节催化剂与反应物分子之间的相互作用，增加其与反应物分子之间的接触面积和表面缺陷数量，来提高催化活性。对于过渡金属催化剂，由于其本身多样的结构特性，还可通过活性物质表面重构、改变配位环境以及构建异质结构等方法对催化剂的活性中心以及质量传输路径进行调控。对于单原子催化剂，金属颗粒的分散度与催化剂的活性、稳定性至关重要，可以通过复合基底、研究金属-配体结合作用来使金属单原子稳固锚定。对于碳基纳米材料催化剂，其电催化活性较低，可以在碳材料中引入杂原子来诱导碳原子的电荷极化、改变电子结构和局部态密度，提高碳基纳米材料的催化性能。

综上所述，电催化析氧催化剂是决定 OER 性能的关键，具有广泛的应用前景。未来可以通过探索和开发新型高效催化剂，提高 OER 的效率和稳定性，推动清洁能源的开发和利用。

参 考 文 献

[1] Hong W T, Risch M, Stoerzinger K A, et al. Toward the rational design of non-precious transition metal oxides for oxygen electrocatalysis [J]. Energy Environ. Sci., 2015, 8: 1404-1427.

[2] Jin C, Sheng O, Luo J, et al. 3D lithium metal embedded within lithiophilic porous matrix for stable lithium metal batteries [J]. Nano Energy, 2017, 37: 177-186.

[3] Anantharaj S, Ede S R R, Kannimuthu K, et al. Precision and correctness in the evaluation of electrocatalytic water splitting: Revisiting activity parameters with a critical assessment [J]. Energy Environ. Sci., 2018, 11 (4): 744-771.

[4] Fabbri E, Habereder A, Waltar K, et al. Developments and perspectives of oxide-based catalysts for the oxygen evolution reaction [J]. Catal. Sci. Technol., 2014, 4(11): 3800-3821.

[5] Huang H, Mao Y, Ying Y, et al. Salt concentration, pH and pressure controlled separation of small molecules through lamellar graphene oxide membranes [J]. Chem. Commun., 2013, 49(53): 5963-5965.

[6] Gu Z G, Grosjean S, Brse S, et al. Enantioselective adsorption in homochiral metal-organic frameworks: The pore size influence [J]. Chem. Commun., 2015, 51: 8998-9001.

[7] Anantharaj S, Ede S R, Sakthikumar K, et al. Recent trends and perspectives in electrochemical water splitting with an emphasis on sulfide, selenide, and phosphide catalysts of Fe, Co, and Ni: A review [J]. ACS Catal., 2016, 6: 8069-8097.

[8] Voiry D, Chhowalla M, Gogotsi Y, et al. Best practices for reporting electrocatalytic performance of nanomaterials [J]. ACS Nano, 2018, 12(10): 9635-9638.

[9] Han M H, Gonzalo E, Sharma N, et al. High-performance P2-phase $Na_{2/3}Mn_{0.8}Fe_{0.1}Ti_{0.1}O_2$ cathode material for ambient-temperature sodium-ion batteries [J]. Chem. Mat., 2016, 28(1): 106-116.

［10］ Herz L M. Charge-carrier mobilities in metal halide perovskites: Fundamental mechanisms and limits ［J］. ACS Energy Lett. , 2017, 2(7): 1539-1548.

［11］ Brixner L H, Chen H Y. On the structural and luminescent properties of the M' LnTaO$_4$ rare earth tantalates ［J］. J. Electrochem. Soc. , 1983, 130: 12.

［12］ Oh H S, Nong H N, Teschner D, et al. Electrochemical catalyst-support effects and their stabilizing role for IrO$_x$ nanoparticle catalysts during the oxygen evolution reaction (OER) ［J］. J. Am. Chem. Soc. , 2016, 138: 12552-12563.

［13］ Shi L, Chen H, Liang X, et al. Theoretical insights into nonprecious oxygen-evolution active sites in Ti-Ir-Based perovskite solid solution electrocatalysts ［J］. J. Mater. Chem. A, 2020, 8(1): 218-223.

［14］ Kuznetsov D A, Naeem M A, Kumar P V, et al. Tailoring lattice oxygen binding in ruthenium pyrochlores to enhance oxygen evolution activity ［J］. J. Am. Chem. Soc. , 2020, 142(17): 7883-7888.

［15］ Wei C, Feng Z, Scherer G G, et al. Cations in octahedral sites: A descriptor for oxygen electrocatalysis on transition-metal spinels ［J］. Adv. Mater. , 2017, 29(23): 1606800.

［16］ Sun S, Sun Y, Zhou Y, et al. Shifting oxygen charge towards octahedral metal: A way to promote water oxidation on cobalt spinel oxides ［J］. Angew. Chem. Int. Edit. , 2019, 58(18): 6042-6047.

［17］ Liu Z, Wang G, Zhu X, et al. Optimal geometrical configuration of cobalt cations in spinel oxides to promote oxygen evolution reaction ［J］. Angew. Chem. Int. Edit. , 2020, 59(12): 4736-4742.

［18］ Ling T, Yan D, Jiao Y, et al. Engineering surface atomic structure of single-crystal cobalt (Ⅱ) oxide nanorods for superior electrocatalysis ［J］. Nat. Commun. , 2016, 7(1): 12876.

［19］ He Y, Han X, Rao D, et al. Charge redistribution of Co on cobalt (Ⅱ) oxide surface for enhanced oxygen evolution electrocatalysis ［J］. Nano Energy, 2019, 61: 267-274.

［20］ Seo B, Sa Y J, Woo J, et al. Size-dependent activity trends combined with in situ X-ray absorption spectroscopy reveal insights into cobalt oxide/carbon nanotube-catalyzed bifunctional oxygen electrocatalysis ［J］. ACS Catal. , 2016, 6(7): 4347-4355.

［21］ Nguyën H C, Garcés-Pineda F A, Fez-Febré M, et al. Non-redox doping boosts oxygen evolution electrocatalysis on hematite ［J］. Chem. Sci. , 2020, 11(9): 2464-2471.

［22］ Duan Y, Yu Z, Hu S, et al. Scaled-up synthesis of amorphous NiFeMo oxides and their rapid surface reconstruction for superior oxygen evolution catalysis ［J］. Angew. Chem. Int. Edit. , 2019, 58(44): 15772-15777.

［23］ Zhou J, Zhang L, Huang Y, et al. Voltage- and time-dependent valence state transition in cobalt oxide catalysts during the oxygen evolution reaction ［J］. Nat. Commun. , 2020, 11(1): 1984.

［24］ Kim B, Abbott D F, Cheng X, et al. Unraveling thermodynamics, stability, and oxygen evolution activity of strontium ruthenium perovskite oxide ［J］. ACS Catal. , 2017, 7(5): 3245-3256.

［25］ Speck F D, Dettelbach K E, Sherbo R S, et al. On the electrolytic stability of iron-nickel oxides ［J］. Chem. , 2017, 2(4): 590-597.

［26］ Li R, Hu B, Yu T, et al. Insights into correlation among surface-structure-activity of cobalt-derived precatalyst for oxygen evolution reaction ［J］. Adv. Sci. , 2020, 7(5): 1902830.

［27］ Xiao Z, Huang Y, Dong C, et al. Operando identification of the dynamic behavior of oxygen vacancy-rich Co$_3$O$_4$ for oxygen evolution reaction ［J］. J. Am. Chem. Soc. , 2020, 142(28): 12087-12095.

［28］ Görlin M, Ferreira De Araújo J, Schmies H, et al. Tracking catalyst redox states and reaction dynamics in Ni-Fe oxyhydroxide oxygen evolution reaction electrocatalysts: The role of catalyst support and electrolyte pH ［J］. J. Am. Chem. Soc. , 2017, 139(5): 2070-2082.

［29］ Risch M, Ringleb F, Kohlhoff M, et al. Water oxidation by amorphous cobalt-based oxides: In situ tracking of redox transitions and mode of catalysis ［J］. Energy Environ. Sci. , 2015, 8(2): 661-674.

［30］ Minguzzi A, Lugaresi O, Achilli E, et al. Observing the oxidation state turnover in heterogeneous iridium-based water oxidation catalysts ［J］. Chem. Sci. , 2014, 5(9): 3591-3597.

［31］ Kim S, Nam K W, Lee S, et al. Direct observation of an anomalous spinel-to-layered phase transition mediated by crystal water intercalation ［J］. Angew. Chem. Int. Edit. , 2015, 54(50): 15094-15099.

［32］ Kim S, Lee S, Nam K W, et al. On the mechanism of crystal water insertion during anomalous spinel-to-birnessite phase transition ［J］. Chem. Mat. , 2016, 28(15): 5488-5494.

［33］ Li Y, Liu Z. Active site revealed for water oxidation on electrochemically induced δ-MnO$_2$: Role of spinel-to-layer phase transition ［J］. J. Am. Chem. Soc. , 2018, 140(5): 1783-1792.

［34］ Bergmann A, Martinez-Moreno E, Teschner D, et al. Reversible amorphization and the catalytically active state of crystalline Co$_3$O$_4$ during oxygen evolution ［J］. Nat. Commun. , 2015, 6(1): 1-9.

［35］ Shen T, Spillane L, Vavra J, et al. Oxygen evolution reaction in Ba$_{0.5}$Sr$_{0.5}$Co$_{0.8}$Fe$_{0.2}$O$_{3-\delta}$ aided by intrinsic Co/Fe spinel-like surface ［J］. J. Am. Chem. Soc. , 2020, 142(37): 15876-15883.

［36］ Dionigi F, Zeng Z, Sinev I, et al. In-situ structure and catalytic mechanism of NiFe and CoFe layered double hydroxides during oxygen evolution ［J］. Nat. Commun. , 2020, 11(1): 1-10.

［37］ Fabbri E, Nachtegaal M, Binninger T, et al. Dynamic surface self-reconstruction is the key of highly active perovskite nano-electrocatalysts for water splitting ［J］. Nat. Mater. , 2017, 16: 925-931.

［38］ You B, Sun Y. Hierarchically porous nickel sulfide multifunctional superstructures ［J］. Adv. Energy Mater. , 2016, 6(7): 1502333.

［39］You B, Jiang N, Sheng M, et al. Hierarchically porous urchin-like Ni₂P superstructures supported on nickel foam as efficient bifunctional electrocatalysts for overall water splitting ［J］. ACS Catal. , 2016, 6(2): 714-721.

［40］Jiang N, You B, Sheng M, et al. Electrodeposited cobalt-phosphorous-derived films as competent bifunctional catalysts for overall water splitting ［J］. Angew. Chem. Int. Edit. , 2015, 127(21): 6349-6352.

［41］Ida S, Shiga D, Koinuma M, et al. Synthesis of hexagonal nickel hydroxide nanosheets by exfoliation of layered nickel hydroxide intercalated with dodecyl sulfate ions ［J］. J. Am. Chem. Soc. , 2008, 130(43): 14038-14039.

［42］Laskowski F A, Oener S Z, Nellist M R, et al. Nanoscale semiconductor/catalyst interfaces in photoelectrochemistry ［J］. Nat. Mater. , 2020, 19(1): 69-76.

［43］Scheuermann A G, Prange J D, Gunji M, et al. Effects of catalyst material and atomic layer deposited TiO₂ oxide thickness on the water oxidation performance of metal-insulator-silicon anodes ［J］. Energy Environ. Sci. , 2013, 6(8): 2487-2496.

［44］Rossmeisl J, Logadottir A, Nørskov J K. Electrolysis of water on (oxidized) metal surfaces ［J］. Chem. Phys. , 2005, 319(1-3): 178-184.

［45］Rossmeisl J, Qu Z, Zhu H, et al. Electrolysis of water on oxide surfaces ［J］. J. Electroanal. Chem. , 2007, 607(1-2): 83-89.

［46］Nakagawa T, Beasley C A, Murray R W. Efficient electro-oxidation of water near its reversible potential by a mesoporous IrOₓ nanoparticle film ［J］. J. Phys. Chem. C, 2009, 113(30): 12958-12961.

［47］Halck N B, Petrykin V, Krtil P, et al. Beyond the volcano limitations in electrocatalysis-oxygen evolution reaction ［J］. Phys. Chem. Chem. Phys. , 2014, 16(27): 13682-13688.

［48］Fang Y, Liu Z. Mechanism and tafel lines of electro-oxidation of water to oxygen on RuO₂(110) ［J］. J. Am. Chem. Soc. , 2010, 132(51): 18214-18222.

［49］Mavros M G, Tsuchimochi T, Kowalczyk T, et al. What can density functional theory tell us about artificial catalytic water splitting? ［J］. Inorg. Chem. , 2014, 53(13): 6386-6397.

［50］Pushkar Y, Moonshiram D, Purohit V, et al. Spectroscopic analysis of catalytic water oxidation by ［RuII (bpy)(tpy)H₂O］₂⁺ suggests that RuV ═O is not a rate-limiting intermediate ［J］. J. Am. Chem. Soc. , 2014, 136: 11938-11945.

［51］Hurst J K, Cape J L, Clark A E, et al. Mechanisms of water oxidation catalyzed by ruthenium diimine complexes ［J］. Inorg. Chem. , 2008, 47: 1753-1764.

［52］Crabtree R H. Resolving heterogeneity problems and impurity artifacts in operationally homogeneous transition metal catalysts ［J］. Chem. Rev. , 2012, 112: 1536-1554.

［53］Willsau J, Wolter O, Heitbaum J. Does the oxide layer take part in the oxygen evolution reaction on platinum?: A DEMS study ［J］. Journal of Electroanalytical Chemistry & Interfacial Electrochemistry, 1985, 195: 299-306.

［54］Arrigo R, Havecker M, Schuster M E, et al. In situ study of the gas-phase electrolysis of water on platinum by NAP-XPS ［J］. Angew. Chem. Int. Edit. , 2013, 52: 11660-11664.

［55］Saveleva V A, Papaefthimiou V, Daletou M K, et al. Operando near ambient pressure XPS (NAP-XPS) study of the Pt electrochemical oxidation in H₂O and H₂O/O₂ ambients ［J］. J. Phys. Chem. C, 2016, 120: 15930-15940.

［56］Wohlfahrt-Mehrens M, Heitbaum J. Oxygen evolution on Ru and RuO₂ electrodes studied using isotope labelling and on-line mass spectrometry ［J］. J. Electroanal. Chem. , 1987, 237(2): 251-260.

［57］Diaz-Morales O, Calle-Vallejo F, Munck C D, et al. Electrochemical water splitting by gold: evidence for an oxide decomposition mechanism ［J］. Chem. Sci. , 2013, 4(6): 2334-2343.

［58］Minguzzi A, Lugaresi O, Achilli E, et al. Observing the oxidation state turnover in heterogeneous iridium-based water oxidation catalysts ［J］. Chem. Sci. , 2014, 5: 3591-3597.

［59］Danilovic N, Subbaraman R, Chang K C, et al. Activity-stability trends for the oxygen evolution reaction on monometallic oxides in acidic environments ［J］. J. Phys. Chem. Lett. , 2014, 5(14): 2474-2478.

［60］Sardar K, Petrucco E, Hiley C I, et al. Water-splitting electrocatalysis in acid conditions using ruthenate-iridate pyrochlores ［J］. Angew. Chem. Int. Edit. , 2015, 126(41): 11140-11144.

［61］Shaffer D W, Xie Y, Concepcion J J. O-O bond formation in ruthenium-catalyzed water oxidation: single-site nucleophilic attack vs. O-O radical coupling ［J］. Chem. Soc. Rev. , 2017, 46(20): 6170-6193.

［62］Man I C, Su H Y, Calle-Vallejo F. Universality in Oxygen Evolution Electrocatalysis on Oxide Surfaces ［J］. ChemCatChem, 2011, 3: 1159-1165.

［63］Schuler T, Kimura T, Schmidt T J, et al. Towards a generic understanding of oxygen evolution reaction kinetics in polymer electrolyte water electrolysis ［J］. Energy Environ. Sci. , 2020, 13: 2153-2166.

［64］Huynh M, Bediako D K, Nocera D G. A functionally stable manganese oxide oxygen evolution catalyst in acid ［J］. J. Am. Chem. Soc. , 2014, 136(16): 6002-6010.

［65］Lee Y, Jin S, May K J, et al. Synthesis and activities of rutile IrO₂ and RuO₂ nanoparticles for oxygen evolution in acid and alkaline solutions ［J］. J. Phys. Chem. Lett. , 2012, 3: 399-404.

［66］Danilovic N, Subbaraman R, Chang K C, et al. Using surface segregation to design stable Ru-Ir oxides for the oxygen evolution reaction in acidic environment [J]. Angew. Chem. , 2014, 53: 14016-14021.

[67] Cherevko S, Reier T, Zeradjanin A R, et al. Stability of nanostructured iridium oxide electrocatalysts during oxygen evolution reaction in acidic environment [J]. Electrochem. Commun. , 2014, 48: 81-85.

[68] Moreno-hernandez I A, Macfarland C A, Read C G, et al. Crystalline nickel manganese antimonate as a stable water-oxidation catalyst in aqueous 1.0M H_2SO_4 [J]. Energy Environ. Sci. , 2017, 10(10): 2103-2108.

[69] Tan X, Shen J, Semagina N, et al. Decoupling structure-sensitive deactivation mechanisms of Ir/IrO$_x$ electrocatalysts toward oxygen evolution reaction [J]. J. Catal. , 2019, 371: 57-70.

[70] Cherevko S, Geiger S, Kasian O, et al. Oxygen and hydrogen evolution reactions on Ru, RuO_2, Ir, and IrO_2 thin film electrodes in acidic and alkaline electrolytes: A comparative study on activity and stability [J]. Catal. Today, 2016, 262: 170-180.

[71] Kasian O, Grote J P, Geiger S, et al. The common intermediates of oxygen evolution and dissolution reactions during water electrolysis on iridium [J]. Angew. Chem. Int. Edit. , 2018, 57: 2488-2491.

[72] Park J, Sa Y J, Baik H, et al. Iridium-based multimetallic nanoframe@ nanoframe structure: An efficient and robust electrocatalyst toward oxygen evolution reaction [J]. ACS Nano, 2017, 11: 5500-5509.

[73] Abbott D F, Lebedev D, Waltar K, et al. Influence of crystallinity, particle size, and microstructure on the oxygen evolution activity of IrO_2 [J]. Chem. Mat. , 2016, 28: 6591-6604.

[74] Hodnik N, Jovanovi P, Pavli I A, et al. New insights into corrosion of ruthenium and ruthenium oxide nanoparticles in acidic media [J]. J. Phys. Chem. C, 2015, 119(18): 10140-10147.

[75] Speck F D, Dettelbach K E, Sherbo R S, et al. On the electrolytic stability of iron-nickel oxides [J]. Chem, 2017, 2(4): 590-597.

[76] Silva C, Claudel F, Martin V, et al. Oxygen evolution reaction activity and stability benchmarks for supported and unsupported IrO$_x$ electrocatalysts [J]. ACS Catal. , 2021: 4107-4116.

[77] Andronescu C, Seisel S, Wilde P, et al. Influence of temperature and electrolyte concentration on the structure and catalytic oxygen evolution activity of nickel-iron layered double hydroxide [J]. Chem.-Eur. J. , 2018, 24: 13773-13777.

[78] Martelli G N, Ornelas R, Faita G. Deactivation mechanisms of oxygen evolving anodes at high current densities [J]. Electrochim. Acta, 1994, 39(11-12): 1551-1558.

[79] Mccrory C C L, Jung S, Peters J C, et al. Benchmarking heterogeneous electrocatalysts for the oxygen evolution reaction [J]. J. Am. Chem. Soc. , 2013, 135(45): 16977-16987.

[80] Watzele S, Bandarenka A S. Quick determination of electroactive surface area of some oxide electrode materials [J]. Electroanalysis, 2016, 28: 2394-2399.

[81] Reier T, Teschner D, Lunkenbein T, et al. Electrocatalytic oxygen evolution on iridium oxide: Uncovering catalyst-substrate interactions and active iridium oxide species [J]. J. Electrochem. Soc. , 2014, 161(9): F876-F882.

[82] Kçtz R, Stucki S, Scherson D, et al. In situ Identification of RuO_4 as the corrosion product during oxygen evolution on ruthenium in acid media [J]. Journal of Electroanalytical Chemistry & Interfacial Electrochemistry, 1984, 172(1-2): 211-219.

[83] Binninger T, Mohamed R, Waltar K, et al. Thermodynamic explanation of the universal correlation between oxygen evolution activity and corrosion of oxide catalysts [J]. Sci Rep, 2015, 5(1): 12167.

[84] Cherevko S, Geiger S, Kasian O, et al. Oxygen evolution activity and stability of iridium in acidic media. Part 2.-electrochemically grown hydrous iridium oxide [J]. J. Electroanal. Chem. , 2016, 774: 102-110.

[85] Hume-Rothery W, Mabbott G W, Channel Evans K M. Errata: The freezing points, melting points, and solid solubility limits of the alloys of silver and copper with the elements of the B Sub-Groups [J]. Philosophical Transactions of the Royal Society A, 1934, 234: 735.

[86] Owe L E, Tsypkin M, Wallwork K S, et al. Iridium-ruthenium single phase mixed oxides for oxygen evolution: Composition dependence of electrocatalytic activity [J]. Electrochim. Acta, 2012, 70: 158-164.

[87] Zhu J, Wang X, Yi Z, et al. Stability of solid-solution phase and the nature of phase separation in Ru-Zr-O ternary oxide [J]. J. Phys. Chem. C, 2012, 116(49): 25832-25839.

[88] Nong H N, Oh H S, Reier T, et al. Oxide-supported IrNiO$_x$ Core-Shell particles as efficient, cost-effective, and stable catalysts for electrochemical water splitting [J]. Angew. Chem. Int. Edit. , 2015, 54: 2975-2979.

第3章 电催化氧还原反应

3.1 概述

电催化氧还原反应(Oxygen Reduction Reaction,ORR)是指氧气接受电子和质子被还原为 H_2O 和 H_2O_2 的反应。通常,该反应通过两种方式进行:一种为一步 4 电子反应,氧气直接接受电子和质子形成 H_2O;另一种为两步 2 电子反应,氧气与电子和质子结合形成 H_2O_2,然后进一步还原形成 H_2O。

ORR 作为燃料电池和金属空气电池中的阴极反应,是整个反应的决速步骤,对电池的整体性能起着关键作用。在氢燃料电池中,使用氢气作为燃料与空气中的氧气反应,产物为水(见图 3.1)。金属–空气电池则以纯氧或空气中的氧气作为阴极活性物质与阳极金属发生氧还原反应,产生电能。

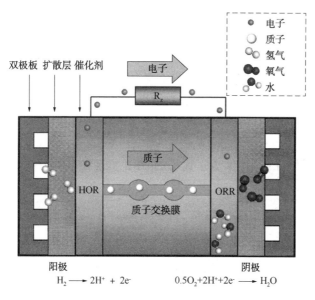

图 3.1 氢燃料电池中 ORR 反应示意图

本章讲述了 ORR 的机理,介绍了 ORR 的电催化剂评价参数,不同类型电催化剂的形貌、结构、性能及应用等,重点突出了催化剂的活性及稳定性的构效关系,为进一步开发高活性和高稳定性的 ORR 催化剂提供参考。

69

3.2 电催化氧还原反应机理

ORR 涉及复杂的多电子和质子转移过程，主要分为两步 2 电子反应途径和一步 4 电子反应途径(见图 3.2)。两步 2 电子反应途径具有较慢的反应动力学，且反应中间物种 H_2O_2 有很强的腐蚀性，易导致金属催化剂被氧化。一步 4 电子反应途径在 ORR 中具有明显的优势：首先，4 电子途径可以将氧气直接还原为水。其次，4 电子途径保持了反应体系的电荷平衡，而 2 电子途径需要平衡质子和电子的比例。最后，4 电子途径直接将氧气还原为水，无须经历多个中间过程，具有更快的反应速率和更低的反应能垒。

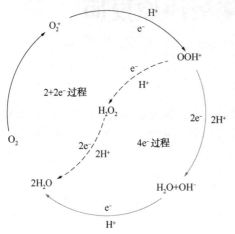

图 3.2 ORR 反应过程示意图

ORR 反应过程通过以下几个步骤进行：

第一步：氧气分子(O_2)吸附在电极表面，与电极表面的活性位点发生作用，形成吸附中间体；

第二步：吸附的氧气分子接受电子和质子的同时发生 O—O 键的断裂，经过电子和质子转移后生成产物 H_2O(酸性介质)或 OH^-(碱性介质)。

第三步：吸附的氧气分子接受来自电极的电子和质子后未发生 O—O 键的断裂生成 H_2O_2 或 $^*OOH$ 中间产物，进一步发生键的断裂和电子、质子的转移，最终生成 H_2O。

在酸性和碱性介质中，4 电子途径的 ORR 机理如下所示：

酸性介质：

$$^* + \frac{1}{2}O_2(g) \longrightarrow ^*O \tag{3-1}$$

$$^*O + H^+ + e^- \longrightarrow ^*OH \tag{3-2}$$

$$^*OH + H^+ + e^- \longrightarrow ^* + H_2O \tag{3-3}$$

碱性介质：

$$^*O + H_2O(l) + e^- \longrightarrow ^*OH + OH^- \tag{3-4}$$

$$^*OH + e^- \longrightarrow ^* + OH^- \tag{3-5}$$

无论是在酸性还是碱性介质中，第一步反应都是催化剂表面活性位点吸附氧气形成 $^*O$[式(3-1)]，之后 $^*O$ 在 H^+(酸性)[式(3-2)]或 H_2O(碱性)中形成

*OH[式(3-4)]，最终在酸性介质中*OH结合电子和H⁺形成H₂O[式(3-3)]，在碱性介质中*OH结合电子生成OH⁻[式(3-5)]并脱离催化剂表面。对比各基元步骤发现，反应过程中存在着大量的中间体，这些中间体与催化剂之间的相互作用，以及电子和质子转移的难易程度共同决定ORR的反应速率。

3.3　电催化氧还原反应评价参数

3.3.1　极化曲线

极化曲线(LSV)是描述电流密度与电极电势关系的曲线，通常以电极电势为横轴，电流密度为纵轴。LSV提供了ORR的电化学动力学信息，对理解催化剂在特定条件下的电化学行为至关重要。以Pt/C催化剂在0.1mol/L HClO₄中的ORR极化曲线为例，可分为三个不同的区域，包括动力学区域、扩散区域和动力学扩散混合区域。如图3.3所示，在0.95V(高电位)以上为动力学控制区，电流密度变化相对缓慢。当电位位于0.71~0.95V时为动力学扩散混合区域，随着电位降低，电流密度开始增加，反应速率加快。在0.71V以下的平台区属于扩散控制区域，电位降低时，电流密度几乎保持恒定，可得极限电流。

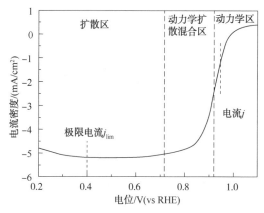

图3.3　0.1mol/L HClO₄中Pt/C催化剂的ORR极化曲线

(转速1600r/min，扫描速率为0.01V/s)

3.3.2　起始电位、半波电位和极限电流密度

测量LSV可得到ORR的起始电位(E_{onset}，V vs RHE)和半波电位($E_{1/2}$，V vs RHE)。电流偏离基线的电位称为起始电位，可通过LSV中基线与电流增加之间的切线交点来确定，也等于从LSV导出的扩散限制电流密度的5%。

半波电位是指极限电流密度达到峰值(峰电位)的一半时对应的电位值，可用于评估催化剂的活性和动力学特性。半波电位与反应速率呈正比关系，更高的半波电位意味着更快的反应速率。在半波电位处，ORR的正向和逆向反应速率相等，电流达到最大值。

极限电流密度(J_L)是指单位面积上的最大电流密度(mA/cm^2)。J_L可通过分析 LSV 的扩散区域获得，该区域是 ORR 中的电流最高区域，可通过 Levich 方程计算，见式(3-6)：

$$J_L = 0.62nFC_{O_2}D^{2/3}\nu^{-1/6}\omega^{-1/6} \tag{3-6}$$

式中，n 是电子转移数，F 是法拉第常数，C_{O_2} 是氧浓度，D 是氧扩散系数，ν 是给定浓度下各种电解质溶液的运动黏度，ω 是旋转圆盘电极的角速度(rad/s)。

3.3.3 动力学电流密度

动力学电流密度(J_k)是在给定电极电势下描述电子在电场中运动状态的物理量。通过分析 J_k 随电极电势的变化趋势，可以获得有关 ORR 的机理信息。当 J_k 与电极电势呈线性关系时，表明反应遵循扩散控制，非线性关系则可能意味着其他反应步骤或中间产物的存在。J_k 也可以用于评估催化剂的活性，对于相同的反应体系和电极电势，较高的 J_k 值意味着较高的催化活性。J_k 值可以使用式(3-7)计算：

$$J_k = \frac{J_L \times J_P}{J_L - J_P} \tag{3-7}$$

式中，J_P 是在特定电势下获得的电流密度，J_L 是从扩散平台区域获得的最高扩散极限电流密度。

3.3.4 电化学活性表面积

电化学活性表面积($ECSA$)是指电极上参与 ORR 反应的有效活性表面积与总几何表面积之间的比值。较大的 ECSA 表示具有更多的活性位点，更优的催化性能。图 3.4 为多晶 Pt 在 H_2SO_4 中的循环伏安图，由图可知，$0\sim0.3V$ 区间内出现氢解吸($Q_{H_{des}}$，虚线区域)和吸附($Q_{H_{ads}}$，虚线区域)峰，可通过计算氢解吸/吸附过程中的电荷 Q_H [式(3-8)]，并通过式(3-9)计算 $ECSA$。

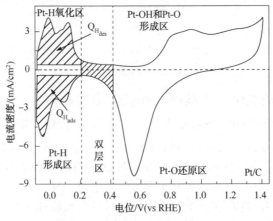

图 3.4 多晶 Pt 的 CV 图

$$Q_H = \frac{Q_{H_{des}} + Q_{H_{ads}}}{2} \tag{3-8}$$

$$ECSA = \frac{Q_H}{Q_{ref} \times m} \tag{3-9}$$

式中，Q_H 是氢解吸/吸附过程中获得的电荷（mC/cm^2），m 是电极上的金属负载量（mg/cm^2），Q_{ref} 是与活性 Pt 表面上的单层氢吸附相关的电荷（$210\mu C/cm^2$）。

3.3.5　质量活性和比活性

质量活性（MA，mA/mg）是指单位质量的催化剂所展现的催化活性，反映催化剂单位质量的催化效率。比活性（SA，mA/cm^2）是指单位比表面积催化剂产生的电流，反映催化剂单位比表面积的催化效率。可通过式（3-10）和式（3-11）计算 MA 和 SA。

$$MA = \frac{J_k}{催化剂负载量} \tag{3-10}$$

$$SA = \frac{MA}{ECSA} \tag{3-11}$$

式中，催化剂负载量是指负载在电极表面上的催化剂质量，J_k 为动力学电流密度。

3.3.6　塔菲尔斜率

将过电势与电流密度的对数作图可得 Tafel 斜率，见式（3-12）：

$$\eta = a + b\log(J_k) \quad (\eta = E_{eq} - E_{onset}) \tag{3-12}$$

将实验测得的 Tafel 斜率值（见表 3-1）与 ORR 各基元反应的理论 Tafel 值比较，可推测反应机理及电极反应的速控步骤。

表 3-1　ORR 中各基元反应的 Tafel 斜率

反　　应	理论 Tafel 斜率/（mV/dec）	反　　应	理论 Tafel 斜率/（mV/dec）
$*+O_2(g)+H^++e^- \longrightarrow *OOH$	120	$*O+H^++e^- \longrightarrow *OH$	24
$*OOH+* \longrightarrow *O+*OH$	60	$2(*OH+H^++e^- \longrightarrow H_2O+*)$	40

交换电流密度（J_0）指在电极电势接近零时对应的电流密度，较大的交换电流密度表示较快的反应速率。计算公式见式（3-13）：

$$J = J_0 \exp[(\alpha F\eta)/(RT)] \tag{3-13}$$

式中，J 是电流密度，J_0 是交换电流密度，α 是传递系数，F 是法拉第常数，η 是过电势，R 是理想气体常数，T 是温度。

3.3.7　电子转移数

电子转移数(n)表示在 ORR 过程中参与的电子数量，代表了每个氧气分子在还原为水的过程中失去的电子数目。较高的电子转移数通常对应更快的反应速率，通过比较所需电子转移数与反应的能量输出，可评估反应能量转化效率。根据 Koutecky-Levich(K-L)方程[见式(3-14)、式(3-15)]可计算 n 值：

$$\frac{1}{J} = \frac{1}{J_k} + \frac{1}{J_L} \tag{3-14}$$

$$\frac{1}{J} = \frac{1}{nFk\,C_{O_2}} + \frac{1}{B\omega^{1/2}} \tag{3-15}$$

式中，J 是观察到的电流密度(mA/cm²)之和，J_k 和 J_L 分别是动力学电流密度和扩散极限电流密度(mA/cm²)，n 是反应过程中转移的电子数，F 是法拉第常数(C/mol)，k 是表观速率常数(cm/s)，C_{O_2} 是氧浓度(mol/cm³)，ω 是电极的转速(r/min)。

3.3.8　过氧化氢形成百分比

过氧化氢(H_2O_2)形成百分比是指在反应中生成的 H_2O_2 的量与总产物的量之比。在 4 电子途径的 ORR 过程中，H_2O_2 的百分比越多，越不利于催化剂的活性和寿命。旋转环盘电极(RRDE)是测量中间体的最灵敏和最直接的工具，用于定量酸性介质中过氧化氢(H_2O_2)和碱性介质中过氧化物(HO_2^-)产量的百分比。基于盘电流和环电流，可由式(3-16)来确定中间物种(H_2O_2 或 HO_2^-)的形成：

$$c_{H_2O_2} = \frac{2J_R/N}{J_D + J_R/N} \times 100\% \tag{3-16}$$

式中，J_D 是盘电流密度，J_R 是环电流密度，N 是 RRDE 的收集效率。

3.3.9　转换频率

转换频率(TOF)是指催化剂上单位活性位点每秒钟参与 ORR 的次数。TOF 值越高说明 ORR 动力学越快。TOF 值可使用式(3-17)计算：

$$TOF = \frac{J \times A}{n \times F \times m} \tag{3-17}$$

式中，J 是电流密度(mA/cm²)，A 是电极表面积(cm²)，n 是转移的电子数($n=4$)，F 是法拉第常数，m 是电极表面活性金属的物质的量(mol)。

此外，TOF 可利用动力学电流密度由式(3-18)计算得到：

$$TOF = \frac{J_k}{(n \times e \times N_s)} \tag{3-18}$$

式中，J_k 是动力学电流密度(mA/cm²)，n 是 ORR 过程中转移的电子数

$(n=4)$，e 是电子电荷 $(1.6 \times 10^{-19} \mathrm{C})$，$N_\mathrm{s}$ 是催化剂表面活性位点的数量 (mol)。

3.4 电催化氧还原催化剂

3.4.1 铂族金属催化剂

优良的 ORR 催化剂能够催化 4 电子反应将氧气还原为水，具有良好的导电性，并具有较大的比表面积和优良的稳定性。铂（Pt）族金属中，Pt 位于火山图顶端，Pd 次之，Pt 族金属具有适中的氧气结合能，是目前 ORR 电催化剂中活性最高的材料（见图 3.5）。然而，Pt 族金属价格高昂和储量少限制了其大规模商业化应用。通过晶面调控、构建合金结构可暴露优势晶面、降低 Pt 族金属含量，提高 Pt 族金属利用率。

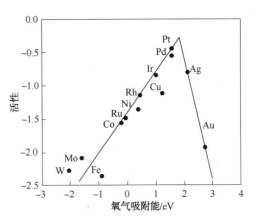

图 3.5 金属的氧气吸附能与活性关系图

3.4.1.1 Pt 基催化剂

由于 Pt 与碳的电子结构存在较大差异，它们之间仅靠微弱的作用力结合，在电化学过程中 Pt 容易发生团聚，导致活性和稳定性降低。因而构建不同晶面结构 Pt，尤其是高指数面 Pt，其晶面原子稀疏，原子配位数低，有利于产生高活性 ORR。例如，具有（720）、（510）和（830）晶面的 Pt 纳米立方体的比活性分别是 Pt 立方体和立方八面体（由低指数面构成的晶体）的 3 倍和 2 倍。由于不同电解质中阴离子吸附能力不同，容易导致低指数面 ORR 活性顺序发生变化。在强吸附电解质中，阴离子的强吸附使 Pt(111) 晶面显著失活，Pt(111) 活性低于 Pt(100)。而在弱吸附电解质中，ORR 活性以 Pt(100) ≪ Pt(110) ≈ Pt(111) 的顺序增加。Pt 粒径不同时，由于晶面取向，分散度和比表面积的改变导致催化剂的质量活性和比活性发生改变。Pt 单晶的颗粒大小与 ORR 活性存在密切的关联。颗粒尺寸从 5nm 变化到 1nm，Pt(111) 和 Pt(100) 晶面急剧减少，活性位点减少，导致活性降低。当 Pt 纳米颗粒尺寸小于 3nm 时，比活性急剧下降，质量活性先增大后减小，Pt 纳米颗粒尺寸为 2.2nm 时具有最大的质量活性。

Pt 与过渡金属元素合金化产生的协同效应可调节 Pt 的电子结构和表面活性位点，导致 d 带中心位移，从而影响反应物、中间体和产物的吸附能，增强 ORR 性能。Pt 合金的活性在很大程度上依赖过渡金属的种类和数量。Pt_3M（M 为 Co、Ni、Fe、Ag、Au、Pd、Cr、Mo、Mn、Al 等）是研究较为成熟的 Pt 合金，高含量

Pt 在纳米颗粒表面形成 Pt 覆盖层，可提高催化活性。对 Pt_3M 的活性的研究发现，Co、Ni、Fe 与 Pt 组成的合金的 ORR 活性顺序为 $Pt < Pt_3Ti < Pt_3V < Pt_3Ni < Pt_3Fe \approx Pt_3Co$。这是由于 Pt 合金的 ORR 活性和稳定性与合金元素的溶解倾向有关，在测试过程中过渡金属溶解后 Pt 合金的表面转变为纯 Pt，导致活性发生变化。此外，不同尺寸的合金纳米颗粒，ORR 活性不同，较小的纳米颗粒在较低电位下更容易被氧化，对含氧物种吸附较强，从而降低了 ORR 活性。颗粒尺寸与质量活性呈现火山形状，颗粒尺寸为 4.5nm 时质量活性最大，这是由于比表面积和比活性随着粒径的变化呈相反的趋势（见图 3.6）。

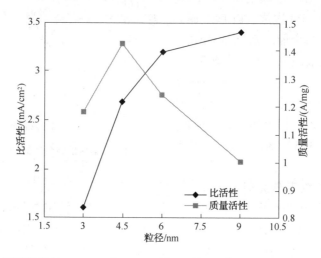

图 3.6　不同粒径的 Pt_3Co/C 在 0.9V 下的比活性和质量活性（0.1mol/L $HClO_4$，转速为 1600r/min；扫描速率为 20mV/s）

稀土元素[如钇（Y）、钪（Sc）、铪（Hf）、镧（La）、铈（Ce）、镓（Ga）和钆（Gd）]与 Pt 合金化后活性和稳定性甚至高于 Pt 与过渡金属合金化的产物（如 PtCo、PtFe、PtNi 等）。例如，Pt_3M（M = Y、Zr、Ti、Ni、Co）合金的活性顺序为 $Pt_3Ti < Pt < Pt_3Zr < Pt_3Co < Pt_3Ni < Pt_3Y$。另一项研究表明，$Pt_5Ga$、$Pt_3Y$、$Pt_5Y$、$Pt_5La$ 活性远高于纯 Pt，其中 Pt_5Ga 和 Pt_3Y 的活性增强最为显著，如图 3.7 所示。这种活性增强是由于在 Pt_5M 表面形成了大约 3 个单分子层厚的 Pt 覆盖层保护活性成分，增强活性和稳定性，而 La 则从 Pt_3La 中溶解并未形成稳定的核壳结构，因此活性较低。密度泛函理论（DFT）研究表明，PtY 的活性增强是由亚层中过渡金属的配位效应所致。尽管 Y 的原子半径比 Pt 大，但是 PtY 合金的 Pt—Pt 键的间距比纯 Pt 小，产生压缩应变效应，表现出较高活性。

研究认为有序 Pt 合金在活性和稳定性方面优于相应的无序合金。理论研究表明，相对于无序 Pt 合金，有序 Pt 合金的活性增强可能是由于具有更强的金属

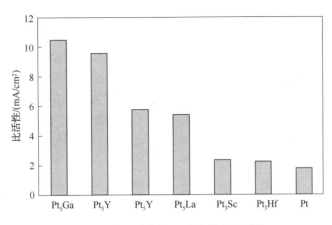

图 3.7 稀土元素与 Pt 合金化的比活性

共价键和更多的负生成热。多孔纳米 Pt 合金可为催化剂提供更多的反应位点，并通过纳米孔的限制效应提高了活性。制备多孔 Pt 合金的最有效方法之一是去合金化，在此过程中非贵金属被选择性地用化学或电化学方法从合金中溶解。由于合金表面少量的贵金属原子溶解从而产生缺陷和空穴，导致贵金属原子的配位数减少，迁移率增加。而合金材料的形态取决于 Pt 的溶解速率和 Pt 的表面扩散竞争。在大块合金中，由于 Pt 原子在合金表面扩散速度缓慢，通常会形成多孔结构。在 PtNi 合金薄膜上进行脱合金处理，可得到多孔结构的 Pt-Ni/C，质量活性比 Pt/C 提高了 6 倍，且具有良好的稳定性。

传统的 Pt 基电催化剂一般只有表面原子暴露在电解质中，因此只有表面金属参与反应，Pt 的原子利用率较低。对于尺寸为 3nm 的 Pt 颗粒，只有 30% 的原子在表面暴露，其余 70% 的原子在颗粒内部难以与电解质接触导致浪费。核壳结构是通过在非 Pt 族金属核上形成以 Pt 为外壳的纳米结构，由于 Pt 外壳的保护，可减少内部非 Pt 金属的溶解，从而提高稳定性。欠电位沉积是制备两种以上金属的核壳纳米颗粒的技术。以 Cu 为牺牲层，可通过电化学置换反应在 Cu 纳米颗粒上沉积 Pt。为了避免测试过程中表层非 Pt 原子的溶解，通常在酸化溶液中对 Pt 合金进行预处理或采用循环伏安法脱合金形成以 Pt 原子组成的粗糙表面，增强 ORR 性能。

Pt 壳层厚度是控制核壳纳米催化剂活性的关键参数。随着壳层厚度的增加，核壳纳米催化剂的本征活性下降，接近纯 Pt 的本征活性。这可能是由于内部金属浸出或测试过程中 Pt 溶解造成颗粒变大和活性表面积减小。壳层元素、颗粒大小以及颗粒和支撑颗粒载体之间的相互作用都会影响壳层厚度，进而影响活性和稳定性。此外，非贵金属的溶解速率比贵金属溶解速率慢，由 Fe、Co、Ni、Cu 等 3d 元素组成的金属核的 ORR 活性要比由 Pd、Au 等 4d、5d 元素组成的金属核的活性更高。

3.4.1.2 Pd 基催化剂

Pd 和 Pt 属于同一族元素，Pd 储量比 Pt 更加丰富，且价格仅为 Pt 的 1/2 ~ 1/4，因此 Pd 成为潜在的 Pt 替代品。Pd 虽然具有类似 Pt 的电子和晶体结构，但 Pd 与 Pt 在不同晶面的催化活性并不相同。如图 3.8(a)所示，Pd(100)的比活性比 Pd(111)和 Pt(111)分别高出 14 倍和 2 倍以上，表明 Pd(100)面具有最高的反应活性。此外，Pd 的形貌也会对 ORR 活性产生影响[如图 3.8(b)]，立方体 Pd/C 的活性约为其八面体的 10 倍，其原因在于 Pd/C 立方体有助于降低氧化物覆盖，比八面体拥有更多反应位点。

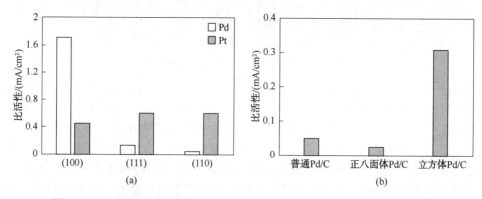

图 3.8　(a)Pd 和 Pt 不同低指数面的比活性；(b)不同形貌 Pd/C 的比活性

PdM(M = Co、Fe、Ni、Cr、Mn、Ti、V、Sn、Cu、Ir、Ag、Rh、Au、Pt)合金比 Pd 具有更高的 ORR 活性。当 Pd∶Co = 2∶1 时，通过浸渍法在 900℃下合成的 PdCo/C 纳米颗粒表现出最高的 ORR 活性。在 Pd∶Fe = 3∶1 时，PdFe/C 合金表现出最高的活性，并且 $Pd_3Fe(111)$ 具有与 Pt(111)相当的 ORR 活性。与 3d 金属合金化后，Pd 晶格收缩，在 Pd 表层产生压缩应变，将 $Pd_3Fe(111)$ 的 Pd-O 结合能减少了 0.1eV。过渡金属通过电子转移(配体效应)进一步修饰了 Pd 表面的电子结构，在 $Pd_3Fe(111)$ 中，配体效应将 Pd-O 结合能降低 0.25eV。应变效应和配体效应的结合是 Pd 合金 ORR 活性增强的主要原因。

3.4.2 非铂族金属催化剂

3.4.2.1 金属氮碳化物

金属氮碳化物(M-N-C)是将氮掺入金属与碳层形成的化合物，可改变金属的 d 带结构，从而增强 ORR 性能。此外，氮通过与电负性较弱的金属元素链接，可改变 M-N-C 内部的电荷状态，从而产生丰富的活性氧物种(如 $^*O$、$^*OOH$ 或 $^*OH$)。早在 1964 年，Jahnke 等发现了热处理后的酞菁钴络合物比单体具有更高的 ORR 活性。然而，酞菁类大环化合物在热处理后失去了结构形态，重复性较差，进一步研究发现有序的含氮聚合物可在热处理过程中形成更稳定的 M-N-C 催化剂。其中热解聚苯胺形成的 PANI-Fe-C 比 PANI-Co-C 具有更高的 ORR 活性和稳定性。在燃料电池测试中，PANI-Fe-C 表现最佳，其 ORR 半波电位与 Pt/C 只相差 60mV；而 PANI-FeCo-C 催化剂最稳定，在 0.4V 下可稳定运行 700h。新型结晶碳改性的多孔 Fe-N-C 催化剂，如图 3.9 所示，在引入结晶碳后，多孔 Fe-N-C 半波电位为 0.89V，优于商用 Pt/C 催化剂(0.85V)。

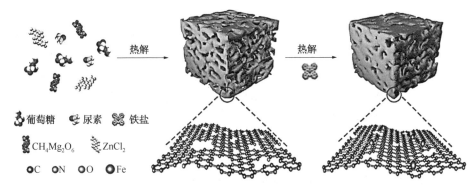

图 3.9 Fe-N-C 制备示意图

传统的 M-N-C 催化剂制备方法是将氮、碳和过渡金属前驱体的混合物直接热解，往往无法控制多孔结构，导致 ORR 活性位点暴露有限。利用维生素 B_{12} 和聚苯胺-铁配合物为前驱体，在酸性介质中制备的 Fe-N-C 具有大的比表面积和大量均匀分布的活性位点，半波电位为 0.91V，远超 Pt/C(0.85V)。MOFs 作为 M-N-C 的前驱体具有大比表面积和孔径，可确保氧气的快速扩散。通过三种 MOFs 前驱体即 ZIF-8、ZIF-67 和 $Co_2(bdc)_2(dabco)$（其中 bdc 为 1,4-苯二甲酸酯，dabco 为 1,4-二氮杂双环[2.2.2]-辛烷），研究了金属/配体与 ORR 活性之间的关系，发现 ZIF-67 热解后的 M-N-C 的石墨化碳可增强导电性，在酸性和碱性介质中起始电位和半波电位显著优于商业化 Pt/C 催化剂。

3.4.2.2 金属硫化物

金属硫化物 M_xCh_y(M=Ru、Rh、Co 和 Ch=S、Se、Te)是由位于中心位置的金属和分布在金属周围的非金属元素形成的团簇状晶体化合物。由于硫元素电负性强，与非 Pt 族金属结合形成化合物可优化金属的电子结构，提高本征活性。在各类硫化物中，Ru 基硫化合物是研究最广泛的。最初，制备 Ru 基硫化合物需要在高温(1000~1700℃)和高压下使用 Ru 和硫族元素进行合成。目前，在低温(低于80℃)下可由 $NaBH_4$ 对 $RuCl_3 \cdot xH_2O$ 和 SeO_2 进行化学还原得到。在所得的 Ru_xSe_y 中，当 Se 原子与 Ru 原子配位时，Ru 原子仍然充当 ORR 的催化活性中心。形成 Ru_xSe_y 后，从 Ru 到 Se 的电荷转移降低了 Ru 上的氧结合能，使其不易氧化，可稳定循环 5000 圈。随着 Se 含量的增加，Ru 原子的固有活性不断增加，这是由于 Se 改性使 Ru 表面的氧化趋于稳定。但 Se 原子既不直接参与氧的吸附，也不是 ORR 的活性位点，如果表面 Se 覆盖过高，则无更多 Ru 活性位点可供反应。因此，催化剂的总体活性是由 Ru 活性位点和硫族元素之间平衡的结果。DFT 计算发现 Rh 的硒化物和硫化物比纯 Rh 更有活性，与 Pt 相当。然而，实际情况是 Se 和 S 修饰的 Rh 颗粒的活性比未修饰的颗粒差得多，是由于 Se 和 S 原子的存在会毒害催化剂。

过渡金属（Co，Ni，Fe）基硫化物，具有较低的成本和较高的储量，ORR 活性大体遵循 $M_xS_y>M_xSe_y>M_xTe_y$ 的趋势。在酸性溶液中，$CoSe_2$ 具有两种不同的晶体结构，在 250~300℃ 的热处理温度下观察到正交结构，而在高温（400~430℃）下观察到立方结构，在硫酸中均表现出增强的 ORR 活性。

3.4.2.3　金属氧化物

金属氧化物中金属离子的 3d 空轨道与氧气分子及 ORR 过程中产生的中间物种能够产生强相互作用，使得这类催化剂具备 ORR 活性。锰（Mn）和钴（Co）氧化物是活性较优的过渡金属氧化物 ORR 催化剂。锰氧化物（MnO_x）不仅可以有效催化 HO_2^- 反应生成 H_2O，而且还能与活性物质结合，将氧气分子还原为过氧化氢。然而，锰氧化物导电性较差（$10^{-6}~10^{-5}$ S/cm），常通过与其他材料复合以提高其 ORR 活性。非晶态 MnO_x 纳米线负载的碳材料具有丰富的氧吸附活性位点和高密度的表面缺陷，在碱性溶液中具有高 ORR 活性。电化学沉积方法制备的 MnO_x 复合纳米管与传统的 Pt/C 催化剂相比，表现出优良的电催化活性、稳定性和抗交叉效应。

钴氧化物（如 Co_3O_4、CoO）与碳材料复合可显著提高其 ORR 活性。通过表面活性剂辅助热解法制备氧化钴纳米颗粒（CoO_x NPs）负载的多壁碳纳米管（CNTs），CNTs 与 CoO_x NPs 之间的协同偶联效应，以及吡啶氮和季氮基团是提升其电催化活性的主要因素（见图 3.10）。此外，通过浸渍或沉淀法负载的氧化物纳米颗粒由于其与石墨碳载体之间的强耦合作用，具有比 Pt/C 更快的反应速率。$MnCo_2O_4$－氮掺杂石墨烯复合材料中，尖晶石氧化物纳米颗粒与氧化石墨烯薄片之间形成强共价偶联，Mn 的引入提高了催化活性。

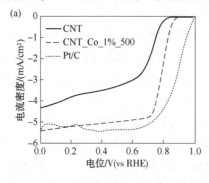
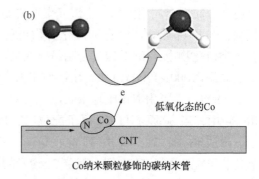

图 3.10　氧化钴复合多壁碳纳米管的 ORR 性能（a）及催化机理（b）

3.4.3 单原子催化剂

单原子催化剂(SACs)中活性金属以单个原子的形式负载在载体表面,因此可实现100%的原子利用效率(见图3.11)。通过调整单原子的种类、尺寸和配位环境等参数,可优化反应路径,减少或消除副反应产物的生成,提高反应选择性。

3.4.3.1 Pt 单原子催化剂

Pt 单原子与载体之间的相互作用能有效防止 Pt 单原子的聚集或脱落,有助于提高催化剂稳定性。然而,也有报

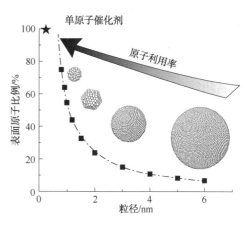

图 3.11 不同粒径的金属颗粒的表面原子比例

道称 Pt 单原子可能不适合 ORR,因为 O—O 键的断裂通常发生在由多个原子组成的 Pt 位点上,而非单个 Pt 原子。研究表明,碳载体上的缺陷可提高 Pt 单原子催化剂的 ORR 活性,使其达到与商业 Pt/C 相似的活性。此外,Pt 在氮掺杂碳载体上形成的 Pt—N 键能改善 Pt 单原子的分布并增强 Pt 上 O_2 的吸附,从而提高 Pt 的本征活性。DFT 计算表明,单个 Pt 原子可锚定在含有双空位石墨烯的 4 个碳原子上,双空位的存在将 Pt 原子放置在几乎与石墨烯骨架相同的平面中,从而促进 O_2 的吸附。通过自组装法将 Pt 合金锚定在单原子 Pt 修饰碳($Pt_3Co@Pt$-SACs)上克服了单原子稳定性差的问题(见图3.12),其比活性比商业 Pt/C 高 1 个数量级,并且在循环 50000 次后过电势仅衰减 10mV。

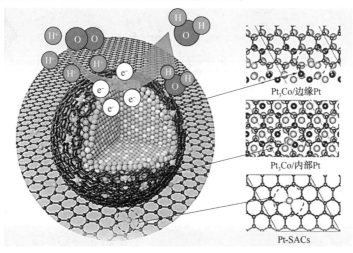

图 3.12 自组装法制备铂合金和单原子铂的复合电催化剂

3.4.3.2 Fe 单原子催化剂

目前，Fe 单原子催化剂(Fe-SACs)是研究最广泛的非贵金属 ORR 电催化剂。实验和理论计算结果表明，Fe-SACs 具有与 Pt 基催化剂相当的 ORR 活性。目前最常用的合成方法是通过高温热解含金属的配合物制备得到的。非贵金属基催化剂中，Fe-SACs 显示出最优的 ORR 催化活性，但 Fe-SACs 几乎完全由碳材料支撑，不可避免地产生 H_2O_2，因为碳表面的 ORR 电子转移数通常小于 4。此外，Fe-SACs 会因脱金属(即 Fe 离子的流失)短期活性损失，溶解的 Fe^{2+} 会进一步与 H_2O_2 反应产生自由基(如羟基和超氧自由基)，在高电位下生成的自由基会引起 Fe 的溶解和碳载体的腐蚀，从而导致 ORR 活性降低。

利用聚苯胺(PANI)水凝胶制备的 Fe-SACs 催化剂中 Fe 附着在聚苯胺的官能团上，可实现 Fe^{3+} 在聚苯胺多孔导电网络结构中的高度分散，有助于提高 ORR 反应活性。在利用离子吸附形成的含金属配合物作为前驱体合成 Fe-SACs 过程中，若过量的金属离子被吸附到聚合物上，会导致金属聚集形成纳米颗粒，降低 ORR 活性。酸蚀刻可去除纳米颗粒，但合成步骤烦琐，使金属 SACs 的精确控制变得困难。沸石型咪唑框架(ZIFs)可容纳多种金属，且咪唑配体在 ZIF 前驱体中均匀分散，热解可得到分散良好的 Fe-SACs 位点。利用 Fe 掺杂 ZIF-8 前驱体(见图 3.13)得到 Fe 单原子均匀分散的多孔碳，表现出优异的 ORR 性能和优良的甲醇耐受性，其半波电位为 0.782V(vs RHE)。

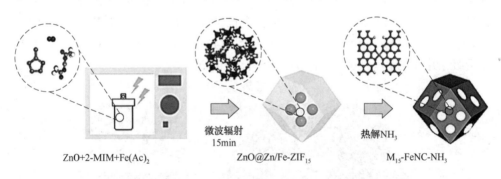

$ZnO+2\text{-}MIM+Fe(Ac)_2$　　微波辐射 15min　　$ZnO@Zn/Fe\text{-}ZIF_{15}$　　热解NH_3　　$M_{15}\text{-}FeNC\text{-}NH_3$

图 3.13　微波辅助法制备 Fe 单原子电催化剂

3.4.3.3 Co 单原子催化剂

过渡金属单原子催化剂的 ORR 活性遵循 Fe>Co>Cu>Mn>Ni 的顺序。尽管 Fe-SACs 活性优良，但稳定性有待提高。通过对 Zn/Co 双金属 MOFs 进行热解，可制备出稳定的 Co-SACs。热解过程中，引入的 Zn 可有效阻止 Co 原子的团聚并形成微孔结构，得到的 Co-SACs 在碱性电解液中展现出优良的 ORR 性能($E_{1/2}=0.881V$)和耐久性。然而，高负载量的 Co 易发生聚集现象。通过表面活性剂 F127 嵌段共聚物与 ZIF 前驱体之间的强烈相互作用，构建了核壳型 Co-N-C@

F127(见图 3.14)，由 F127 产生的碳壳在热解过程中保留了微孔结构和高含量的氮，实现了高密度的活性中心。在酸性电解液中，Co-SACs@ F127 展现出显著增强的 ORR 活性，其半波电位为 0.84V(vs RHE)。DFT 计算表明 Co-SACs@ F127 提供了大量的活性中心，可以通过 4 电子途径有效地催化 ORR。

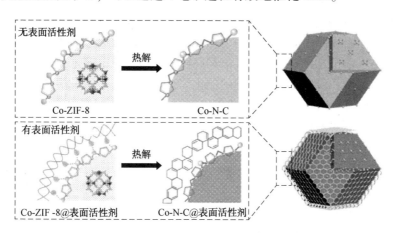

图 3.14　原位热解制备 Co-N-C@ F127 核壳结构电催化剂示意图

3.4.3.4　Mn 基单原子催化剂

Mn 基单原子催化剂(Mn-SACs)具有与 Pt 类似的活性但稳定性更强，在热解过程中，Mn 更容易形成不稳定和不活跃的金属氧化物或碳化物。传统的化学掺杂方法只能引入低密度的 Mn 原子，而通过掺杂和吸附两步，可有效增加催化剂中Mn-N₄ 活性中心的密度，从而获得富含单原子 Mn 位点的 Mn-SACs。在 ZIF-8 前驱体，衍生的多孔碳中加入锰和氮源，热解后可得到原子分散的 Mn-SACs，在酸性电解液中表现出优异的稳定性，其半波电位与 Pt/C 相当，为 0.80V(vs RHE)。

制备 SACs 比传统的 Pt 基催化剂更具挑战性，SACs 是通过热解前驱体和高比表面积碳载体的混合物并通过酸浸和热处理来制备的。热解后，前驱体的原始结构通常会丢失，因此无法控制活性中心的均匀性。此外 SACs 在 ORR 方面的催化性能和稳定性仍然落后于传统 Pt 基催化剂。通常，非 Pt 族金属电催化剂过电势需要高于 Pt 基催化剂 60mV 以上，增加活性中心的密度可弥补这一差距。然而，仅仅提高金属负载量会导致金属聚集并形成非活性金属氧化物、碳化物或纳米颗粒。尽管最近开发的基于聚苯胺的 FeCo-SACs 催化剂已经实现了燃料电池在相对较低的电池电压(0.4V)下长期稳定运行(最多运行 700h)，但 FeCo-SACs 催化剂在更理想的电池电压 0.6V 时降解非常快。因此，在非 Pt 族金属电催化剂成为未来燃料电池技术的可行催化剂之前，必须先解决稳定性差的问题。

3.4.4　碳材料催化剂

碳材料催化剂如石墨碳、石墨烯、石墨氮化碳具有大的比表面积，优良的耐腐蚀性，在碱性介质中有较高的稳定性，是目前应用最为广泛的碳材料，通过掺杂杂原子可改变电子结构，为催化过程提供理想的反应基底。

3.4.4.1　石墨碳

石墨碳是由碳原子通过范德华力相互堆叠组成的六边形层状结构材料。石墨碳的层状结构赋予其良好的导电性能和高比表面积，石墨碳排列高度有序，表现出较高的结晶度和稳定性，是理想的催化剂材料之一。杂原子掺杂的石墨碳材料可引起电荷转移，可作为 ORR 催化剂。通过尿素热处理法在商业活性炭上制得不同氮含量的石墨氮掺杂碳材料[见图 3.15(a)]，其催化活性可与商业 Pt/C 相似，稳定性和甲醇耐受性优于商业 Pt/C[见图 3.15(b)~(d)]。此外，利用含氮芳香族染料(PDI)作为碳前驱体，制备的氮掺杂有序介孔石墨阵列(NOMGAs)具有高比表面积(PDI-900 为 510cm²/g)和中等氮含量的石墨骨架[PDI-9000 为 2.7wt%]，表现出优于 Pt 的 ORR 电催化性能，并且具有优异的长期稳定性和甲醇耐受性。尽管磷的电负性小于氮，石墨中磷的掺杂也可以诱导电荷转移进而提升 ORR 的催化活性。通过三苯基膦热解制备的磷掺杂石墨碳的 ORR 起始电势约为 0.10V，远高于未掺杂磷的石墨碳(约-0.10V)。

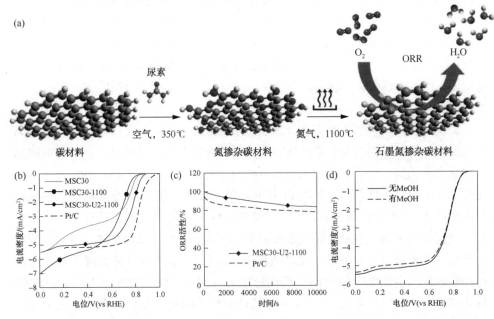

图 3.15　(a)石墨氮掺杂碳材料合成示意图；(b)LSV 图；(c)稳定性图；(d)甲醇耐受性图

3.4.4.2 石墨烯

石墨烯具有优异的导电性，较快的电荷迁移率，优良的柔韧性和巨大的比表面积，不仅可作为金属催化剂的载体，而且可直接用作无金属催化剂。然而，石墨烯具有零带隙半导体特征和对称的能带结构，导致其 ORR 本征活性较低。杂原子掺杂可引起电子结构改变，为氧气及中间体的吸附和解离创造有利的活性位点，促进 ORR。

氮掺杂石墨烯（NG）中具有三种不同形式的 N，如吡啶氮、吡咯氮和石墨氮。其中吡啶氮和石墨氮可调节石墨烯的电子表面状态，作为 ORR 催化剂的活性位点。NG 通常情况下呈现褶皱状[见图 3.16（a）]，通过 900℃ 氨气热处理的 NG 在碱性溶液中获得了最高的 ORR 活性[见图 3.16（b）]，NG（900℃）中仅引入了 2.8at% 的氮，其中吡啶氮和石墨氮含量最高（表 3-2），对 ORR 活性起着重要的作用。此外，通过化学气相沉积法制备的 NG 仅由一层或几层石墨片组成，氮含量为 4%，在碱性介质中的 ORR 活性超越 Pt 基催化剂。与 NG 类似，硫掺杂石墨烯（SG）比未掺杂的石墨烯表现出更优良的 ORR 活性。由于 S 与 C 具有接近的电负性，并且 C—S 键主要位于边缘或缺陷部位，原子电荷分布变化小于 NG 的变化，因此 S 掺杂引起的改变是 SG 活性增强的主导因素。利用氧化石墨烯和苄基二硫化物制备的 SG 比未掺杂的石墨烯具有更高的起始电位和极限电流密度，1050℃ 合成的 SG 的起始电位接近商用 Pt/C 催化剂，其电流密度甚至大于 Pt/C，并且比 Pt/C 更稳定。

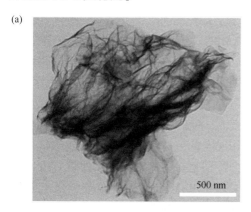
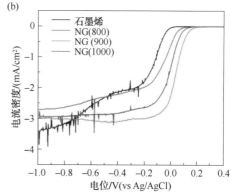

图 3.16 （a）NG 形貌图；（b）NG LSV 曲线

表 3-2 通过 XPS 对 NG 的氮含量测定

样品	氮含量（原子百分比）/%	吡啶氮（原子百分比）/%	吡咯氮（原子百分比）/%	石墨氮（原子百分比）/%
NG（800）	2.8	1.5455	0.9352	0.3192
NG（900）	2.8	1.5596	0.8484	0.3892
NG（1000）	2.0	1.0220	0.6620	0.3160

此外，硼掺杂石墨烯(或硒掺杂石墨烯)表现出与 Pt 相当甚至超越 Pt/C 的活性。DFT 计算表明，与碳原子相比，价电子不相同的原子(如 B 和 Se 原子)掺杂可以在石墨烯表面诱导高电荷密度，显著增加催化剂对 OH^* 的吸附能力提升 ORR 电催化性能。

3.4.4.3 石墨氮化碳

石墨氮化碳($g-C_3N_4$)有三配位(类石墨，3 配位指每个碳原子都与三个氮原子键合)和两配位的(类吡啶)氮原子，因此拥有高氮含量和丰富的活性反应位点。然而，$g-C_3N_4$ 具有表面积($5\sim40m^2/g$)小和导电性差等特点，使得反应中间体 $^*OOH$ 大量积累，导致电流密度降低，不能直接用作 ORR 催化剂。将 $g-C_3N_4$ 与高比表面积炭黑混合，可实现高电流密度($2.21mA/cm^2$)。具有大比表面积的介孔碳和 $g-C_3N_4$ 的复合可提高电子转移效率，$-0.6V$ 下，动力学极限电流密度为 $11.3mA/cm^2$，表现出优异的催化活性和甲醇耐受性。3D 大孔 $g-C_3N_4/C$ 具有与商业化 Pt/C 相媲美的甲醇耐受性和稳定性。

3.5 电催化氧还原反应应用

ORR 作为燃料电池和金属空气电池的阴极反应，在低 pH 值下动力学缓慢，需要消耗大量的 Pt 基催化剂(约为阳极催化剂的 8 倍)，几乎占整个催化剂的 80%，因此，开发高效稳定的 ORR 催化剂对燃料电池和金属空气电池极为重要。

3.5.1 燃料电池

燃料电池包括质子交换膜燃料电池(PEMFC)、直接甲醇燃料电池(DMFC)和碱性阴离子交换膜燃料电池(AEMFC)。PEMFC(见图 3.17)通过电化学氧化燃料(如 H_2)并将氧气还原为水，将化学能直接转化为电能，具有高能量转换效率(通常为 40%～60%)，零 CO_2 排放，无污染，可实现大规模应用。由于 PEMFC 功率密度高、能源效率高、污染物排放量少和工作温度低，被广泛用作清洁能源转换装置，特别是在车辆和固定、便携式发电系统中。在 PEMFC 中，阳极处的氢气被氧化以释放质子和电子，连接到负载的外部电路上发电。氢离子(质子)通过聚合物电解质(质子交换膜)迁移至阴极，与电子和氧结合，在阴极产生水。PEMFC 目前主要使用的阴极催化剂为贵金属 Pt，开发高效稳定价格低廉的非贵金属，可降低 PEMFC 的成本。

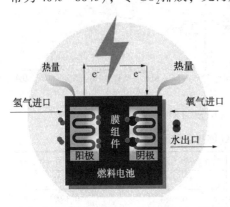

图 3.17 PEMFC 结构示意图

3.5.2 金属-空气电池

与封闭系统的锂离子电池相比，金属空气电池具有开放式电池结构，通常，由多孔阴极、电解质和金属阳极组成。诸如 Li、Na、Zn 等金属有适合用作金属-空气电池中的阳极材料。其中阴极活性材料氧气可从环境中获得。因此，可减少电池重量，从而有助于提高金属-空气电池的能量密度。金属-空气电池，尤其是锂-空气电池，具有高理论能量密度，远高于其他可充电系统。这种高能量输出使得金属-空气电池在大规模储能系统、移动能源领域和航空航天工业中成为下一代高性能和环保电源的潜在选择。

根据不同的金属阳极种类和可充电性，金属-空气电池可分为三类，一次电池、二次电池和机械可充电电池。金属-空气电池是一次性地或机械地通过更换金属阳极或为电解质补充燃料来充电。例如，初级锌-空气电池被商业化为助听器电池，镁-空气和铝-空气电池也用作铁路和导航信标的电源。可以通过用新的金属阳极和电解质机械地替换放电的阳极和电解质来实现间接"充电"。目前，完全可充电的金属-空气电池仍然是一个需要克服的挑战。应该注意的是，金属-空气电池使用氧气作为阴极材料，当前的膜技术在隔离空气中的一些不利成分(如 CO_2 和 H_2O)时效果仍然较差，而且不能有效地允许氧气渗透。考虑到金属阳极的高反应性，这些部件会干扰所需的电化学行为并降低整体性能。

3.6 总结与展望

本章介绍了 ORR 的机理、评价参数和催化剂分类，着重讨论了铂族贵金属、非铂族金属、单原子催化剂和碳材料等 ORR 电催化剂，简要介绍了 ORR 在燃料电池和金属-空气电池的应用。

基于 Pt 基纳米材料电催化剂颗粒的大小、组成、形态、孔隙率、表面结构、合成方法和后处理对其活性和稳定性起着重要作用。通过晶面调控以暴露 Pt 族金属的优势活性面；加入适当的过渡金属和稀有金属来提高 Pt 原子的分散性和比活性；形成核壳结构可以提高 Pt 原子的利用率；通过脱合金形成多孔结构，增加表面积，可进一步提高活性。金属氮碳化合物、金属硫族化合物和金属氧化物的导电性和本征活性欠缺，需要研究催化剂活性中心的电子结构，保证活性位点充分的暴露和快速的传质效率。通过优化表面结构和化学组成，与金属纳米颗粒、有机功能分子等复合，可以实现碳基电催化剂更高的电催化性能，从而促进燃料电池商业化，降低成本，并推动可持续能源发展。SACs 催化剂以其较高的催化活性、稳定性和选择性而备受关注。然而，由于单原子中的金属含量极低，不可避免地降低了电化学性能。因此，探究高负载量、高活性、稳定性的单原子催化剂仍旧是目前的热门研究。除此之外，应通过理论模拟和先进的表征技术，特别是原位表征来研究结构与性能的关系。进行 DFT 计算时须建立一个合适的模型，以反映催化剂在实际条件下的结构、反应界面或反应路径，使理论分析更接近实际反应情况，以便准确筛选高性能的催化剂。最后，在机器学习等强大工具的帮助下，结合实验和理论研究，可以有效地指导 ORR 电催化剂新材料的合理设计和开发。

综上所述，未来高活性 ORR 电催化剂的设计应关注材料的组成、电催化剂的动态结构，合成过程中材料的纯度以及活性和耐久性。因此，设计一种高效、稳定、经济、环保的 ORR 电催化剂是一个迫切的挑战。

参 考 文 献

[1] Wagner F T, Lakshmanan B, Mathias M F. Electrochemistry and the future of the automobile [J]. J. Phys. Chem. Lett., 2010, 1(14): 2204-2219.

[2] Gasteiger H A, Kocha S S, Sompalli B, et al. Activity benchmarks and requirements for Pt, Pt-alloy, and non-Pt oxygen reduction catalysts for PEMFCs [J]. Appl. Catal. B-Environ., 2005, 56(1-2): 9-35.

[3] Yu W, Porosoff M D, Chen J G. Review of Pt-based bimetallic catalysis: from model surfaces to supported catalysts [J]. Chem. Rev., 2012, 112(11): 5780-5817.

[4] Liu X, Dai L. Carbon-based metal-free catalysts [J]. Nat. Rev. Mater., 2016, 1(11): 1-12.

[5] Ma R, Lin G, Zhou Y, et al. A review of oxygen reduction mechanisms for metal-free carbon-based electrocatalysts [J]. npj Comput. Mater., 2019, 5: 78.

[6] Guo D, Shibuya R, Akiba C, et al. Active sites of nitrogen-doped carbon materials for oxygen reduction reaction clarified using model catalysts [J]. Science, 2016, 351(6271): 361-365.

[7] Nørskov J K, Rossmeisl J, Logadottir A, et al. Origin of the overpotential for oxygen reduction at a fuel-cell cathode [J]. J. Phys. Chem. B, 2004, 108(46): 17886-17892.

[8] Viswanathan V, Hansen H A, Rossmeisl J, et al. Unifying the 2e$^-$ and 4e$^-$ reduction of oxygen on metal surfaces [J]. J. Phys. Chem. Lett., 2012, 3(20): 2948-2951.

[9] Hansen H A, Viswanathan V, Nørskov J K. Unifying kinetic and thermodynamic analysis of 2 e$^-$ and 4 e$^-$ reduction of oxygen on metal surfaces [J]. J. Phys. Chem. C, 2014, 118(13): 6706-6718.

[10] Xia Y F, Guo P, Li J Z, et al. How to appropriately assess the oxygen reduction reaction activity of platinum group metal catalysts with rotating disk electrode [J]. Iscience, 2021, 24(9): 103024.

[11] Stonehart P, Ross Jr P N. The use of porous electrodes to obtain kinetic rate constants for rapid reactions and adsorption isotherms of poisons [J]. Electrochim. Acta, 1976, 21(6): 441-445.

[12] Gloaguen F, Andolfatto F, Durand R, et al. Kinetic study of electrochemical reactions at catalyst-recast ionomer interfaces from thin active layer modelling [J]. J. Appl. Electrochem., 1994, 24(9): 863-869.

[13] Paulus U, Schmidt T, Gasteiger H, et al. Oxygen reduction on a high-surface area Pt/Vulcan carbon catalyst: a thin-film rotating ring-disk electrode study [J]. J. Electroanal. Chem., 2001, 495(2): 134-145.

[14] Kocha S S, Zack J W, Alia S M, et al. Influence of ink composition on the electrochemical properties of Pt/C electrocatalysts [J]. ECS Transactions, 2013, 50(2): 1475.

[15] Higuchi E, Uchida H, Watanabe M. Effect of loading level in platinum-dispersed carbon black electrocatalysts on oxygen reduction activity evaluated by rotating disk electrode [J]. J. Electroanal. Chem., 2005, 583(1): 69-76.

[16] Garsany Y, Ge J, St-Pierre J, et al. ORR measurements reproducibility using a RRDE [J]. ECS Transactions, 2013, 58(1): 1233.

[17] Ke K, Hiroshima K, Kamitaka Y, et al. An accurate evaluation for the activity of nano-sized electrocatalysts by a thin-film rotating disk electrode: Oxygen reduction on Pt/C [J]. Electrochim. Acta, 2012, 72: 120-128.

[18] Shinozaki K, Zack J W, Pylypenko S, et al. Oxygen reduction reaction measurements on platinum electrocatalysts utilizing rotating disk electrode technique: II. Influence of ink formulation, catalyst layer uniformity and thickness [J]. J. Electrochem. Soc., 2015, 162(12): F1384.

[19] Shinozaki K, Zack J W, Richards R M, et al. Oxygen reduction reaction measurements on platinum electrocatalysts utilizing rotating disk electrode technique: I. Impact of impurities, measurement protocols and applied corrections [J]. J. Electrochem. Soc., 2015, 162(10): F1144.

[20] Marković N, Schmidt T, Stamenković V, et al. Oxygen reduction reaction on Pt and Pt bimetallic surfaces: a selective review [J]. Fuel cells, 2001, 1(2): 105-116.

［21］ Mani P，Srivastava R，Strasser P. Dealloyed Pt－Cu core－shell nanoparticle electrocatalysts for use in PEM fuel cell cathodes ［J］. J. Phys. Chem. C，2008，112(7)：2770-2778.

［22］ Shao M，Chang Q，Dodelet J P，et al. Recent advances in electrocatalysts for oxygen reduction reaction ［J］. Chem. Rev.，2016，116(6)：3594-3657.

［23］ Maciá M，Campina J，herrero E，et al. On the kinetics of oxygen reduction on platinum stepped surfaces in a-cidic media ［J］. J. Electroanal. Chem.，2004，564：141-150.

［24］ Hoshi N，Nakamura M，Hitotsuyanagi A. Active sites for the oxygen reduction reaction on the high index planes of Pt ［J］. Electrochim. Acta，2013，112：899-904.

［25］ Yue J，Du Z，Shao M. Mechanisms of enhanced electrocatalytic activity for oxygen reduction reaction on high-Index platinum n (111)－(111) surfaces ［J］. J. Phys. Chem. Lett.，2015，6(17)：3346-3351.

［26］ Huang X，Zhao Z，Fan J，et al. Amine－assisted synthesis of concave polyhedral platinum nanocrystals having (411) high－index facets ［J］. J. Am. Chem. Soc.，2011，133(13)：4718-4721.

［27］ Stamenkovic V R，Fowler B，Mun B S，et al. Improved oxygen reduction activity on Pt$_3$Ni (111) via in-creased surface site availability ［J］. Science，2007，315(5811)：493-497.

［28］ Ituen E，Akaranta O，James A. Evaluation of performance of corrosion inhibitors using adsorption isotherm models：an overview ［J］. Chem Sci Int J，2017，18(1)：1-34.

［29］ Yamamoto K，Imaoka T，Chun W J，et al. Size－specific catalytic activity of platinum clusters enhances oxygen reduction reactions ［J］. Nat. Chem.，2009，1(5)：397-402.

［30］ Chung D Y，Chung Y H，Jung N，et al. Correlation between platinum nanoparticle surface rearrangement in-duced by heat treatment and activity for an oxygen reduction reaction ［J］. Phys. Chem. Chem. Phys.，2013，15(32)：13658-13663.

［31］ Takahashi S，Chiba H，Kato T，et al. Oxygen reduction reaction activity and structural stability of Pt－Au nanoparticles prepared by arc － plasma deposition ［J］. Phys. Chem. Chem. Phys.，2015，17(28)：18638-18644.

［32］ Tripković V，Cerri I，Bligaard T，et al. The influence of particle shape and size on the activity of platinum nanoparticles for oxygen reduction reaction：a density functional theory study ［J］. Catal. Lett.，2014，144(3)：380-388.

［33］ Bett J，Lundquist J，Washington E，et al. Platinum crystallite size considerations for electrocatalytic oxygen reduction—I ［J］. Electrochim. Acta，1973，18(5)：343-348.

［34］ Fabbri E，Taylor S，Rabis A，et al. The effect of platinum nanoparticle distribution on oxygen electroreduction activity and selectivity ［J］. ChemCatChem，2014，6(5)：1410-1418.

［35］ Imaoka T，Kitazawa H，Chun W J，et al. Magic number Pt$_{13}$ and misshapen Pt$_{12}$ clusters：which one is the better catalyst? ［J］. J. Am. Chem. Soc.，2013，135(35)：13089-13095.

［36］ Imaoka T，Kitazawa H，Chun W J，et al. Finding the most catalytically active platinum clusters with low ato-micity ［J］. Angew. Chem. Int. Edit.，2015，54(34)：9810-9815.

［37］ John S S，Angelopoulos A P. In situ analysis of optimum surface atom coordination for Pt nanoparticle oxygen reduction electrocatalysts ［J］. Electrochim. Acta，2013，112：258-268.

［38］ Toda T，Igarashi H，Uchida H，et al. Enhancement of the electroreduction of oxygen on Pt alloys with Fe，Ni，and Co ［J］. J. Electrochem. Soc.，1999，146(10)：3750.

［39］ Coleman E J，Chowdhury M H，Co A C. Insights into the oxygen reduction reaction activity of Pt/C and PtCu/C catalysts ［J］. Acs Catal.，2015，5(2)：1245-1253.

［40］ Wang Y J，Zhao N，Fang B，et al. Carbon－supported Pt－based alloy electrocatalysts for the oxygen reduction reaction in polymer electrolyte membrane fuel cells：particle size，shape，and composition manipulation and their impact to activity ［J］. Chem. Rev.，2015，115(9)：3433-3467.

［41］ Han B，Carlton C E，Suntivich J，et al. Oxygen reduction activity and stability trends of bimetallic Pt0. 5M0. 5 nanoparticle in acid ［J］. J. Phys. Chem. C，2015，119(8)：3971-3978.

［42］ Stamenkovic V R，Mun B S，Mayrhofer K J，et al. Effect of surface composition on electronic structure，sta-bility，and electrocatalytic properties of Pt－transition metal alloys：Pt－skin versus Pt－skeleton surfaces ［J］. J. Am. Chem. Soc.，2006，128(27)：8813-8819.

［43］ Wang C，Van Der Vliet D，Chang K-C，et al. Monodisperse Pt$_3$Co nanoparticles as a catalyst for the oxygen reduction reaction：Size－dependent activity ［J］. J. Phys. Chem. C，2009，113(45)：19365-19368.

［44］ Hwang S J，Kim S-K，Lee J-G，et al. Role of electronic perturbation in stability and activity of Pt－based al-loy nanocatalysts for oxygen reduction ［J］. J. Am. Chem. Soc.，2012，134(48)：19508-19511.

［45］ Stephens I，Bondarenko A，Grønbjerg U，et al. Recent progress in graphene－based nanomaterials as ad-vanced electrocatalysts towards oxygen reduction reaction ［J］. Nanoscale，2013，5：1753-1767.

［46］ Greeley J，Stephens I，Bondarenko A，et al. Alloys of platinum and early transition metals as oxygen reduc-tion electrocatalysts ［J］. Nat. Chem.，2009，1(7)：552-556.

［47］ Shao M，Odell J H，Peles A，et al. The role of transition metals in the catalytic activity of Pt alloys：quantifi-cation of strain and ligand effects ［J］. Chem. Commun.，2014，50(17)：2173-2176.

［48］ Beard B C，Ross P N. The structure and activity of Pt － Co alloys as oxygen reduction electrocatalysts ［J］. J. Electrochem. Soc.，1990，137(11)：3368.

[49] Hodnik N, Jeyabharathi C, Meier J C, et al. Effect of ordering of PtCu₃ nanoparticle structure on the activity and stability for the oxygen reduction reaction [J]. Phys. Chem. Chem. Phys. , 2014, 16(27): 13610-13615.

[50] Wang D, Xin H L, Hovden R, et al. Structurally ordered intermetallic platinum-cobalt core-shell nanoparticles with enhanced activity and stability as oxygen reduction electrocatalysts [J]. Nat. Mater. , 2013, 12(1): 81-87.

[51] Todoroki N, Kato T, Hayashi T, et al. Pt-Ni nanoparticle-stacking thin film: highly active electrocatalysts for oxygen reduction reaction [J]. Acs Catal. , 2015, 5(4): 2209-2212.

[52] Dubau L, Asset T, Chattot R L, et al. Tuning the performance and the stability of porous hollow PtNi/C nanostructures for the oxygen reduction reaction [J]. Acs Catal. , 2015, 5(9): 5333-5341.

[53] Liu L, Pippel E. Low-platinum-content quaternary PtCuCoNi nanotubes with markedly enhanced oxygen reduction activity [J]. Angew. Chem. , 2011, 123(12): 2781-2785.

[54] Xia Y, Yang P, Sun Y, et al. One–dimensional nanostructures: synthesis, characterization, and applications [J]. Adv. Mater. , 2003, 15(5): 353-389.

[55] Cademartiri L, Ozin G A. Ultrathin nanowires–a materials chemistry perspective [J]. Adv. Mater. , 2009, 21 (9): 1013-1020.

[56] Dai Y, Chen S. Oxygen reduction electrocatalyst of Pt on Au nanoparticles through spontaneous deposition [J]. ACS Appl. Mater. Interfaces, 2015, 7(1): 823-829.

[57] Gan L, Heggen M, Rudi S, et al. Core-shell compositional fine structures of dealloyed PtₓNi₁₋ₓ nanoparticles and their impact on oxygen reduction catalysis [J]. Nano Lett. , 2012, 12(10): 5423-5430.

[58] Ramírez-Caballero G E, Balbuena P B. Dissolution-resistant core-shell materials for acid medium oxygen reduction electrocatalysts [J]. J. Phys. Chem. Lett. , 2010, 1(4): 724-728.

[59] Mayrhofer K, Blizanac B, Arenz M, et al. The impact of geometric and surface electronic properties of Pt-catalysts on the particle size effect in electrocatalysis [J]. J. Phys. Chem. B, 2005, 109(30): 14433-14440.

[60] Shao M. Palladium-based electrocatalysts for hydrogen oxidation and oxygen reduction reactions [J]. J. Power Sources, 2011, 196(5): 2433-2444.

[61] Shao M, Yu T, Odell J H, et al. Structural dependence of oxygen reduction reaction on palladium nanocrystals [J]. Chem. Commun. , 2011, 47(23): 6566-6568.

[62] Erikson H, Sarapuu A, Tammeveski K, et al. Enhanced electrocatalytic activity of cubic Pd nanoparticles towards the oxygen reduction reaction in acid media [J]. Electrochem. Commun. , 2011, 13(7): 734-737.

[63] Savadogo O, Lee K, Oishi K, et al. New palladium alloys catalyst for the oxygen reduction reaction in an acid medium [J]. Electrochem. Commun. , 2004, 6(2): 105-109.

[64] Zhang S, Jiang K, Jiang H, et al. Pt₃Fe nanoparticles triggered high catalytic performance for oxygen reduction reaction in both alkaline and acidic media [J]. ChemElectroChem, 2022, 9(2): e202101458.

[65] Jiang K, Zhao D, Guo S, et al. Efficient oxygen reduction catalysis by subnanometer Pt alloy nanowires [J]. Sci. Adv. , 2017, 3(2): e1601705.

[66] Zaman S, Huang L, Douka A I, et al. Oxygen reduction electrocatalysts toward practical fuel cells: progress and perspectives [J]. Angew. Chem. , 2021, 133(33): 17976-17996.

[67] Shen X, Dai S, Pan Y, et al. Tuning electronic structure and lattice diffusion barrier of ternary Pt-In-Ni for both improved activity and stability properties in oxygen reduction electrocatalysis [J]. ACS Catal. , 2019, 9 (12): 11431-11437.

[68] Ishihara A, Ohgi Y, Matsuzawa K, et al. Progress in non-precious metal oxide-based cathode for polymer electrolyte fuel cells [J]. Electrochim. Acta, 2010, 55(27): 8005-8012.

[69] Ota K-I, Ohgi Y, Nam K-D, et al. Development of group 4 and 5 metal oxide-based cathodes for polymer electrolyte fuel cell [J]. J. Power Sources, 2011, 196(12): 5256-5263.

[70] Wu G, Wang J, Ding W, et al. A strategy to promote the electrocatalytic activity of spinels for oxygen reduction by structure reversal [J]. Angew. Chem. Int. Edit. , 2016, 55(4): 1340-1344.

[71] Tong Y, Chen P, Zhou T, et al. A bifunctional hybrid electrocatalyst for oxygen reduction and evolution: cobalt oxide nanoparticles strongly coupled to B, N-decorated graphene [J]. Angew. Chem. Int. Edit. , 2017, 56(25): 7121-7125.

[72] Ishihara A, Tamura M, Ohgi Y, et al. Emergence of oxygen reduction activity in partially oxidized tantalum carbonitrides: Roles of deposited carbon for oxygen-reduction-reaction-site creation and surface electron conduction [J]. J. Phys. Chem. C, 2013, 117(37): 18837-18844.

[73] Chisaka M, Ishihara A, Uehara N, et al. Nano-TaOₓNᵧ particles synthesized from oxy-tantalum phthalocyanine: how to prepare precursors to enhance the oxygen reduction reaction activity after ammonia pyrolysis? [J]. J. Mater. Chem. A, 2015, 3(32): 16414-16418.

[74] Sun S, Yin Z, Cong B, et al. Crystalline carbon modified hierarchical porous iron and nitrogen co-doped carbon for efficient electrocatalytic oxygen reduction[J]. J. Colloid Interface Sci. , 2021, 594(15): 864-873.

[75] Shi X, Zheng H, Kannan A M, et al. Effect of hermally induced oxygen vacancy of α-MnO₂ nanorods toward oxygen reduction reaction[J]. Inorg. Chem. , 2019, 58(8): 5335-5344.

[76] Gabe A, García-Aguilar J, Berenguer-Murcia Á, et al. Key factors improving oxygen reduction reaction activity in cobalt nanoparticles modified carbon nanotubes [J]. Appl. Catal. B–Environ. , 2017, 217(15):

303-312.

[77] Xu X, Zhang X, Xia Z, et al. Solid phase microwave-assisted fabrication of Fe-doped ZIF-8 for single-atom Fe-NC electrocatalysts on oxygen reduction[J]. J. Energy Chem. , 2021, 54: 579-586.

[78] Bhuvanendran N, Ravichandran S, Xu Q, et al. A quick guide to the assessment of key electrochemical performance indicators for the oxygen reduction reaction: a comprehensive review [J] . Int. J. Hydrog. Energy, 2022, 47(11): 7113-7138.

[79] Liu B, Feng R, Busch M, et al. Synergistic hybrid electrocatalysts of platinum alloy and single-atom platinum for an efficient and durable oxygen reduction reaction[J]. ACS Nano, 2022, 16(9): 14121-14133.

第4章 电催化氮气还原反应

4.1 概述

科学的蓬勃发展和采矿技术的进步导致化石燃料储量迅速下降，造成严重的能源危机，因此发展可再生能源迫在眉睫。在众多气体资源中，H_2O、CO_2、O_2 和 N_2 易转化为储能材料、燃料或具有战略意义的化学品。近年来基于水分解的电化学析氢反应（HER）和析氧反应（OER）以及电化学氧气还原反应（ORR）和二氧化碳还原反应（CO_2RR）均取得了很大进展。然而，对于占大气约78%的 N_2 的利用经过100多年的研究仍处于起步阶段。在环境条件下 N_2 向氨气（NH_3）的有效转化及利用仍然是一项具有挑战性的任务。

NH_3 对众多工业生产过程和人类生活至关重要。2015年全球 NH_3 产量达到1.46亿t，预计到2050年将增长40%。NH_3 的重要性在于：作为氮肥的主要成分，NH_3 被称为农业的血液，有助于维持粮食稳定；NH_3 是大多数工业化学品的基本原料，广泛用于生产塑料、炸药、医药、染料、合成纤维和树脂；NH_3 是一种优良的绿色能源载体，具有 $5.52kW \cdot h/kg$ 的高能量密度和17.6%（质）的高氢含量。与 H_2 相比，NH_3 可以很容易地液化以用于储存和运输。

利用 N_2 和 H_2 直接形成 NH_3（$N_2+3H_2 \longrightarrow 2NH_3$）的 Haber-Bosch 工艺，为 NH_3 的大规模工业化生产奠定了基础。但 N_2 中 $N \equiv N$ 键惰性（键能=941kJ/mol，断裂第一个 $N \equiv N$ 键所需的能量为410kJ/mol），反应需要在高温（350~550℃）和高压（15~25MPa）下进行。此外，该过程伴随着大量 CO_2 的排放（每产生1t NH_3 排放约2t CO_2）。Haber-Bosch 工艺合成 NH_3 需要的能量为485kJ/mol，年耗占化石燃料燃烧释放能量的1%~3%。目前 Haber-Bosch 工艺仍然是主要的 NH_3 生产路线，但 NH_3 收率约为15%~20%，而最终97%的收率只能通过回收未反应的合成气来实现。

虽然 N_2 固有的惰性导致 Haber-Bosch 工艺需要较高的温度和压力，但豆类植物可以在环境条件下有效地从周围环境中捕获 N_2 并将其转化为含氮物质。研究人员对此进行了大量工作来阐明驱动这种 N_2 固定的因素，从而为在环境条件下人工固定 N_2 铺平道路。研究表明 Fe/Mo 固氮酶促进了豆科植物中 N_2 和 H_2O 的结合，将 N_2 转化为 NH_3 及有关物质。含铁蛋白可促进 Mg-ATP 水解产生能量/电子，氢键和氧化还原活性位点为 N_2 的附着和质子化提供配位环境。虽然上述固定 N_2 速度较慢，无法替代 Haber-Bosch 过程，但 Fe/Mo 固氮酶作为 N_2 固定的活性中心，在合适的催化剂存在下，在环境条件下 N_2 可与 H_2O 结合形成 NH_3。

受固氮酶的启发，研究人员利用电驱动将 N_2 还原为 NH_3 的装置(见图4.1)。光电催化系统都可将 N_2 和 H_2O 催化反应形成 NH_3，但其作用机制大不相同。光催化 N_2 合成 NH_3 具有以下特点：光源通常具有较宽的波长范围，但只有特定波长的光才能有效地激活 N_2。使用全波段光易导致能量效率低，N_2 的活化难以在瞬间完成，光生载流子易发生快速的电子-空穴复合。与此同时，电催化氮气还原反应(E-NRR)蓬勃发展，主要原因如下：E-NRR 采用 H_2O 和 N_2 作为反应物，生成 NH_3 和 O_2，无环境污染；E-NRR 可以由少量电力驱动，可利用来自清洁能源(太阳能、风能、潮汐和水力)的额外电力；与资本和能源密集的 Haber-Bosch 工艺相比，E-NRR 更适合 NH_3 的分布式小批量生产，避免运输和储存过程中的二次能源消耗。迄今为止，已经报道了许多 E-NRR 催化剂，但 E-NRR 领域仍处于起步阶段，性能最优异的 E-NRR 催化剂仍未达到 Haber-Bosch 工艺的性能。此外，大多数用于水性电解质的电催化剂也促进了竞争性 HER 副反应，导致电流效率低和 E-NRR 选择性差。基于上述问题，E-NRR 的优化和推广以及 E-NRR 行业的进一步标准化被认为是必不可少的工作。

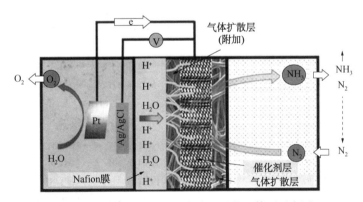

图 4.1 电催化将 N_2 转化为 NH_3 的装置体系示意图

4.2 电催化氮气还原反应机理

在 N_2 分子中，N 原子的电子构型为 $2s^2 2p^3$，每个 N 原子的四个原子轨道($1 \times s$，$3 \times p$)结合产生四个成键($2 \times \sigma$ 和 $2 \times \pi$)和四个反键($2 \times \sigma^*$ 和 $2 \times \pi^*$)分子轨道，具有高热力学稳定性。不同于乙炔的 $C \equiv C$ 键($\Delta H^0 = -171 kJ/mol$)，N_2 的第一步质子化是吸热的($\Delta H^0 = +37.6 kJ/mol$)，即热力学禁止的。线性 N_2 分子中的

N≡N 键非常强(941kJ/mol),并且具有 15.6eV 的电离能。N_2 表现出负电子亲和能(-1.9eV),额外的电子输入需要外部能量,因此可以抵抗大多数路易斯酸/碱。此外,N_2 的最高占有轨道(HOMO)和最低空轨道(LUMO)之间的带隙较大,为 10.82eV,极大地阻碍了电子的有效转移。

电催化氮气还原合成 NH_3 的总反应式如式(4-1)所示:

$$N_2+6e^-+6H^+\longrightarrow 2NH_3 \tag{4-1}$$

电催化反应过程中,N_2 分子吸附在催化剂表面,N_2 分子中的 N≡N 断裂,N 原子与 H 原子结合生成 NH_3。研究发现有三种反应途径,分别是解离过程、结合远端反应过程、结合交替反应过程,不同途径的反应步骤见表4-1。

表 4-1　电催化氮气还原反应过程

过程	反应步骤
解离过程	$N_2+2^*\longrightarrow 2^*N$
	$2^*N+2e^-+2H^+\longrightarrow 2^*NH$
	$2^*NH+2e^-+2H^+\longrightarrow 2^*NH_2$
	$2^*NH_2+2e^-+2H^+\longrightarrow 2NH_3+2^*$
结合远端反应过程	$N_2+^*\longrightarrow ^*N_2$
	$^*N_2+e^-+H^+\longrightarrow ^*NNH$
	$^*NNH+e^-+H^+\longrightarrow ^*NNH_2$
	$^*NNH_2+e^-+H^+\longrightarrow ^*N+NH_3$
	$^*N+e^-+H^+\longrightarrow ^*NH$
	$^*NH+e^-+H^+\longrightarrow ^*NH_2$
	$^*NH_2+e^-+H^+\longrightarrow NH_3+^*$
结合交替反应过程	$N_2+^*\longrightarrow ^*N_2$
	$^*N_2+e^-+H^+\longrightarrow ^*NNH$
	$^*NNH+e^-+H^+\longrightarrow ^*NHNH$
	$^*NHNH+e^-+H^+\longrightarrow ^*NHNH_2$
	$^*NHNH_2+e^-+H^+\longrightarrow ^*NH_2NH_2$
	$^*NH_2NH_2+e^-+H^+\longrightarrow ^*NH_2+NH_3$
	$^*NH_2+e^-+H^+\longrightarrow NH_3+^*$

注:表中 * 代表催化剂表面的吸附位点。

解离途径步骤如图 4.2(a)所示,N_2 分子吸附后与催化剂表面两个活性位点结合,其 N≡N 键完全断裂,之后两个活化的 N 原子分别加 H 生成 NH_3 分子。这种机制通常发生在 Haber-Bosch 过程中,反应条件苛刻。而在结合过程中,在 N 原子裂解之前,先结合 H 原子。根据加 H 顺序的不同,结合机制可进一步分为远端反应和交替反应。在结合远端途径中[见图 4.2(b)],远离吸附位置的远端 N 原子首先连续获得 H 以形成 NH_3。在第一个 NH_3 释放后，另一个 N 原子开始进行氢化过程，生成一个 NH_3 分子。在结合交替途径中[见图 4.2(c)]，H 原子与吸附的两个 N 原子交替结合。在反应结束时，释放出两个 NH_3 分子。因此，催化剂吸附 N_2 分子和 $N \equiv N$ 键的断裂是 E-NRR 的重要步骤。

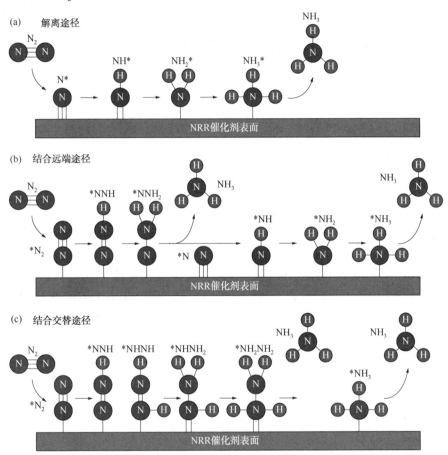

图 4.2 E-NRR 的可能反应机制包括解离途径、
结合远端途径和结合交替途径，＊表示吸附位置

在以上三种途径中，只有一个 N_2 分子的 N 原子吸附在活性位点上，即末端构型。另一个途径是酶催化，也涉及交替氢化过程，但两个 N 原子都吸附在活性位点上形成侧对构型。从 N_2 到 NH_3 的转化经历了多步质子-电子转移，在每个反应途径中会产生不同的中间体。考虑到 E-NRR 涉及多个中间体，通常使用理论计算来详细分析反应过程。Nørskov 小组采用密度泛函理论(DFT)估算了 NRR 中间体的自由能。计算证实，NRR 的多个反应步骤不是相互隔离的，而是相互约束的，并且各个中间步骤之间存在线性关系，因此可以仅使用一个 N^* 结合能来

表示催化性能。过渡金属(TM)通过接受和供给过程激活 N≡N 键，电子的接受和供给是基于 TM 和 N_2 进行的。TM 的空轨道可以接受 N 的孤对电子，然后将电子供给 N 的反键轨道，激活 N≡N 键。由各种过渡金属的过电势和 N^* 结合能火山图发现只有具有中等 N^* 结合能的催化剂才能表现出优异的催化活性，而 E-NRR 和 HER 两个火山图之间的差异越大，选择性越好。

4.3 电催化氮气还原反应评价参数

4.3.1 氨气产率

氨气(NH_3)产率是 E-NRR 最重要的指标。一般来说，NH_3 的产率可以表示为 $r_{NH_3} = (C_{NH_3} \times V)/(t \times \Delta)$，其中，$V$ 是阴极电解池中电解质的体积(mL)，t 是时间(s，min 或 h)，Δ 是催化剂量(cm^2，$mg_{催化剂}$ 或 $mg_{金属}$)。由于当前在 E-NRR 中 NH_3 产率处于微克水平，因此建议使用 $\mu g/(h \cdot cm^2)$ 或 $\mu g/(h \cdot mg)$ 作为单位。

目前，NH_3 的定量检测主要包括奈斯勒(Nessler)试剂法、靛酚蓝法、离子色谱法、NH_3 传感电极法、荧光法、酶促法、质谱法(MS)和核磁共振氢谱法。在这些技术中，奈斯勒试剂法、靛酚蓝法、荧光法和酶促法具有检测简单和快速的优点。Nessler 试剂法和靛酚蓝法是 E-NRR 领域应用最广泛的两种方法。Nessler 试剂由碘化汞和碘化钾的碱性溶液组成。当加入含有低浓度 NH_3 的溶液时，Nessler 试剂中生成有色络合物，并形成胶体溶液。溶液中 NH_3 的浓度可在 410~425nm 的波长下用比色法测定。使用 Nessler 试剂法进行的 NH_3 检测会受到各种金属阳离子(钠和钾除外)、肼、羰基化合物等干扰。因此，需要加入罗谢尔盐(酒石酸钾钠四水合物，$KNaC_4H_4O_6 \cdot 4H_2O$)，以消除残留阳离子的影响，减少对 NH_3 测定的干扰。在靛酚蓝法中，NH_3 与次氯酸盐和苯酚在碱性介质中反应形成蓝色靛酚，在 630~650nm 的波长下用比色法定量测定。靛酚蓝法对 NH_3 具有特异性，有机氮化合物、亚硝酸盐、硝酸盐和各种电解质只会产生轻微干扰。而镁和钙离子在高 pH 值下沉淀产生的干扰可通过用柠檬酸盐络合来消除。

NH_3 传感电极由疏水透气膜、作为指示电极的 pH 玻璃电极和内部参比电极组成。氯化铵水溶液通常用作电极内部溶液，并通过透气膜将其与样品溶液分离。在测量过程中，通过添加强碱(pH 值>11)，铵盐转化为 NH_3，通过膜扩散直至膜两侧的 NH_3 分压相等。氯化铵电解质膜层中 $NH_3 + H_2O \longleftrightarrow NH_4^+ + OH^-$ 的平衡向右移动，改变了 OH^- 的浓度，影响了 pH 值，可由玻璃电极记录下来。由 NH_3 传感电极测得的电位与水样中 NH_3 浓度的对数呈正相关，可用于在 E-NRR 中产生 NH_3 的测定。

4.3.2 法拉第效率

由于 E-NRR 通常伴随着 HER 和 N_2H_4 的生成，因此量化电催化系统中 NH_3

生成的选择性至关重要。理想情况下，所有（或大部分）外部输入能量应用于 E-NRR 生成 NH_3。用于产生 NH_3 的电量（Q_{NH_3}）与通过电极的总电量（$Q_总$）之比可定义为 E-NRR 中 NH_3 的法拉第效率（FE）。

$$FE = 100\% \times (3F \times C_{NH_3} \times V)/Q_总 \tag{4-2}$$

式中，F 是法拉第常数，C_{NH_3} 是电解液中 NH_3 的浓度（mol/L），V 是电解液的体积（mL），$Q_总$ 是通过电极的总电量。

FE 可以直观地描述副反应对主反应的影响，并在一定程度上指导高选择性催化剂的设计和筛选。目前，E-NRR 的 NH_3 选择性仍然相对较低。值得注意的是，NH_3 收率和 FE 经常表现出杠杆效应，比如当 NH_3 收率高时 FE 低或 NH_3 收率低时 FE 高。

4.3.3　稳定性

E-NRR 电催化剂的稳定性是评价其实用价值的关键指标。即使初始 E-NRR 活性优异，催化剂在运行过程中的失活也会阻碍其在工业生产中的应用。一般情况下，E-NRR 催化剂重复使用 10 次以上或连续使用 10h 以上，应保持原有的 NH_3 产率和 FE 或略有波动。在这种情况下，可视为催化剂符合 E-NRR 稳定性标准。

4.3.4　其他参数

目前的报道几乎完全集中在 NH_3 产率、FE 和稳定性这三个主要的 E-NRR 指标上。但为了全面评估 E-NRR，可考虑转换频率（TOF）。TOF 是指单位时间内每个活性位点转化的反应物量（由产生的 NH_3 量化），计算公式为 $TOF = N/Mt$，其中 t 为反应时间，N 为 t 内 N_2 转化为 NH_3 的量，M 是活性位点的数量。当以 NH_3 产率和 FE 作为指标时，建议考虑最佳电位下的过电势[E-NRR 的标准电位为 0.092V（vs RHE）]和相应的 Tafel 斜率（理论上，60mV/dec 或 120mV/dec 节点可以用作基准）。

4.4　电催化氮气还原催化剂

当使用水系电解质进行 E-NRR 合成 NH_3 时，在催化剂表面往往还存在着竞争反应 HER，使得 E-NRR 反应的 FE 降低。鉴于 E-NRR 和 HER 之间的激烈竞争，高 NH_3 产率催化剂的设计通常需考虑提高 E-NRR 的催化性能及加强对 HER 的抑制。近年来，已开发了一系列具有高 NH_3 产率的 E-NRR 催化剂。

4.4.1　贵金属催化剂

研究表明，贵金属催化剂具有极强的结合能且被广泛用于电化学反应中，对多数反应物表现出强活化和吸附作用。E-NRR 中应用较多的贵金属是金（Au）、钌(Ru)、钯(Pd)、铂(Pt)。但因其成本较高且储量少,在 E-NRR 中的进一步应用受到限制。

4.4.1.1 金基催化剂

金(Au)作为性能较好的 E-NRR 催化剂有两方面原因,一方面,Au 空的 d 轨道可接受来自 N_2 的孤对电子,另一方面,Au 基材料的 HER 活性远低于 Ru 基、Pt 基和 Pd 基材料。目前,Au 基 E-NRR 催化剂的开发侧重于微观形貌(或晶面)的控制以及 Au 基催化剂与其载体之间的协同作用(抑制 HER 竞争反应)。

通过调控载体形貌,可提供不同的金属纳米颗粒附着位点。沸石咪唑酯骨架(ZIF)是一种新兴的多孔材料,可作为固定其他活性成分的基底而应用于各种催化反应中。首先,ZIF 的多孔结构有利于化学物质集中在活性位点附近,减少其在电解质中的扩散。其次,ZIF 的高化学稳定性有利于维持催化剂的结构完整性。此外,大多数 ZIF 显示出良好的疏水性,可有效抑制 HER。ZIF-8(NPG@ZIF-8)负载的 Au 基多孔纳米材料具有丰富的 Au 位点和 ZIF-8 的双重功能,可防止 Au 活性位点损失及抑制 HER[见图 4.3(a)],显著提高 E-NRR 的 NH_3 产率和 *FE*。NPG@ZIF-8 复合材料在-0.8V 时实现了 $(28.7\pm0.9)\,\mu g/(h\cdot cm^2)$ 的 NH_3 生成率,在-0.6V 时,*FE* 高达44%。

多孔、树枝状或纳米片状结构可增加活性位点。例如,多孔 Au 膜 E-NRR 催化剂(pAu/NF)中,Au 活性位点大量暴露,表现出理想的 E-NRR 活性。此外,锚定在聚四氟乙烯多孔框架上的 Au 簇由于其丰富的 Au 活性位点暴露也表现出高 E-NRR 性能(*FE* = 37.8%),以及较差的 HER 活性。将亚纳米级 Au 负载在 TiO_2(Au/TiO_2)上,Au-O-Ti 的存在保证了 Au/TiO_2 的稳定性和 Au 的高分散性,且提供了丰富的配位不饱和 Au 位点,加速 N_2 向 NH_3 的转化。将 Au 纳米颗粒锚定在二维结构的 Ti_3C_2 上形成的复合材料(Au/Ti_3C_2)中,Ti_3C_2 的网状结构可有效吸附 N_2 增加反应物量,Ti_3C_2 之间的界面和高指数 Au 纳米团簇表现出较高的 N_2 吸附能,可削弱 N≡N 键,破坏 E-NRR 中间态,从而降低反应能垒,表现出增强的 E-NRR 性能。

调整 Au 活性中心的形态可增加 E-NRR 活性。花状金纳米颗粒中,"花瓣"状的二维结构可增加 Au 表面的暴露,NH_3 产率和 *FE* 分别达到 25.57μg/(h·mg)和 6.05%。使用 Ag 和 Au 的还原电位差异可制备边缘尺寸为 39nm 的空心 Au 纳米笼(Au HNC)。这种 Au HNC 结构不仅提供了大约两倍的 Au 活性位点,而且促进了 N_2 与腔表面的高频碰撞,延长了 N_2 的保留时间,从而促进对 N_2 的吸附,具有高 E-NRR 选择性(*FE* = 30.2%)。

研究表明,E-NRR 的反应中间体与位于阶梯晶面上的活性位点结合更强。

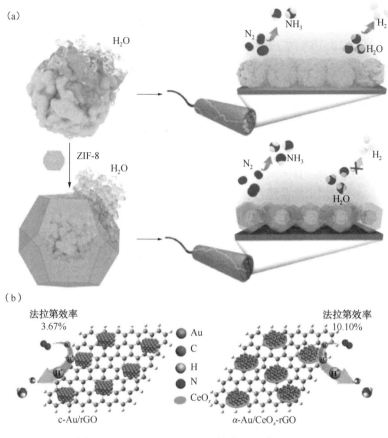

图 4.3　（a）NPG@ZIF-8 电催化剂的合成过程；
（b）环境条件下 α-Au/CeO$_x$-rGO 和 c-Au/rGO 催化剂的 E-NRR 示意图

四面体（THH Au）是一种（730）晶面包围的 Au 基 E-NRR 催化剂，由于其暴露的（210）和（310）面，THH Au 可实现优异的 N$_2$ 吸附和还原性能。THH Au 可在环境条件下将 N$_2$ 电化学还原为 NH$_3$ 和 N$_2$H$_4$·H$_2$O 的产率分别高达 1.648μg/（h·cm^2）和 0.102μg/（h·cm^2）。DFT 计算结果表明，在室温和大气压下 THH Au 催化剂的 E-NRR 遵循交替加氢机制。

　　另一种可行的方法是金属催化剂结晶相的非晶化。通过一种简单的共还原方法合成锚定在 CeO$_x$-还原氧化石墨烯（rGO）上的无定形金纳米粒子（Au NPs），获得 α-Au/CeO$_x$-rGO 复合材料，与 rGO 上的结晶纳米金（c-Au/rGO）比较，发现 α-Au/CeO$_x$-rGO 具有更高的 E-NRR 活性[见图 4.3（b）]。其中 CeO$_x$ 在转移过程中起关键作用，可将结晶的金转化为无定形的金，而 rGO 可作为基底来锚定和分散金纳米粒子。理论研究表明，无定形金比结晶金表现出更高的化学反应活性。

由于 N_2 分子与 CO 分子具有相似的电子结构，非晶态 Au 与 N_2 分子的结合和催化能力比结晶 Au 更强，因而 α-Au/CeO$_x$-rGO 催化剂[Au 负载量为 1.31%（质）]赋予 E-NRR 高达 10.10% 的 FE 和 8.3μg/(h·mg) 的 NH_3 产率，远高于结晶对应物 c-Au/rGO，其 FE 为 3.67%，NH_3 产量为 3.5μg/(h·mg)。其性能增强归因于非晶 Au 比结晶 Au 与 N_2 结合更牢固。

有机聚合物具有优异的给电子性能，同时有助于原位制备纳米金并稳定催化剂的骨架。锚定在金属-硼有机聚合物（M-BOP）中的纳米金（Au/M-BOP）中的双功能载体 closo-$[B_{12}H_{12}]^{2-}$（内在还原性和配位性）作为还原剂可实现 $HAuCl_4$ 快速原位还原，实现了高 NH_3 产率[45.54μg/(h·cm^2) 或 75.89μg/(h·mg)]和高 FE（10.35%）。Au/M-BOP 在经过长时间连续工作，或者多次循环使用后，其电催化活性没有明显下降。其优异的性能归因于高度分散的 Au 活性位点和载体（closo-$[B_{12}H_{12}]^{2-}$）提供的电荷转移环境，高稳定性归因于稳定的载体 closo-$[B_{12}H_{12}]^{2-}$ 对金属的化学吸附。DFT 计算表明，K^+ 与 H_2O 配位形成$[K(H_2O)_6]^+$，有效阻止了 H_3O^+ 接近 Au 表面，从而抑制了 HER。同时，转移的电荷增强了 $^*N_2$ 与 Au 表面的相互作用，从而降低了限速步骤的能垒。

空位材料不仅对孤对电子有很强的接受能力，而且为 N_2 分子的反键轨道提供电子，极大促进 N_2 在环境条件下的吸附和还原，同时，空位可为 E-NRR 提供大量的活性位点，提高 E-NRR 性能。富含氧空位（OV，即晶格中的氧原子离开其原始位置时在金属氧化物或其他含氧化合物中形成的空位）的 TiO_2 上的 2D 纳米 Au 表现出 64.6μg/(h·mg) 的高 NH_3 产率和 29.5% 的 FE。理论计算表明，氧空位可用作 E-NRR 的电子供体，将纳米 Au 引入富含氧空位的 TiO_2 后，限速步骤的能垒大大降低，这表明 Au 和氧空位共同促进了 E-NRR（见图 4.4）。

金属掺杂可调节电子结构，提高 Au 基材料的 E-NRR 性能。利用纳米 Au 优异的表面等离子共振效应可将 Ru 纳米线覆盖在纳米 Au 簇上构建一种新型 E-NRR 催化剂。Au 的表面等离子共振可产生局部电场，促进热电子在 Ru 表面的转移，实现 N_2 活化和进一步氢化。利用纳米 Au 的局部等离子体共振效应，构建的 Ni-Au 催化剂 FE 为 67.8%。理论计算表明，Ni 和 Au 协同促进 E-NRR，Au 可以接受来自 Ni 的电子，进入富电子状态，从而促进 E-NRR。在氮掺杂碳载体上的 Au 和 Ni 纳米颗粒的合理排列可产生一种无机供体-受体对，显著提高 NH_3 的选择性。由于 Au 和 Ni 金属的功函数不同，通过接受其 Ni 的电子来促进 Au 纳米粒子的电子富集，从而提高 N_2 在富电子 Au 活性位点上的吸附和解离，显著提高 E-NRR 的 FE。因此，通过合理构建具有最佳 Ni-Au 供体/受体比例的富电子 Au 纳米粒子，增强 N_2 的预吸附和活化，可促进整个 E-NRR 过程。

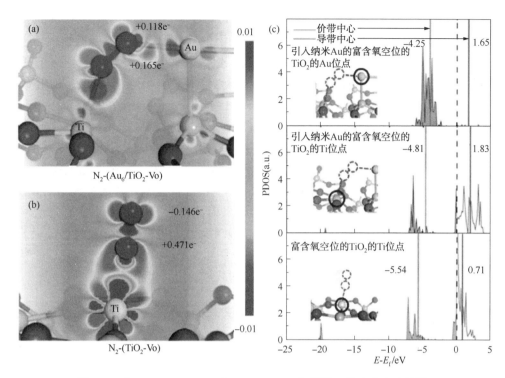

图 4.4 在 $Au_6/TiO_2-Vo(a)$ 和 $TiO_2-Vo(b)$ 上吸附 N_2 的电荷密度差异，
无 $N_2(c)$ 的选定吸附位点的 d 带的分波态密度

金属催化剂的表面氧化态（$M^{\delta+}$）活性位点可引起表面电子结构的重新分布，提高反应物和自由基物质的吸附能力。将高氧化态的金（Au^+）注入金纳米粒子中会增强 E-NRR 的效率。纳米 Au 上沉积的一层 CoO_x 可调整 Au 电子结构，促进 Au 纳米团簇向高价 Au^+ 氧化态转化，调节平均氧化态，提高 E-NRR 效率和选择性。采用气相沉积技术在 Si 表面沉积 Au 和 Co 并快速退火形成 Au NPs/CoO_x（Au/CoO_x）。理论计算表明，Au 氧化态可控制 N_2 的吸附并降低 E-NRR 中大多数中间体的反应自由能。通过使用 CoO_x 支持层，在 40% 的平均氧化态下，Au NPs 在 $-0.5V$（vs RHE）的 NH_3 FE 为 19%。

4.4.1.2 钌基催化剂

理论计算表明，阶梯状 Ru 晶面对 N_2 的吸附能力更强，E-NRR 活性明显提高。Ru 几乎处于金属表面的理论极限电位（U）和 N_2 吸附能（ΔE_{N*}）的火山图的峰值，可通过具有低活化势垒的结合途径解离和生成 NH_3。此外，Ru 具有空的 d 轨道，可以接受 N_2 提供的孤对电子来激活 $N\equiv N$ 键。

最初的研究是使用石墨作为载体制备了纳米分散的 Ru 基材料（Ru/C），由于表面暴露程度高，E-NRR 活性大大提高，在 -1.10V 的高压下实现 $0.21\mu g/(h \cdot cm^2)$ 的 NH_3 产率和 0.28% 的 FE。直接生长在基底上的纳米颗粒具有增强的物理稳定性和更快的电子转移速率，油酸辅助热分解/还原方法可直接将 Ru NPs 生长在碳纤维纸(CFP)基底上。通过原位合成 Ru NPs 修饰的 CFP 可直接用作 E-NRR 的工作电极，无须使用任何黏合剂，并表现出约 $5.5mg/(h \cdot m^2)$ 的最高产率和 5.4% 的 FE，高于电化学沉积制备的 Ru 催化剂（FE 为 0.28%）。

通过将 Ru 掺入 ZIF 并碳化获得分布在 N 掺杂碳上的 Ru 单原子(Ru SAs/N-C)，可实现 $120\mu g/(h \cdot mg_{cat})$ 的 NH_3 产率和 29.6% 的 FE。通常，Ru SAs/N-C 是通过热解沸石咪唑骨架(ZIF-8)的含 Ru 衍生物制备的，其合成过程如图 4.5 (a)所示。Ru SAs/NC 的多孔不规则菱形十二面体尺寸为 40nm[见图 4.5(b) ~ (d)]。HAADF-STEM 图像和相应的能量色散 X 射线光谱(EDS)元素映射显示了 C、N 和 Ru 元素在整个结构中的均匀分布[见图 4.5(e) ~ (g)]。Ru SAs/NC 的高催化性能与原子 Ru 活性位点的高暴露程度和载体的协同作用密切相关。

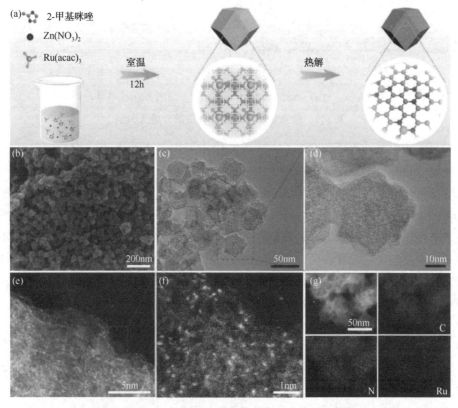

图 4.5 (a)Ru SAs/N-C 的合成流程示意图；(b)Ru SAs/N-C 的 SEM 图；
(c) ~ (f)TEM 图；(g)Ru SAs/N-C 的 HAADF-STEM 图和相应的 EDS 元素映射图

杂原子的存在可改变碳载体的表面组成和结构及金属-载体作用，从而改变了催化剂性能。Ru@ ZrO$_2$/NC 中的 Ru@ NC 促进了 E-NRR 电子传递，Ru@ ZrO$_2$抑制了 HER 竞争反应。密度泛函理论(DFT)表明单原子 Ru 载体(—C$_2$N、—C$_3$N$_4$和 γ-石墨烯)对活性 Ru 中心 E-NRR 有促进作用。载体中的 N 或 C 与 Ru 原子配位能有效防止团聚，并加速电子转移。计算结果表明，N$_2$最有可能通过结合途径吸附在活性位点上。以 C$_3$N$_4$为载体时，N$_2$在 Ru 原子上的吸附能最大，E-NRR 过电势最小。分散在 g-C$_3$N$_4$上的单原子 Ru 表现出比块体 Ru 更好的 E-NRR 性能，其 NH$_3$产率为 23.0μg/(h·mg)，*FE* 为 8.3%，进一步揭示了 g-C$_3$N$_4$的存在改变了 Ru 的 d 电子态的同时提高了 Ru 费米能级。

4.4.1.3 钯基催化剂

钯(Pd)基催化剂很容易从环境中吸收氢，因此可以充当将质子从 H$_2$O 转移到 N$_2$的中间体，有助于在低过电势下实现 E-NRR。Pd 催化的 E-NRR 以 N$_2$到 *N$_2$H 的转化为限速步骤，其能垒可通过氢化 Pd(α-钯氢化物，α-Pd-H)的类 Grotthuss 氢化物转移来降低。根据这种机制，H$_2$O 介质中的质子通过氧原子从一个水分子转移到另一个水分子。在炭黑上制备 α-PdH 有增强的 E-NRR 性能，与 Pt 和 Au 相比具有表面*H，热力学上有利于 N$_2$转化为 *N$_2$H。在 Pd 氢化后(α-PdH)，其表面能够支持类 Grotthuss 的质子跳跃机制，将 N$_2$的反应能降低 0.3eV，从而在低过电势下促进 E-NRR(见图 4.6)。第一步为 Au 表面上形成

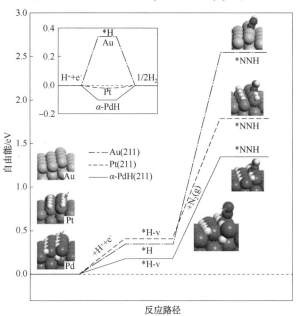

图 4.6 E-NRR 在 Au、Pt 和 α-PdH 的(211)表面上的反应路径

*H，在 Pt 和 α-PdH 台阶位点上形成*H 空位（*H-V）；第二步为 N_2 在 Au 和 Pt 上的直接表面加氢形成*N_2H，以及在 α-PdH 上的氢化物转移途径。在炭黑负载的 Pd 纳米粒子类 Grotthuss 催化剂在 N_2 饱和磷酸盐缓冲溶液（PBS）中 NH_3 产率为 4.5μg/（h·mg），在 0.1V 时的 FE 高达 8.2%。这种催化性能是通过有效抑制中性 PBS 电解质中的 HER 活性和 α-Pd-H 上的 Grotthuss 类氢化物转移机制来实现 N_2 氢化的，在热力学上该途径比直接表面氢化或质子耦合电子转移步骤更有利。

PdH$_{0.43}$ 的晶格氢原子是 E-NRR 的活性氢源，理论计算表明，氢化钯降低了 N_2 转化为 N_2H 的活化能。纳米多孔 PdH$_{0.43}$（np-PdH$_{0.43}$）在 -150mV 的低过电势下具有优良的 E-NRR 性能。对 Pd-Al 合金进行脱合金化合成纳米多孔 Pd（np-Pd），并使用二甲基甲酰胺（DMF）在 np-Pd 上分解产生的氢气进行原位氢化制备。脱合金和原位注氢合成的纳米多孔钯氢化物，具有高 NH_3 产率[20.4μg/（h·mg）]和高 FE（43.6%）（见图 4.7）。同位素标记实验、原位拉曼光谱和计算模型构建氢转移路径表明氢化钯中的氢可促进 N_2 的活化和有效转化为*N_2H。

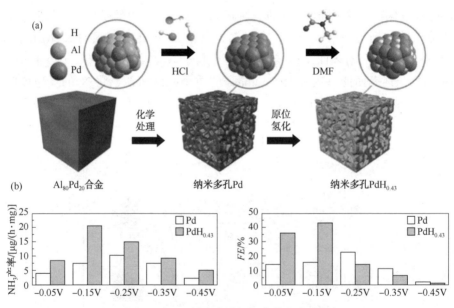

图 4.7 （a）纳米多孔钯氢化物的合成；
（b）np-Pd 和 np-PdH$_{0.43}$ 在选定电压下的 NH_3 产率和法拉第效率

充分利用氢化钯促进 E-NRR 的能力，可在碳纳米管（CNTs）上构建具有双重界面功能的 Pd 基 E-NRR 催化剂（PdO-Pd），PdO 和 Pd 分别充当活性位点和质子转移中间体，降低过电势。界面一侧的 Pd 具有 p-π 反键的 d 轨道电子，可以减缓并因此激活 N_2 的电化学吸附。界面另一侧的 PdO 可以捕获 H 形成 α-Pd-H，

从而为活化的 N_2 提供氢源。由于激光的光热效应，液体中的脉冲激光辐照（PLIL）实现了水介质中 PdO 的还原。PdO 的还原程度和 PdO-Pd 界面的数量是通过调整辐照时间来控制的。通过研究商业 Pd/C、PdO/CNTs 和 PdO/Pd/CNTs 在不同辐照时间后在碱性介质中固定 N_2 的电化学性能，发现辐照 10min 后的 PdO/Pd/CNTs 具有最低的过电势和最高的 NH_3 产率［18.2μg/（h·mg）］，FE 在 0.1V（vs RHE）时达到 11.5%。与 Pd/C 和 PdO/CNTs 相比，PdO/Pd/CNTs 上的 PdO-Pd 界面是 N_2 动态活化和质子跃迁的活性位点，其中 Pd 和 PdO 之间的协同作用降低了化学反应的过电势，N_2 转化效率大大提高。

4.4.1.4 其他贵金属催化剂

与 Ru 相比，使用 Pd、Au、Rh 和 Ag 作为 E-NRR 催化剂的研究主要为 Ag 纳米片和 Rh 纳米片。贵金属基 E-NRR 催化剂大多倾向于促进 HER，但仍有部分贵金属基催化剂在 E-NRR 中表现良好，通过在形貌/电子结构方面进行调节，可以抑制 Pt 基催化剂的 HER 活性，释放其 E-NRR 潜力。富电子的 Pt 更容易吸附 H 原子，而表面吸附的 H 原子数量与 HER 活性呈正相关。但孤立的 Pt 原子通常与 O 和 N 等原子配位，使其更加缺电，从而不容易吸附 H 原子。例如，锚定在 WO_3 纳米板上的孤立 Pt 原子（Pt SA/WO_3）可促进 N_2 吸附并有效抑制 HER 过程，极大地提高 NH_3 产率和 FE。原位傅里叶红外光谱和 DFT 计算表明，锚定的孤立 Pt 位点是 N_2 吸附和 N≡N 键活化的活性中心，并且能够通过交替加氢途径将 N_2 电还原为 NH_3。

4.4.2 非贵金属催化剂

非贵金属（主要是过渡金属）的空 d 轨道可接受 N_2 的孤对电子，且其表面可吸附 N_2（形成 M—N 键）削弱 N≡N 键提高催化剂活性。基于对非贵金属基 E-NRR 催化剂的大量研究，本节介绍钼、铁、钛和其他非贵金属催化剂的 E-NRR 研究进展。

4.4.2.1 钼基催化剂

Mo 是天然固氮酶的活性因子，Mo 基催化剂被认为比 Fe 基催化剂具有更好的 E-NRR 性能。大多数报道的 Mo 基 E-NRR 催化剂含有零价 Mo、Mo_xS_y、Mo_xN 和 Mo_xC。通过活性位点暴露、形态控制、掺杂（含 B、C、N 和 S）和电子结构调节可以提高 Mo 基催化剂的 E-NRR 活性。

Mo 单原子由于其独特的电子结构在各种反应中表现出高催化活性。大比表面积的载体不仅可以有效分散 Mo 原子并增加活性位点的暴露，还可以确保电子在 E-NRR 过程中的快速传输。使用石墨炔（GDY，一种包含 sp/sp^2 杂化碳的新型二维碳材料）作为基底材料，将合成的 GDY 电极浸入钼酸钠溶液中，经过溶剂热还原后，生成了具有 E-NRR 活性的钼单原子催化剂（SA-Mo/GDY）。Mo 原子牢固地锚定在 GDY 炔环中，钼原子含量为 7.5%，在 0.1mol/L Na_2SO_4 中，NH_3 产

率和 *FE* 分别可以达到 145.4μg/(h·mg) 和 21%。此外，一种 N 掺杂多孔碳负载的 Mo 单原子 E-NRR 催化剂(SA-Mo/NPC)也实现了高效的 E-NRR 反应(见图 4.8)。由于优化了单个活性位点的丰度和 3D 分级多孔特征，具有最佳单原子密度的 Mo SA-Mo/NPC 的 *FE* 高达 14.6%±1.6%。此外，在长达 50000s 的 E-NRR

图 4.8　(a)SA-Mo/NPC 相应原子结构模型示意图，TEM 和 EDS 图谱；
(b)线性扫描伏安曲线；(c)NH₃产率和 *FE*

测试中活性几乎无衰减，表现出高 E-NRR 活性和耐久性。具有(110)和(210)晶面取向的 Mo 纳米粒子，比商业 Mo(210)的 E-NRR 活性高。Mo 基纳米粒子 E-NRR 性能至少是商业钼的 100 倍，这归因于 Mo(110)表面的暴露。通过电化学沉积制备的具有 Mo(110)取向的 Mo 基电催化剂在 0.14V 的过电势下 NH_3 的 *FE* 高达 0.72%。在 -0.49V 时，最大 NH_3 生成速率达到 $3.09 \times 10^{-11} mol/(s \cdot cm^2)$。

二硫化钼(MoS_2)作为新型的纳米材料也表现出 E-NRR 活性。富含缺陷的花状纳米 MoS_2 的 NH_3 产率和 *FE* 分别为 $29.28\mu g/(h \cdot mg)$ 和 8.34%，而无缺陷的 MoS_2 仅为 $13.41\mu g/(h \cdot mg)$ 和 2.18%。DFT 计算表明，缺陷 MoS_2 可降低 E-NRR 中限速步骤的势能，具有更高的 E-NRR 活性，分布在 Mo 原子周围的正电荷可有效地接受 N 孤对电子，促进 N_2 吸附。理论和实验证实 MoS_2 在环境条件下具有高选择性和活性，在 0.1mol/L Na_2SO_4 中进行测试时，NH_3 产率和 *FE* 分别可以达到 $8.08 \times 10^{-11} mol/(s \cdot cm^2)$ 和 1.17%，超过了大多数报道的催化剂。

负载在还原氧化石墨烯(rGO)上的 MoS_2 的 E-NRR 活性超过了未负载的 MoS_2，可归因于 rGO 的二维结构增加了 MoS_2 活性位点的暴露和电子迁移速率(见图 4.9)。rGO 具有高表面积和电导率，作为 MoS_2 纳米片的基底，大大提高了电催化 N_2 到 NH_3 的转化率，MoS_2-rGO 沉积在碳纸电极上的材料(MoS_2-rGO/CPE)，在 0.1mol/L $LiClO_4$ 中，在 -0.45V 时获得了 4.56%的高 *FE* 和 $24.82\mu g/(h \cdot mg)$ 的高 NH_3 产率，优于未负载的 MoS_2[2.14%和 $5.71\mu g/(h \cdot mg)$]和大多数报道的 E-NRR 电催化剂。

非金属杂原子(N、B 和 S)的引入能够在很大程度上调节块状纳米材料的局部电子结构，从而显著改善 E-NRR 性能。特别是 N 掺杂不仅可以增加 MoS_2 活性位点的暴露，还提高了该材料的电导率，有效地保持 MoS_2 本身的稳定性。富含硫空位的氮掺杂 MoS_2 纳米花，可作为在环境条件下将 N_2 转化为 NH_3 的优异 E-NRR 电催化剂，在 0.1mol/L Na_2SO_4 溶液中表现出优异的 NH_3 产率 $[69.82\mu g/(h \cdot mg)]$ 和在 -0.3V(vs RHE)下的高 *FE*(9.14%)。结构表征结合理论计算证实了硫空位有效促进了电子转移，显著增强了 N_2 活化并提高了 E-NRR 活性。

4.4.2.2 铁基催化剂

Fe 基 E-NRR 催化剂的研究主要集中在 Fe 及其氧化物上。在 N 掺杂的 Fe 基催化剂(Fe-NC)中 N 和 Fe 的配位确保了 Fe 位点的分散和稳定性，能够抑制 HER 和增强 E-NRR。利用 Fe 前驱体浸渍 ZIF-8，并进行碳化和酸处理，可得到具有单原子 Fe 的 N 掺杂碳催化剂(ISAS-Fe/NC)[如图 4.10(a)]。在 0.1mol/L PBS 中，-0.4V(vs RHE)时，*FE* 高达 18.6%±0.8%，NH_3 产率为 $62.9 \pm 2.7\mu g/(h \cdot cm^2)$。实验和理论计算表明，四个 N 原子配位的原子分散的 Fe 单原子材料(即 Fe-N_4)

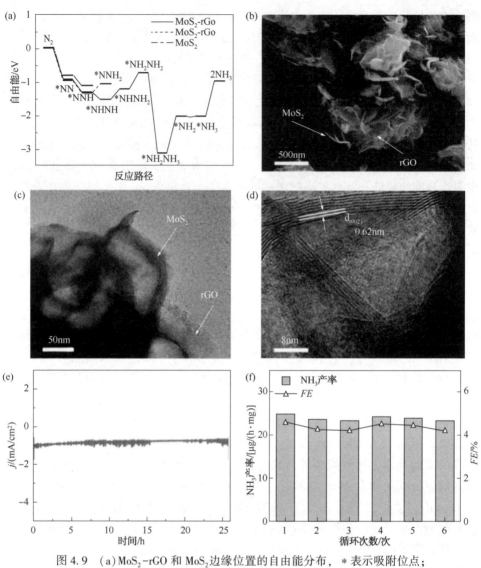

图 4.9 （a）MoS$_2$-rGO 和 MoS$_2$ 边缘位置的自由能分布，＊表示吸附位点；
（b）SEM、（c）TEM 和（d）HRTEM 图像；（e）稳定性；（f）循环性能

的形成，有效地激活了 N$_2$ 分子。另外，N 掺杂石墨烯负载的高度极化的 Fe-N$_3$ 复合物可以进一步有效增强 N$_2$ 吸附。理论计算表明，Fe 位点的高自旋极化是提高 N$_2$ 活性主要原因，FeN$_3$ 中心高度自旋极化，产生局部磁矩，促进了 N$_2$ 的吸附并激活了惰性的 N ≡ N 键。石墨烯和 FeN$_3$ 之间的协同作用使该催化剂可在室温下遵循三种可能的反应途径，通过六质子和六电子过程将活化的 N$_2$ 催化转化为 NH$_3$。

研究表明，Fe_2O_3 纳米棒、$\alpha-Fe_2O_3$ 和 $\gamma-Fe_2O_3$ 表现出优良的 E-NRR 活性。原因是氧化铁的表面通常富含氧空位，可有效吸附 N_2 并为其提供电子。此外，Fe_2O_3 的 E-NRR 性能可通过载体锚定来增强。载体可提高 E-NRR 的电子传输性能，还起到分散和保护活性中心的作用。钙钛矿型氧化物具有有序结构、可调组成和丰富活性位点，在负载非贵金属的钙钛矿 Fe 基 E-NRR 催化剂中，其钙钛矿中的氧空位促进了 N_2 的吸附和进一步加氢[见图 4.10(b)、(c)]。需要注意的是，铁基催化剂在电化学过程中可能会被氧化(或还原)。要深入了解 E-NRR 活性中心，则需要使用先进的测试方法来探究 E-NRR 过程中催化剂的变化。尽管 Fe 可以作为固氮酶的活性因子，但目前 Fe 基催化剂的 E-NRR 性能并没有使这种金属脱颖而出。

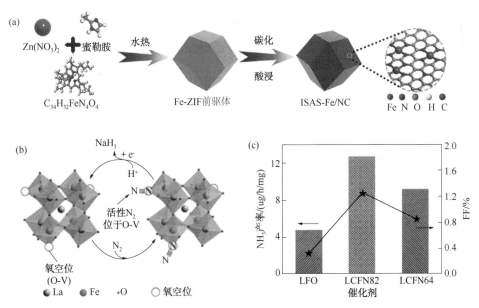

图 4.10　(a)ISAS-Fe/NC 催化剂合成示意图；(b)在 $LaFeO_3$ 钙钛矿催化剂上 E-NRR 可能途径；(c)$LaFeO_3$(LFO)、$La_{0.8}Cs_{0.2}Fe_{0.8}Ni_{0.2}O_{3-\delta}$(LCFN82)和 $La_{0.6}Cs_{0.4}Fe_{0.6}Ni_{0.4}O_{3-\delta}$(LCFN64)作为催化剂的性能测试

4.4.2.3　钛基催化剂

作为过渡金属，Ti 具有空的 d 轨道，可以有效吸附 N_2。Ti 基 E-NRR 催化剂主要包括 2D Mxene($Ti_3C_2T_x$)纳米片、TiO_2 及其衍生物。研究表明 $Ti_3C_2T_x$ 具有 E-NRR 活性，N_2 吸附在 Mxene 层中间的 Ti 上，而不是 Mxene 基底表面上，说明 Ti 是 $Ti_3C_2T_x$ 的活性位点。2D $Ti_3C_2T_x$(T=F、OH) Mxenes 可以实现高达 20.4μg/(h·mg)的 NH_3 产率和 9.3%的 *FE*。DFT 计算表明 N≡N 键在 $Ti_3C_2T_x$ 上

吸附 N_2 时被拉长，Ti 原子最为活跃，且具有结合 N_2 分子的最大吸附能[见图 4.11(a)]。具有末端氧的 Mxene 需要克服高能垒才能进行 E-NRR，而通过暴露 Ti 位点的边缘平面，可增强 E-NRR 活性。因此，最大化边缘位点的暴露和选择具有较差 HER 活性的金属主体，对于获得具有高选择性的 E-NRR 催化剂至关重要。

无氟处理使 $Ti_3C_2T_x$ 性能比有氟处理高出约两倍，可通过去除残留的氟来提高 $Ti_3C_2T_x$ 的 E-NRR 催化活性和选择性。用作溶剂的氢氟酸(HF)的氟部分保留在 $Ti_3C_2T_x$ 中，降低电导率，影响电化学过程的电子传输。不含氟的 NaOH-$Ti_3C_2T_x$ 纳米片的合成[见图 4.11(b)]。通过 TMAOH 嵌入和分层可制备 50~100nm 的无氟 $Ti_3C_2T_x$ (T=O、OH)。在 0.1mol/L HCl 中测试时，$Ti_3C_2T_x$ 表现出优良的 E-NRR 性能[NH_3 产率：36.9μg/(h·mg)，FE：9.1%，过电势：−0.3V(vs RHE)]。

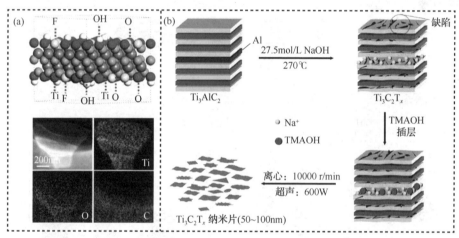

图 4.11　(a) $Ti_3C_2T_x$ Mxene 模型结构图及 Mxene 纳米片的 EDS 图谱；
(b)无氟 NaOH-$Ti_3C_2T_x$ 纳米片合成示意图

由于 TiO_2 是一种低电导率的过渡金属氧化物，其表面的 HER 受到抑制。在 TiO_2 纳米片中进行掺杂和制备氧空位，在能量上更有利于 N_2 的吸附和活化。通过热解 MIL-125(Ti) 获得的 C-Ti_xO_y/C 杂化纳米材料，发现 C 掺杂和氧空位对其 E-NRR 性能有促进作用。与未占用的氧空位相比，C 掺杂的 Ti_xO_y 中存在(O—)Ti—C 键，可大大提高在 TiO_2 中激活和还原 N_2 的能力，实现高 FE(17.8%)，甚至超过了大多数已知的贵金属基催化剂。

过渡金属碳化物中空的 d 轨道可与 N_2 中 π 轨道共轭，促进 N_2 活化。静电纺丝和 Ar 气中热处理制备的 TiC/碳杂化纳米纤维(TiC/CNF)，在 0.1mol/L HCl 中，可实现 14.1μg/(h·mg) 的高 NH_3 产率。在 −0.5V 时 FE 为 5.8%，具有高稳定性和选择性。在 TiC/CNF 中，TiC 纳米颗粒具有很强的 N_2 亲和力，有利于

N≡N 键的断裂和随后的加氢反应，同时，一维碳框架提供了足够的导电性和有效表面积。

DFT 计算表明，在锐钛矿 TiO_2 上形成双 Ti^{3+} 对有利于 E-NRR。将 Zr^{4+} 离子（具有电子构型和氧化物结构）引入 TiO_2，诱导的应变促进了 TiO_2 中双 Ti^{3+} 对活性中心的形成，有利于氧空位的产生。Zr^{4+} 具有相似的 d 电子构型和氧化物结构及合适的尺寸，可掺杂于 TiO_2 骨架中。如图 4.12 所示，将半径较大的 Zr^{4+}（其半径为 72pm，与 Ti^{4+} 的 52pm 相比）掺杂到锐钛矿 TiO_2 中，仍然可以保留锐钛矿的晶体结构，但也会对 TiO_2 骨架施加张力，有利于氧空位的形成。由于 Zr^{4+} 的氧化数是固定的，新形成的氧空位促进相邻的双 Ti^{3+} 位点的形成，促使富集活性中心增强 E-NRR。相比之下，具有更大离子半径（106pm）的 Ce^{4+} 难以在不破坏原始晶体结构的情况下掺杂至 TiO_2 骨架中，且 Ce^{3+} 与新形成的氧空位结合，不利于形成双-Ti^{3+} 对作为活性中心。电化学测试表明，掺杂 Zr^{4+} 的锐钛矿 TiO_2 表现出 $8.90\mu g/(h\cdot cm^2)\pm0.17\mu g/(h\cdot cm^2)$ 的 NH_3 生成率和 17.3% 的 FE，显著超过未掺杂的 TiO_2 或 Ce^{4+} 掺杂的 TiO_2。

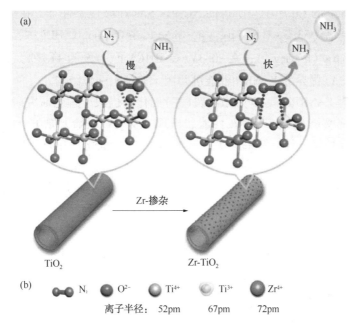

图 4.12　N_2 固定和激活示意图：(a) 锐钛矿型 TiO_2 中 Zr 掺杂，形成氧空位和相邻的双-Ti^{3+} 位点；(b) Ti^{4+}、Ti^{3+}、Zr^{4+} 的离子半径

Ti^{3+} 掺杂是降低 E-NRR 能垒的关键，Ti^{3+} 掺杂的 TiO_{2-x} 纳米线也表现出良好的 E-NRR 活性。利用 H_2O_2 作为氧化剂对过渡金属通过湿化学氧化制备 Ti^{3+}-

TiO_{2-x}/TM，在 0.1mol/L Na_2SO_4 中进行测试时，该催化剂的 *FE* 达到 14.62%，在 -0.55V(vs RHE) 下，NH_3 产率为 $3.51×10^{-11}$ mol/(s·cm^2)，优于其 TiO_2/TM $[6.49\%, 1.89×10^{-11}$ mol/(s·cm^2)]，DFT 计算表明 Ti^{3+} 自掺杂使反应能垒大大降低，活性位点增加。

4.4.2.4　其他非贵金属催化剂

除了基于 Fe、Mo 和 Ti 的催化剂外，其他非贵金属基催化剂也可用于 E-NRR。具有 p 电子离域的二维铋(Bi)纳米片的 E-NRR 性能至少是 Bi 纳米粒子的十倍。此外，采用 K^+ 掺杂 Bi 纳米晶体可以将 NH_3 产率和 *FE* 分别提高到 200mmol/(g·h) 和 66%。Bi 的 6p 能带与 N 的 2p 轨道部分重叠，由此产生的强相互作用导致高 E-NRR 活性，K^+ 稳定 E-NRR 的中间体并调控质子转移。

通过对原子分散的 Cu 基催化剂进行合理设计，产生的孤立铜原子和载体之间的强相互作用对催化过程非常重要。以 N 掺杂多孔碳作为基底，负载原子分散的 Cu 单原子制备的催化剂(NC-Cu SAs)有良好的 E-NRR 性能。N 掺杂多孔碳材料比表面积大，可暴露更多活性位点，N 原子的引入有助于调节活性位点的电子结构并结合孤立的 Cu 原子，所得的 NC-Cu SAs 在碱性条件下，在 -0.35V 时达到最高 NH_3 产率 (53.3±1.86) μg/(h·mg)。在 0.1mol/L HCl 中，NH_3 产率为 (49.3±0.70) μg/(h·mg^{-1})，在 -0.3V(vs RHE) 下，*FE* 为 11.7%。DFT 计算表明，NC-Cu SAs 优异的 E-NRR 性能可归因于 $Cu-N_3$ 配位结构。

目前，对 E-NRR 中原子分散的钨(W)催化剂仍限于理论研究阶段，通过研究一系列碳基 W-SAs 的 E-NRR 性能和机理，发现石墨烯上原子分散的 W 催化剂表现出较高性能。计算结果证实，这种单原子 W 催化剂在石墨烯上的 C 配位对 E-NRR 的 N_2 活化过程起关键作用，石墨烯载体上的一个 W 原子与三个 C 原子的配位可以增强 E-NRR 活性。此外，通过 DFT 计算研究单原子 W 负载的 N 掺杂石墨炔(W@N 掺杂石墨炔)在 E-NRR 的催化性能，发现远端机制有利于 E-NRR，可实现 0.29V 的起始电位，这归因于一个 W 原子与一个 N(WN)而不是 WN_2 和 WN_3 的配位，这些理论研究为实验合成用于 E-NRR 的高性能原子分散 W 基催化剂提供了可能性。

4.4.3　非金属催化剂

虽然目前已制备出单原子金属催化剂，但有限的表面暴露和低负载仍限制了金属活性位点的充分利用。具有 d 轨道的过渡金属表面可吸附 N_2 形成 M—N 键，从而削弱 N≡N 键，但这些过渡金属也可形成 M—H 键来促进 HER，而且在 E-NRR 中，许多金属基催化剂的金属很容易被氧化或还原，降低反应活性。目前许多非金属基 E-NRR 催化剂如碳基、硼基和磷基材料，表现出可观的 E-NRR 活性。

4.4.3.1 碳材料

长期以来，无论是直接参与催化过程还是作为载体，碳基材料在电催化中都占据着不可替代的地位。碳材料具有多种结构、优异的导电性、丰富的表面化学（缺陷引入和杂原子掺杂）。一般来说，碳基材料的 E-NRR 活性极低，但可通过杂原子掺杂使得其带隙、电荷密度和自旋密度发生变化，成为吸附 N_2 的活性位点，从而促进 E-NRR。商业碳布（CC）热处理后得到的富含缺陷的 CC-450，比无缺陷的碳布具有更好的 E-NRR 性能。研究表明，掺杂具有强电子亲和力的杂原子可以增加相邻 C 原子的正电荷密度，从而增强碳基材料的 E-NRR 活性。

N 掺杂不仅可以引起电荷转移，还可促进 N 附近 C 原子上正电荷的积累，使 N_2 的吸附更加有利。通过热解三聚氰胺缩聚产物获得了富含氮空位（NV）的无金属碳氮化物（$PCN-NV_4$）可有效催化 E-NRR，NH_3 产率为 8.09μg/(h·mg)，FE 为 11.59%。一方面，选择无金属聚合氮化碳（PCN）作为基底引入氮空位缺陷，PCN 的高氮含量和层状结构可提供丰富且均匀分布的氮空位。另一方面，氮空位调节 PCN 共轭体系中的 π 电子离域实现强 N_2 吸附。DFT 计算表明，给定氮空位附近的双核末端（与咪唑相连的两个 C 原子）可加速空间电子转移，促进 N_2 吸附并显著延长 N≡N 键以提供高度活化状态。$PCN-NV_4$ 的 E-NRR 活性显著超过无氮空位的 PCN，说明氮空位缺陷增加了碳基材料的 E-NRR 活性。如图 4.13 所示，锌基沸石咪唑酯骨架（ZIF-8）热解产生的 N 掺杂多孔碳（NPC）中 NPC-750 实现了 NH_3 产率为 1.4mmol/(g·h)。不同热解温度下样品的 N 存在形式对 E-NRR 影响显著不同。NPC-750 和 NPC-850 含有吡啶 N 和吡咯 N，NPC-750 中吡啶 N 含量更高，而 NPC-950 主要含有石墨 N，NPC 中吡啶 N 和吡咯 N 的存在是关键，而石墨 N 并没有提高 E-NRR 性能。DFT 计算表明 NPC 的吡啶 N 和吡咯 N 作为 E-NRR 的活性位点。此外，NPC 的多孔结构也有利于 N_2 捕获和活性中间体的稳定。

缺陷引入可以增强碳基材料的 E-NRR 活性。包含三个吡啶 N 原子的碳空位可能是 E-NRR 的活性位点，有利于 N_2 的吸附和 N≡N 键的解离。通过一步热解锌基沸石咪唑酯骨架（ZIF-8）衍生的 N 掺杂和富含缺陷的多孔碳纳米催化剂，生成的碳几乎是"无金属"的。ZIF-8 的 3D 框架结构在碳化过程中几乎可以保持，具有高比表面积和可调孔隙率以及优良的热稳定性和化学稳定性。重要的是，可通过调整热解条件来控制 N 掺杂和石墨化程度，优化碳的电子和几何结构，从而有利于 E-NRR。DFT 计算表明包含碳空位和嵌入碳平面中的三个吡啶 N 原子可作为活性位点，增强 N_2 吸附的同时有利于进一步降低释放第二个 NH_3 分子质子化过程的活化能。

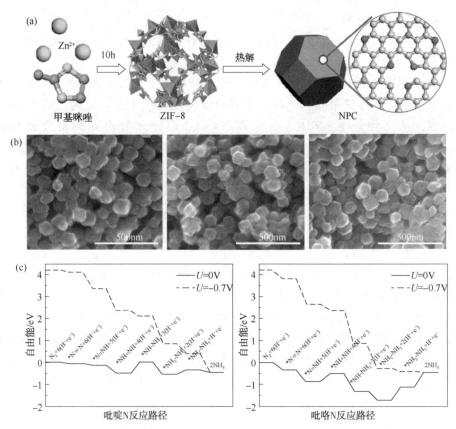

图 4.13 （a）NPC 制备示意图；（b）NPC-750、NPC-850 和 NPC-950 的 SEM 图像；
（c）合成 NH₃ 的自由能图

硼掺杂碳材料，掺杂后硼取代了部分碳原子，电子密度重新分布，并且缺电子硼原子有利于 N₂ 的吸附，增强了 E-NRR 活性。一种硼掺杂石墨烯，掺杂硼后石墨烯依旧保留其二维平面共轭结构，有利于催化活性位点的充分暴露。缺电子的硼能够从石墨烯中得到电子，从而促进 N₂ 和孤对电子的结合。硼可以化学吸附氧原子，抑制 HER，从而提高 E-NRR 的选择性。除此之外，与碳（2.55）相比，硼（2.04）的较低电负性可导致电子密度的显著差异，从而改变硼掺杂石墨烯中碳环结构的平衡状态（见图 4.14）。通过比较未掺杂和掺杂硼的石墨烯的最低空轨道（LUMO）和最高占有轨道（HOMO），发现掺杂后硼取代了部分碳原子，电子密度重新排列。带正电的硼原子有利于吸附 N₂，从而为 B—N 键的形成和产生 NH₃ 提供催化中心。缺电子硼可阻止路易斯酸 H⁺ 在这些位点（在酸性条件下）的结合，从而促进 E-NRR。在 6.2% 硼掺杂下，硼掺杂石墨烯比未掺杂石墨烯的 NH₃ 产率和 *FE*，分别增加 5 倍和 10 倍。

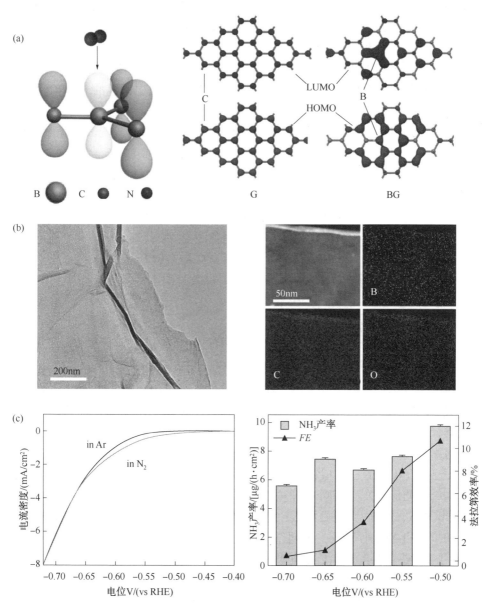

图 4.14 (a)BC₃结合 N₂的原子轨道示意图及未掺杂 G(左)和 BG(右)的 LUMO 和 HOMO;
(b)BG-1 的 TEM 图像及对 B、C、O 的 EDS 映射;
(c)BG-1 LSV 曲线及 NH₃产率(左 y 轴)和法拉第效率(右 y 轴)

多杂原子掺杂使相邻的 C 原子带正电,有利于 N₂吸附,可增强 E-NRR 活性。通过在 NH₃气氛下对氧化石墨烯和硼酸进行热处理,制备了具有 B—N 键掺杂的石墨烯(BNG-B)。硼酸和 NH_3 的反应可以形成稳定的 B—N 键,并掺杂到石墨烯中。另外,在氩气气氛下将氧化石墨烯和硼酸退火掺杂 B,然后在 NH_3 气氛下进行 N 掺杂,得到 B、N 单独掺杂的石墨烯(BNG-S),且 N 掺杂在缺陷部位。实验和理论证明,掺杂单个杂原子的石墨烯的 E-NRR 活性低于 B、N 共掺杂石墨烯。具有足够活性位点和大量缺陷的无金属 BCN 表现出优异的 E-NRR 性能,在相同条件下优于大多数催化剂。

O、S 和 P 掺杂可用于调整碳基材料的电子特性,从而改变其电化学性能。硫量子点-石墨烯纳米复合材料的 NH_3 产率为 28.56μg/(h·mg),FE 为 7.07%。此外,S、N 共掺杂石墨烯(NSG)促进了 N_2 向 NH_3 转化,具有比未掺杂或单元素(S 或 N)掺杂的石墨烯更高的 E-NRR 活性。DFT 计算表明,S、N 共掺杂在石墨烯中产生更多的缺陷并促进电子转移,从而使 NSG 能够吸附 N_2 并削弱 $N≡N$ 三键。通过热解浸渍过硫酸铵作为 N 和 S 源制备的 S、N 共掺杂缺陷碳(CC-APS-800)表现出优良的 E-NRR 活性 [NH_3 产率 = $9.87×10^{-10}$ mol/(s·cm²),FE = 8.11%]。此外,O 掺杂碳材料,如无定形氧掺杂碳纳米片、氧掺杂中空碳微管和氧掺杂石墨烯也可用作 E-NRR 催化剂。

4.4.3.2 硼基材料

硼的缺电子和低电负性决定了其电子转移的能力较弱,使得硼基非金属材料成为有效的 E-NRR 催化剂。无金属 B_4C 纳米片在-0.75V 时的 NH_3 产率和 FE 分别为 26.57μg/(h·mg) 和 15.95%。DFT 计算表明在 B_4C(110) 表面上,$^*NH_2^-NH_2 \longrightarrow ^*NH_2^-NH_3$ 过程被认为是限速步骤。由此可得,N_2 通过远端吸附被捕获,然后通过酶途径在 B_4C 的两端与 B 结合。与此同时,二维硼纳米片材料(BNS)可选择性地促进 E-NRR。DFT 计算结果揭示了 E-NRR 在 BNS 上的作用机制:首先 N_2 在 3B 上的吸附(B_4 上的三个相邻的 B 原子被定义为 1B、2B 和 3B)是有利的,并且以远端结合的形式发生,同时 $N≡N$ 键从 1.112Å 延伸到 1.132Å。其次大量电荷在 3B 和 N_2 分子的交界处积累,微分电荷分析表明 $0.38e^-$ 的电荷注入 N_2 分子中。DFT 预测 NH_3 难解吸,表明 NH_3 覆盖率的增加将使 NH_3 的解吸能降低到 0.49~1.11eV,揭示了 NH_3 在电极表面的积累。此外 B(104) 的表面加氢成为 E-NRR 的活性位点,可有效促进 E-NRR 并抑制 HER。最后 B 的 2p 轨道与 $^*N_2$ 的 2p 轨道有一定程度的重叠,部分原因是 σ 成键和 π 反键键合。

基于此,通过将元素硼引入不同的二维材料中,构建了 21 种硼催化剂,用于研究 E-NRR 中硼的局部电荷转移和键合模式。带正电荷的硼将会促进不利的 HER。相反,由于 $B \longrightarrow N_2$ 的电荷转移可加速 N_2 的吸附和活化,而带负电荷的硼可以促进 E-NRR 并抑制 HER,这为硼掺杂催化剂的选择提供了理论依据。

4.4.3.3 磷基材料

磷基材料在 E-NRR 中的使用频率较低，但也是潜在的 E-NRR 催化剂。一方面，磷和氮在元素周期表的同一族中，具有相似的价电子构型（P：$3s^2 3p^3$，N：$2s^2 2p^3$），从而具有相似的特性。另一方面，黑磷具有层状晶体结构，层间范德华力相互作用可以使其进一步剥离成单层，为 N_2 吸附提供丰富的活性位点。目前，一些磷基材料已被证明具有优异的 E-NRR 活性。使用完全剥离的黑磷纳米片（FL-BP NS）作为 E-NRR 催化剂，可实现 $31.37\mu g/(h \cdot mg)$ 的高 NH_3 产率。DFT 计算表明，FL-BP NS 的锯齿形和差异锯齿形边缘是 N_2 吸附和 $N \equiv N$ 键活化的活性中心，这使得 N_2 能够通过交替加氢途径电还原为 NH_3，FL-BP NS 的不对称电子分布的分子轨道是 E-NRR 活性的关键。

黑磷导电性差不利于 E-NRR 中的电荷转移，使用具有电化学活性的 SnO_{2-x} 纳米管作为导电载体，可形成稳定的双活性电催化剂。将 P 和 Sn 以自组装形式（Sn-P 配位）结合，将黑磷量子点（BP QD）锚定在 SnO_{2-x} 纳米管（BP@SnO_{2-x}）中可集成黑磷和 SnO_{2-x} 纳米管的功能，促进 E-NRR 的顺利进行。通过低温 $NaBH_4$ 还原合成的黑色氧化锡（SnO_{2-x}）纳米管作为基底来负载 BP 量子点，SnO_{2-x} 具有丰富的氧空位和大量的局域电子，提高电导率。此外，氧空位可能赋予 SnO_{2-x} 显著的 N_2 活化能力，进一步提高了通过管状形态使电解质易于渗透的能力。

N、O 共掺杂的磷基 E-NRR 催化剂在低电位下 NH_3 产率和 *FE* 分别为 $18.79\mu g/(h \cdot mg)$ 和 21.51%。使用球磨和微波辅助剥离方法相结合，在 N-甲基-2-吡咯烷酮（NMP）溶剂中制备了二维 N-磷烯片，如图 4.15 所示。首先将块状 BP 晶体在空气中研磨，在表面形成丰富的反应位点，以增强其与 N 源的相互作用，然后将磨碎的 BP 晶体在 NMP 溶剂中球磨，使用和不使用氨溶液（NH_4 OH）作为 N 源，分别产生 N 掺杂磷烯（N-磷烯）和氧化磷烯（O-磷烯）。DFT 计算表明，由于 N、O 共掺杂的磷烯表面疏水性增加，在碱性环境中阻碍了 HER，促进了 E-NRR 的顺利进行。

4.4.3.4 其他非金属催化剂

一些聚合物如聚酰亚胺因其固有的缓慢析氢活性和良好的导电性而常用于 E-NRR。因此，利用其 HER 钝化能力可将含有 Li^+ 的聚酰亚胺材料（PEBCD）用于 E-NRR。在 Li_2SO_4 电解质中，PEBCD 的富电子 $C = O$ 基团与缺电子 Li^+ 结合形成 $O-Li^+$ 活性位点，从而阻碍了 HER 在 PEBCD 上的顺利进行。理论计算表明，PEBCD 上的 $O-Li^+$ 活性位点可吸附 N_2 形成 $[O-Li^+]N_2-H_x$ 并促进 N_2 交替加氢为 NH_3。上述研究表明，催化剂表面工程可以抑制 E-NRR 过程中的 HER 副反应。

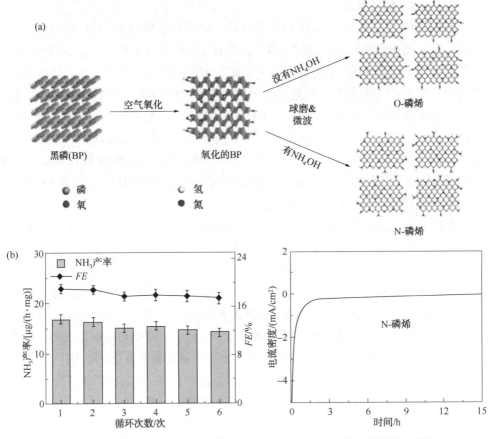

图 4.15　(a)使用球磨和微波辅助方法制备的 N 掺杂和 O 掺杂磷烯的示意图；
(b)N-磷烯的 NH$_3$ 产率(左 y 轴)、*FE*(右 y 轴)及稳定性测试

4.4.4　金属有机框架化合物催化剂

金属有机框架(MOFs)材料，是一类金属和有机配体通过配位键自组装形成的新型多孔材料，其几何形状、尺寸灵活变化，可产生超过 20000 种不同的 MOFs。MOFs 的比表面积通常在 1000~10000m^2/g 之间，超过了沸石和多孔碳材料的比表面积。基于超高比表面积、不饱和金属位点、扩展框架结构和可调功能这些独特的特性，MOFs 材料成为无机化学和材料科学的热点。

MOFs 结构中的孔隙或通道有利于 N$_2$ 的富集和活化以提高催化效率，而周期性排列的金属位点可作为催化中心。MOFs 在 E-NRR 中的应用还处于早期阶段，2017 年，MOFs 首次作为电催化剂在温和条件下固定 N$_2$。采用水热法制备的 Co-NC-500 晶体结构精细，微孔丰富，比表面积大，如图 4.16(a)所示。图 4.16(b)对比了以水和 N$_2$(或空气)为原料，在不同电压下制备的 MOFs(Fe)、

MOFs(Co)和 MOFs(Cu)上的 NH₃ 形成速率。发现 NH₃ 生成产率随电压增加，呈现先上升后下降的趋势。当施加电压增加时，阳极处的 H⁺ 浓度增加，导致更多的 H⁺ 通过 Nafion 膜转移到阴极，NH₃ 形成速率随着阴极处 H⁺ 浓度的增加而增加。然而，当外加电压进一步增加时，阴极会出现过饱和的 H⁺。当 H⁺ 与两个电子结合时，剩余的 H⁺ 离子在阴极形成大量 H₂ 作为副产物。由于 H₂ 在电解池中循环，阴极产生的氢气也会消耗电流密度，从而导致 NH₃ 生成率下降。当以纯 N₂ 和水为原料时，在 1.2V 和 90℃ 下，MOFs(Fe)上的最高 NH₃ 生成率和 *FE* 值分别为 2.12×10⁻⁹mol/(s·cm²)和 1.43%。

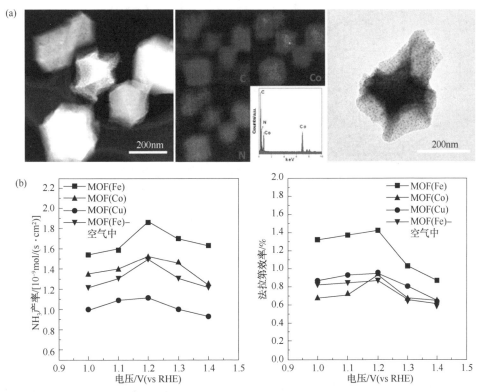

图 4.16 （a）Co-NC-500 的 SEM、TEM 图像及相应 EDS 图谱；
（b）在 80℃ 下不同施加电压下 MOFs 上的 NH₃ 产率和法拉第效率

　　另一种用于 E-NRR 的 MOFs 催化剂则是将葡萄糖酸钠(ECSG)的选择性电氧化与 E-NRR 耦合，用更容易氧化的物质替代水氧化反应，以促进 E-NRR。通过电沉积在 DMF 和水的混合溶液中制备碳布上的自支撑催化剂 Cu Ⅱ-MOF(JUC-1000/CC)可用作阴极 E-NRR。葡萄糖酸钠电氧化为葡糖二酸反应可作为阳极，如图 4.17 所示。E-NRR 测试使用 H 型电解池进行，其中两个隔室由一块 Nafion

115 膜隔开。JUC-1000/CC 作为工作电极与参比电极一起放置在 N_2 饱和 1.0mol/L Na_2SO_4 中，而对电极放置在阳极上。在 $-0.7\sim0.3V$(vs RHE) 的电势下，NH_3 生成率和 FE 随着外加电压的增加而增加，在 $-0.3V$ 时分别达到最高值 $13.27\mu g/(h\cdot mg)$ 和 1.52%，进一步增加负电压会显著降低 NH_3 产率和 FE，这可能是由于更多的质子占据了活性位点加速 HER。测试结果表明 JUC-1000/CC 对 E-NRR 表现出优异的选择性。

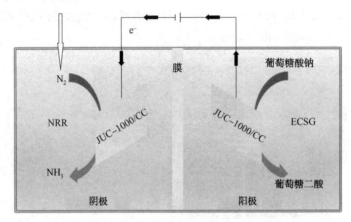

图 4.17　H 型电解池装置中葡萄糖酸钠电催化转化为
葡萄糖二酸与 NH_3 生产相结合的示意图

通过 DFT 计算一系列导电二维 MOFs、$TM_3(HAB)_2$($TM=Co$、Ni、Cu 和 Mo；$HAB=$ 六氨基苯) 的 E-NRR 催化性能发现，催化剂表面的 N_2 吸附对于随后的加氢步骤非常关键，一旦 N_2 分子与催化剂发生强烈的化学吸附作用，可以被有效活化，并降低后续步骤的能垒。通过研究一系列不同金属中心的 MOFs 对 N_2 吸附 ($TM=Co$、Ni、Cu 和 Mo) 能力，发现 Mo 基 MOFs 对 N_2 的活化能力强，而对 H_2O 的吸附能力较弱，H_2O 对 $Mo_3(HAB)_2$ 的弱吸附使其对 N_2 具有高选择性。研究表明 E-NRR 通过远端机制是最有利的机制，可以具有非常低过电势($0.18V$)。事实上，以 Mo 为金属节点的 $TM_3(HAB)_2$ 已经通过自下而上的液-液和气-液界面反应合成。基于其高稳定性、导电性和催化效率，Mo 基 MOFs 可用作 E-NRR 电催化剂。

4.5　总结与展望

电催化氮气还原(E-NRR)替代资源和能源密集型的 Haber-Bosch 工艺是解决当今社会需求和缓解全球环境恶化的最佳方案。本章详细阐述了 E-NRR 的反应机理、E-NRR 评价参数、E-NRR 催化剂等。在过去的几十年里，E-NRR 领域发展缓慢，而在过去的三年里，却出现了快速的发展。

目前，金属基 E-NRR 催化剂面临的最大问题是竞争反应 HER 和活性位点暴露不足。大多数过渡金属具有空的 d 轨道，有利于 N_2 的吸附，但同时促进 HER。需要表面疏水化和杂原子掺杂来抑制金属表面的 HER，从而提高 E-NRR 选择性。提高金属基 E-NRR 催化剂性能的另一种方法是提供足够大的具有活性位点的表面。通过将纳米金属负载在高比表面积载体(如多孔碳和石墨烯)上，可制备单原子分散的金属基材料。非金属基 E-NRR 催化剂具有低成本和易于加工的优点。虽然 B、C、N、S 和 P 具有潜在的 E-NRR 活性，但相关研究报告较少，仍需进行广泛的实验探索和理论计算。

为尽快探索合适的 E-NRR 催化剂，应注意以下几点：第一，有必要开发具有高 N_2 溶解度的水溶性有机溶剂(如特定离子液体)并将其掺杂到水基电解质中，以改善 N_2 与催化剂接触的动力学。第二，除了常用的 H 型电解池外，建议在 E-NRR 中使用流通池，促进电解质对 N_2 的有效捕获，这是影响 NH_3 产生速率的重要因素。第三，在 E-NRR 的初始阶段，建议增加催化剂进料量以增加电催化活性面积和 NH_3 产量，这将明确区分 E-NRR 产生的 NH_3 和从环境中引入的 NH_3。这两种方法可以解决当前的困境，有效区分具有高催化活性的 E-NRR 催化剂。

确保 E-NRR 活动的准确性是 E-NRR 领域面临的挑战之一。目前，E-NRR 中的 NH_3 产率在微克级，而无处不在的 NH_3 污染需要严格的电化学测试程序。尽管没有强制性的处理标准，但必须解决以下问题：①电催化装置必须严格排除可能的 NH_3 污染，例如来自电解池、电解质、电极和质子交换膜的污染。②用作原料的 N_2 和 Ar 气体应经过除杂(主要是 NH_3 或 NO_x)的预处理。③应预处理催化剂以消除任何 NH_3 源(包括有机胺)。④提供 $^{15}N_2$ 标记实验的结果，特别是对于低 NH_3 产率或含有 N 源的催化剂。⑤建议报告使用两种或多种检测方法对获得的 NH_3 产量进行严格的控制实验。开发先进的原位方法，如原位红外光谱、原位紫外-可见光谱、原位谱图和原位拉曼光谱可以更好地监测反应的活性位点。这里的"原位检测"是指实时检测 E-NRR 过程中电解质和催化剂中形成的中间体，以促进 E-NRR 理论的发展，指导催化剂改性。

总之，虽然工业化水平要求的 NH_3 产率高达 $6120\mu g/(h \cdot cm^2)$，FE 高达 50%，电流密度高达 $300mA/cm^2$，与现阶段差距较大，但 E-NRR 领域已向前迈出了重要一步(见图 4.18)。目前，迫切需要一个公认的领域标准来指导 E-NRR 发展，包括 E-NRR 评价参数、NH_3 检测标准化、催化剂稳定性参数和正确的理论计算。尽管目前 E-NRR 领域面临重大挑战，但催化剂制备技术、原位测试方法和产品检测方法的进步有望加深人们对 E-NRR 的理解。相信在不久的将来，以清洁能源为驱动的分布式电化学 NH_3 生产设备将在全球范围内普及，Haber-Bosch 工艺将逐渐失去主导地位。

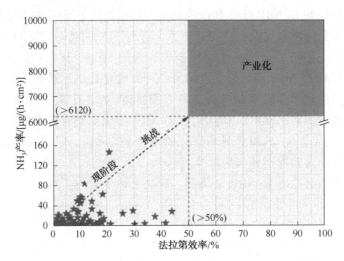

图 4.18　E-NRR 处于初步探索阶段，距离产业化还有很长的路要走

参 考 文 献

[1]　Giddey S, Badwal S, Kulkarni A. Review of electrochemical ammonia production technologies and materials [J]. Int. J. Hydrog. Energy, 2013, 38(34): 14576-14594.

[2]　Bao D, Zhang Q, Meng F L, et al. Electrochemical reduction of N_2 under ambient conditions for artificial N_2 fixation and renewable energy storage using N_2/NH_3 cycle[J]. Adv. Mater., 2017, 29(3): 1604799.

[3]　Wan Y, Xu J, Lv R. Heterogeneous electrocatalysts design for nitrogen reduction reaction under ambient conditions[J]. Mater. Today, 2019, 27: 69-90.

[4]　Foster S L, Bakovic S I P, Duda R D, et al. Catalysts for nitrogen reduction to ammonia[J]. Nat. Catal., 2018, 1(7): 490-500.

[5]　Keable S M, Zadvornyy O A, Johnson L E, et al. Structural characterization of the P^{1+} intermediate state of the P-cluster of nitrogenase[J]. J. Biol. Chem., 2018, 293(25): 9629-9635.

[6]　Singh A R, Rohr B A, Schwalbe J A, et al. Electrochemical ammonia synthesis-the selectivity challenge[J]. ACS Catal., 2017, 7(1): 706-709.

[7]　Li H, Shang J, Ai Z, et al. Efficient visible light nitrogen fixation with BiOBr nanosheets of oxygen vacancies on the exposed(001)facets[J]. J. Am. Chem. Soc., 2015, 137(19): 6393-6399.

[8]　Wang S, Ichihara F, Pang H, et al. Nitrogen fixation reaction derived from nanostructured catalytic materials [J]. Adv. Funct. Mater., 2018, 28(50): 1803309.

[9]　Zhao Y, Shi R, Bian X, et al. Ammonia detection methods in photocatalytic and electrocatalytic experiments: How to improve the reliability of NH_3 production rates? [J]. Adv. Sci., 2019, 6(8): 1802109.

[10]　Skulason E, Bligaard T, Gudmundsdóttir S, et al. A theoretical evaluation of possible transition metal electro-catalysts for N_2 reduction[J]. Phys. Chem. Chem. Phys., 2012, 14(3): 1235-1245.

[11]　Ling C, Niu X, Li Q, et al. Metal-free single atom catalyst for N_2 fixation driven by visible light[J]. J. Am. Chem. Soc., 2018, 140(43): 14161-14168.

[12]　Liu J, Kelley M S, Wu W, et al. Nitrogenase-mimic iron-containing chalcogels for photochemical reduction of dinitrogen to ammonia[J]. Proc. Natl. Acad. Sci., 2016, 113(20): 5530-5535.

[13]　Chen G F, Ren S, Zhang L, et al. Advances in electrocatalytic N_2 reduction-strategies to tackle the selectivity challenge[J]. Small Methods, 2019, 3(6): 1800337.

[14]　Yu W, Lewis N S, Gray H B, et al. Isotopically selective quantification by UPLC-MS of aqueous ammonia at submicromolar concentrations using dansyl chloride derivatization [J]. ACS Energy Lett., 2020, 5(5): 1532-1536.

[15]　Ren Y, Yu C, Tan X, et al. Is it appropriate to use the Nafion membrane in electrocatalytic N_2 reduction? [J]. Small Methods, 2019, 3(12): 1900474.

[16]　Amornthammarong N, Zhang J. Shipboard fluorometric flow analyzer for high-resolution underway measurement of ammonium in seawater[J]. Anal. Chem., 2008, 80(4): 1019-1026.

[17]　Greenlee L F, Renner J N, Foster S L. The use of controls for consistent and accurate measurements of electrocatalytic ammonia synthesis from dinitrogen[J]. ACS Catal., 2018, 8(9): 7820-7827.

[18] Deng J, Iñiguez J A, Liu C. Electrocatalytic nitrogen reduction at low temperature[J]. Joule, 2018, 2(5): 846-856.

[19] Wang D, Azofra L M, Harb M, et al. Energy-efficient nitrogen reduction to ammonia at low overpotential in aqueous electrolyte under ambient conditions[J]. ChemSusChem, 2018, 11(19): 3416-3422.

[20] Liu H, Han S, Zhao Y, et al. Surfactant-free atomically ultrathin rhodium nanosheet nanoassemblies for efficient nitrogen electroreduction[J]. J. Mater. Chem. A, 2018, 6(7): 3211-3217.

[21] Wang H, Yu H, Wang Z, et al. Electrochemical fabrication of porous Au film on Ni foam for nitrogen reduction to ammonia[J]. Small, 2019, 15(6): 1804769.

[22] Kitagawa S. Metal-organic frameworks(MOFs)[J]. Chem. Soc. Rev., 2014, 43(16): 5415-5418.

[23] Czaja A U, Trukhan N, Müller U. Industrial applications of metal-organic frameworks[J]. Chem. Soc. Rev., 2009, 38(5): 1284-1293.

[24] Yang Y, Wang S Q, Wen H, et al. Nanoporous gold embedded ZIF composite for enhanced electrochemical nitrogen fixation[J]. Angew. Chem. Int. Edit., 2019, 58(43): 15362-15366.

[25] Zheng J, Lyu Y, Qiao M, et al. Photoelectrochemical synthesis of ammonia on the aerophilic-hydrophilic heterostructure with 37.8% efficiency[J]. Chem, 2019, 5(3): 617-633.

[26] Wang Z, Li Y, Yu H, et al. Ambient electrochemical synthesis of ammonia from nitrogen and water catalyzed by flower-like gold microstructures[J]. ChemSusChem, 2018, 11(19): 3480-3485.

[27] Nazemi M, Panikkanvalappil S R, El-Sayed M A. Enhancing the rate of electrochemical nitrogen reduction reaction for ammonia synthesis under ambient conditions using hollow gold nanocages[J]. Nano Energy, 2018, 49: 316-323.

[28] Shi M M, Bao D, Wulan B R, et al. Au sub-nanoclusters on TiO_2 toward highly efficient and selective electrocatalyst for N_2 conversion to NH_3 at ambient conditions[J]. Adv. Mater., 2017, 29(17): 1606550.

[29] Montoya J H, Tsai C, Vojvodic A, et al. The challenge of electrochemical ammonia synthesis: a new perspective on the role of nitrogen scaling relations[J]. ChemSusChem, 2015, 8(13): 2180-2186.

[30] Zhang Q, Han L, Jing H, et al. Facet control of gold nanorods[J]. ACS Nano, 2016, 10(2): 2960-2974.

[31] Wang Y, Gong X G. First-principles study of interaction of cluster Au_{32} with CO, H_2, and O_2[J]. J. Chem. Phys., 2006, 125(12): 124703.

[32] Chen Y, Zhu Q, Tsumori N, et al. Immobilizing highly catalytically active noble metal nanoparticles on reduced graphene oxide: A non-noble metal sacrificial approach[J]. J. Am. Chem. Soc., 2015, 137(1): 106-109.

[33] Li S J, Bao D, Shi M M, et al. Amorphizing of Au nanoparticles by CeO_x-RGO hybrid support towards highly efficient electrocatalyst for N_2 reduction under ambient conditions[J]. Adv. Mater., 2017, 29(33): 1700001.

[34] Wang X, Wang W, Qiao M, et al. Atomically dispersed Au_1 catalyst towards efficient electrochemical synthesis of ammonia[J]. Sci. Bull., 2018, 63(19): 1246-1253.

[35] Liu D, Zhang G, Ji Q, et al. Synergistic electrocatalytic nitrogen reduction enabled by confinement of nanosized Au particles onto a two-dimensional Ti_3C_2 substrate[J]. ACS Appl. Mater. Interfaces, 2019, 11(29): 25758-25765.

[36] Zhao X, Yao C, Chen H, et al. In situ nano Au triggered by a metal boron organic polymer: efficient electrochemical N_2 fixation to NH_3 under ambient conditions[J]. J. Mater. Chem. A, 2019, 7(36): 20945-20951.

[37] Zhao X, Yang Z, Kuklin A V, et al. Potassium ions promote electrochemical nitrogen reduction on nano-Au catalysts triggered by bifunctional boron supramolecular assembly[J]. J. Mater. Chem. A, 2020, 8(26): 13086-13094.

[38] Zhao S, Liu H, Qiu Y, et al. An oxygen vacancy-rich two-dimensional Au/TiO_2 hybrid for synergistically enhanced electrochemical N_2 activation and reduction[J]. J. Mater. Chem. A, 2020, 8(14): 6586-6596.

[39] Diao J, Yuan W, Qiu Y, et al. A hierarchical oxygen vacancy-rich WO_3 with "nanowire-array-on-nanosheet-array" structure for highly efficient oxygen evolution reaction[J]. J. Mater. Chem. A, 2019, 7(12): 6730-6739.

[40] Daiyan R, Lovell E C, Bedford N M, et al. Modulating activity through defect engineering of tin oxides for electrochemical CO_2 reduction[J]. Adv. Sci., 2019, 6(18): 1900678.

[41] Zhao Y, Zhao Y, Shi R, et al. Tuning oxygen vacancies in ultrathin TiO_2 nanosheets to boost photocatalytic nitrogen fixation up to 700 nm[J]. Adv. Mater., 2019, 31(16): 1806482.

[42] Liu G, Cui Z, Han M, et al. Ambient electrosynthesis of ammonia on a core-shell-structured Au@ CeO_2 catalyst: Contribution of oxygen vacancies in CeO_2[J]. Chem. Eur. J., 2019, 25(23): 5904-5911.

[43] Hu C, Chen X, Jin J, et al. Surface plasmon enabling nitrogen fixation in pure water through a dissociative mechanism under mild conditions[J]. J. Am. Chem. Soc., 2019, 141(19): 7807-7814.

[44] Xue Z, Zhang S, Lin Y, et al. Electrochemical reduction of N_2 into NH_3 by donor-acceptor couples of Ni and Au nanoparticles with a 67.8% Faradaic efficiency[J]. J. Am. Chem. Soc., 2019, 141(38): 14976-14980.

[45] Zheng J, Lyu Y, Qiao M, et al. Tuning the electron localization of gold enables the control of nitrogen-to-ammonia fixation[J]. Angew. Chem. Int. Edit., 2019, 58(51): 18604-18609.

[46] Yao Y, Zhu S, Wang H, et al. A spectroscopic study on the nitrogen electrochemical reduction reaction on gold and platinum surfaces[J]. J. Am. Chem. Soc., 2018, 140(4): 1496-1501.

[47] Mao Y, Wei L, Zhao X, et al. Excavated cubic platinum-iridium alloy nanocrystals with high-index facets as highly efficient electrocatalysts in N_2 fixation to NH_3[J]. Chem. Commun., 2019, 55(63): 9335-9338.

[48] Zhang L, Sharada S M, Singh A R, et al. A theoretical study of the effect of a non-aqueous proton donor on

123

electrochemical ammonia synthesis[J]. Phys. Chem. Chem. Phys., 2018, 20(7): 4982−4989.

[49] Zhang Q, Qin X X, Duan Mu F P, et al. Isolated platinum atoms stabilized by amorphous tungstenic acid: Metal−support interaction for synergistic oxygen activation[J]. Angew. Chem. Int. Edit., 2018, 57(30): 9351−9356.

[50] Hao R, Sun W, Liu Q, et al. Efficient electrochemical nitrogen fixation over isolated Pt sites[J]. Small, 2020, 16(22): 2000015.

[51] Singh A R, Rohr B A, Statt M J, et al. Strategies toward selective electrochemical ammonia synthesis[J]. ACS Catal., 2019, 9(9): 8316−8324.

[52] Kordali V, Kyriacou G, Lambrou C. Electrochemical synthesis of ammonia at atmospheric pressure and low temperature in a solid polymer electrolyte cell[J]. Chem. Commun., 2000, (17): 1673−1674.

[53] Geng Z, Liu Y, Kong X, et al. Achieving a record−high yield rate of 120. 9 for N_2 electrochemical reduction over Ru single−atom catalysts[J]. Adv. Mater., 2018, 30(40): 1803498.

[54] Tao H, Choi C, Ding L, et al. Nitrogen fixation by Ru single−atom electrocatalytic reduction[J]. Chem, 2019, 5(1): 204−214.

[55] Cao Y, Gao Y, Zhou H, et al. Highly efficient ammonia synthesis electrocatalyst: Single Ru atom on naturally nanoporous carbon materials[J]. Adv. Theory Simul., 2018, 1(5): 1800018.

[56] Yu B, Li H, White J, et al. Tuning the catalytic preference of ruthenium catalysts for nitrogen reduction by atomic dispersion[J]. Adv. Funct. Mater., 2020, 30(6): 1905665.

[57] Liu C, Li Q, Zhang J, et al. Conversion of dinitrogen to ammonia on Ru atoms supported on boron sheets: a DFT study[J]. J. Mater. Chem. A, 2019, 7(9): 4771−4776.

[58] Ishikawa A, Doi T, Nakai H. Catalytic performance of Ru, Os, and Rh nanoparticles for ammonia synthesis: A density functional theory analysis[J]. J. Catal., 2018, 357: 213−222.

[59] Agmon N. The grotthuss mechanism[J]. Chem. Phys. Lett., 1995, 244(5−6): 456−462.

[60] Wang J, Yu L, Hu L, et al. Ambient ammonia synthesis via palladium−catalyzed electrohydrogenation of dinitrogen at low overpotential[J]. Nat. Commun., 2018, 9(1): 1−7.

[61] Xu W, Fan G, Chen J, et al. Nanoporous palladium hydride for electrocatalytic N_2 reduction under ambient conditions[J]. Angew. Chem. Int. Edit., 2020, 59(9): 3511−3516.

[62] Zhang Z, Wang Y, Qi Z, et al. Generalized fabrication of nanoporous metals(Au, Pd, Pt, Ag, and Cu) through chemical dealloying[J]. J. Phys. Chem. C, 2009, 113(29): 12629−12636.

[63] Lv J, Wu S, Tian Z, et al. Construction of PdO−Pd interfaces assisted by laser irradiation for enhanced electrocatalytic N_2 reduction reaction[J]. J. Mater. Chem. A, 2019, 7(20): 12627−12634.

[64] Zhang D, Gokce B, Barcikowski S. Laser synthesis and processing of colloids: Fundamentals and applications [J]. Chem. Rev., 2017, 117(5): 3990−4103.

[65] Huang H, Xia L, Shi X, et al. Ag nanosheets for efficient electrocatalytic N_2 fixation to NH_3 under ambient conditions[J]. Chem. Commun., 2018, 54(81): 11427−11430.

[66] Lan R, Irvine J T, Tao S. Synthesis of ammonia directly from air and water at ambient temperature and pressure[J]. Sci Rep, 2013, 3(1): 1−7.

[67] Ba K, Wang G, Ye T, et al. Single faceted two−dimensional Mo_2C electrocatalyst for highly efficient nitrogen fixation[J]. ACS Catal., 2020, 10(14): 7864−7870.

[68] Hui L, Xue Y, Yu H, et al. Highly efficient and selective generation of ammonia and hydrogen on a graphdiyne−based catalyst[J]. J. Am. Chem. Soc., 2019, 141(27): 10677−10683.

[69] Millet M, Algara−Siller G, Wrabetz S, et al. Ni single atom catalysts for CO_2 activation[J]. J. Am. Chem. Soc., 2019, 141(6): 2451−2461.

[70] Han L, Liu X, Chen J, et al. Atomically dispersed molybdenum catalysts for efficient ambient nitrogen fixation[J]. Angew. Chem., 2019, 131(8): 2343−2347.

[71] Yang D, Chen T, Wang Z. Electrochemical reduction of aqueous nitrogen(N_2) at a low overpotential on (110)−oriented Mo nanofilm[J]. J. Mater. Chem. A, 2017, 5(36): 18967−18971.

[72] Zhang L, Ji X, Ren X, et al. Electrochemical ammonia synthesis via nitrogen reduction reaction on a MoS_2 catalyst: Theoretical and experimental studies[J]. Adv. Mater., 2018, 30(28): 1800191.

[73] Li X, Ren X, Liu X, et al. A MoS_2 nanosheet−reduced graphene oxide hybrid: An efficient electrocatalyst for electrocatalytic N_2 reduction to NH_3 under ambient conditions[J]. J. Mater. Chem. A, 2019, 7(6): 2524−2528.

[74] Zeng L, Chen S, van der Zalm J, et al. Sulfur vacancy−rich N−doped MoS_2 nanoflowers for highly boosting electrocatalytic N_2 fixation to NH_3 under ambient conditions[J]. Chem. Commun., 2019, 55(51): 7386−7389.

[75] Song P, Wang H, Kang L, et al. Electrochemical nitrogen reduction to ammonia at ambient conditions on nitrogen and phosphorus co−doped porous carbon[J]. Chem. Commun., 2019, 55(5): 687−690.

[76] Qin S, Lei W, Liu D, et al. Advanced N−doped mesoporous molybdenum disulfide nanosheets and the enhanced lithium−ion storage performance[J]. J. Mater. Chem. A, 2016, 4(4): 1440−1445.

[77] Li X, Li Q, Cheng J, et al. Conversion of dinitrogen to ammonia by FeN_3−embedded graphene[J]. J. Am. Chem. Soc., 2016, 138(28): 8706−8709.

[78] Lü F, Zhao S, Guo R, et al. Nitrogen−coordinated single Fe sites for efficient electrocatalytic N_2 fixation in neutral media[J]. Nano Energy, 2019, 61: 420−427.

[79] Cao N, Zheng G. Aqueous electrocatalytic N_2 reduction under ambient conditions[J]. Nano Res., 2018, 11 (6): 2992−3008.

124

[80] Cui X, Tang C, Liu X M, et al. Highly selective electrochemical reduction of dinitrogen to ammonia at ambient temperature and pressure over iron oxide catalysts[J]. Chem. Eur. J., 2018, 24(69): 18494-18501.

[81] Kong J, Lim A, Yoon C, et al. Electrochemical synthesis of NH_3 at low temperature and atmospheric pressure using a γ-Fe_2O_3 catalyst[J]. ACS Sustain. Chem. Eng., 2017, 5(11): 10986-10995.

[82] Hu L, Khaniya A, Wang J, et al. Ambient electrochemical ammonia synthesis with high selectivity on Fe/Fe oxide catalyst[J]. ACS Catal., 2018, 8(10): 9312-9319.

[83] Zhang S, Duan G, Qiao L, et al. Electrochemical ammonia synthesis from N_2 and H_2O catalyzed by doped $LaFeO_3$ perovskite under mild conditions[J]. Ind. Eng. Chem. Res., 2019, 58(20): 8935-8939.

[84] Michalsky R, Steinfeld A. Computational screening of perovskite redox materials for solar thermochemical ammonia synthesis from N_2 and H_2O[J]. Catal. Today, 2017, 286: 124-130.

[85] Hirakawa H, Hashimoto M, Shiraishi Y, et al. Photocatalytic conversion of nitrogen to ammonia with water on surface oxygen vacancies of titanium dioxide[J]. J. Am. Chem. Soc., 2017, 139(31): 10929-10936.

[86] Luo Y, Chen G, Ding L, et al. Efficient electrocatalytic N_2 fixation with MXene under ambient conditions [J]. Joule, 2019, 3(1): 279-289.

[87] Li T, Yan X, Huang L, et al. Fluorine-free $Ti_3C_2T_x$(T=O, OH) nanosheets (~50-100nm) for nitrogen fixation under ambient conditions[J]. J. Mater. Chem. A, 2019, 7(24): 14462-14465.

[88] Alhabeb M, Maleski K, Anasori B, et al. Guidelines for synthesis and processing of two-dimensional titanium carbide($Ti_3C_2T_x$ MXene)[J]. Chem. Mat., 2017, 29(18): 7633-7644.

[89] Zhang R, Ren X, Shi X, et al. Enabling effective electrocatalytic N_2 conversion to NH_3 by the TiO_2 nanosheets array under ambient conditions[J]. ACS Appl. Mater. Interfaces, 2018, 10(34): 28251-28255.

[90] Qin Q, Zhao Y, Schmallegger M, et al. Enhanced electrocatalytic N_2 reduction via partial anion substitution in titanium oxide-carbon composites[J]. Angew. Chem. Int. Edit., 2019, 58(37): 13101-13106.

[91] Yu G, Guo H, Kong W, et al. Electrospun TiC/C nanofibers for ambient electrocatalytic N_2 reduction[J]. J. Mater. Chem. A, 2019, 7(34): 19657-19661.

[92] Cao N, Chen Z, Zang K, et al. Doping strain induced bi-Ti^{3+} pairs for efficient N_2 activation and electrocatalytic fixation[J]. Nat. Commun., 2019, 10(1): 1-12.

[93] Li B, Zhu X, Wang J, et al. Ti^{3+} self-doped TiO_{2-x} nanowires for efficient electrocatalytic N_2 reduction to NH_3[J]. Chem. Commun., 2020, 56(7): 1074-1077.

[94] Li L, Tang C, Xia B, et al. Two-dimensional mosaic bismuth nanosheets for highly selective ambient electrocatalytic nitrogen reduction[J]. ACS Catal., 2019, 9(4): 2902-2908.

[95] Lv C, Yan C, Chen G, et al. An amorphous noble-metal-free electrocatalyst that enables nitrogen fixation under ambient conditions[J]. Angew. Chem., 2018, 130(21): 6181-6184.

[96] Hao Y, Guo Y, Chen L, et al. Promoting nitrogen electroreduction to ammonia with bismuth nanocrystals and potassium cations in water[J]. Nat. Catal., 2019, 2(5): 448-456.

[97] Zang W, Yang T, Zou H, et al. Copper single atoms anchored in porous nitrogen-doped carbon as efficient pH-universal catalysts for the nitrogen reduction reaction[J]. ACS Catal., 2019, 9(11): 10166-10173.

[98] Ling C, Ouyang Y, Li Q, et al. A general two-step strategy-based high-throughput screening of single atom catalysts for nitrogen fixation[J]. Small Methods, 2019, 3(9): 1800376.

[99] Zheng Y, Jiao Y, Jaroniec M, et al. Advancing the electrochemistry of the hydrogen-evolution reaction through combining experiment and theory[J]. Angew. Chem. Int. Edit., 2015, 54(1): 52-65.

[100] Furuya N, Yoshiba H. Electroreduction of nitrogen to ammonia on gas-diffusion electrodes modified by metal phthalocyanines[J]. Journal of electroanalytical chemistry and interfacial electrochemistry, 1989, 272(1-2): 263-266.

[101] Wang Y, Cui X, Zhang Y, et al. Achieving high aqueous energy storage via hydrogen-generation passivation [J]. Adv. Mater., 2016, 28(35): 7626-7632.

[102] Li W, Wu T, Zhang S, et al. Nitrogen-free commercial carbon cloth with rich defects for electrocatalytic ammonia synthesis under ambient conditions[J]. Chem. Commun., 2018, 54(79): 11188-11191.

[103] Hu C, Dai L. Multifunctional carbon-based metal-free electrocatalysts for simultaneous oxygen reduction, oxygen evolution, and hydrogen evolution[J]. Adv. Mater., 2017, 29(9): 1604942.

[104] Wang H, Wang L, Wang Q, et al. Ambient electrosynthesis of ammonia: electrode porosity and composition engineering[J]. Angew. Chem. Int. Edit., 2018, 57(38): 12360-12364.

[105] Lv C, Qian Y, Yan C, et al. Defect engineering metal-free polymeric carbon nitride electrocatalyst for effective nitrogen fixation under ambient conditions[J]. Angew. Chem. Int. Edit., 2018, 130(32): 10403-10407.

[106] Niu P, Yin L C, Yang Y Q, et al. Increasing the visible light absorption of graphitic carbon nitride(Melon) photocatalysts by homogeneous self-modification with nitrogen vacancies[J]. Adv. Mater., 2014, 26(47): 8046-8052.

[107] Liu Y, Su Y, Quan X, et al. Facile ammonia synthesis from electrocatalytic N_2 reduction under ambient conditions on N-doped porous carbon[J]. ACS Catal., 2018, 8(2): 1186-1191.

[108] Li R, Wei Z, Gou X. Nitrogen and phosphorus dual-doped graphene/carbon nanosheets as bifunctional electrocatalysts for oxygen reduction and evolution[J]. ACS Catal., 2015, 5(7): 4133-4142.

[109] Song Y, Johnson D, Peng R, et al. A physical catalyst for the electrolysis of nitrogen to ammonia[J]. Sci. Adv., 2018, 4(4): e1700336.

[110] Yu X, Han P, Wei Z, et al. Boron-doped graphene for electrocatalytic N_2 reduction[J]. Joule, 2018, 2 (8): 1610-1622.

[111] Jiao Y, Zheng Y, Jaroniec M, et al. Origin of the electrocatalytic oxygen reduction activity of graphene-based catalysts: a roadmap to achieve the best performance[J]. J. Am. Chem. Soc., 2014, 136(11): 4394-4403.

[112] Chen C, Yan D, Wang Y, et al. B-N pairs enriched defective carbon nanosheets for ammonia synthesis with high efficiency[J]. Small, 2019, 15(7): 1805029.

[113] Hu C, Dai L. Carbon-based metal-free catalysts for electrocatalysis beyond the ORR[J]. Angew. Chem. Int. Edit., 2016, 55(39): 11736-11758.

[114] Tian Y, Xu D, Chu K, et al. Metal-free N, S co-doped graphene for efficient and durable nitrogen reduction reaction[J]. J. Mater. Sci., 2019, 54(12): 9088-9097.

[115] Jiao Y, Zheng Y, Jaroniec M, et al. Design of electrocatalysts for oxygen-and hydrogen-involving energy conversion reactions[J]. Chem. Soc. Rev., 2015, 44(8): 2060-2086.

[116] Huang H, Xia L, Cao R, et al. A biomass-derived carbon-based electrocatalyst for efficient N_2 fixation to NH_3 under ambient conditions[J]. Chem. Eur. J., 2019, 25(8): 1914-1917.

[117] Wu T, Li P, Wang H, et al. Biomass-derived oxygen-doped hollow carbon microtubes for electrocatalytic N_2-to-NH_3 fixation under ambient conditions[J]. Chem. Commun., 2019, 55(18): 2684-2687.

[118] Wang T, Xia L, Yang J, et al. Electrocatalytic N_2-to-NH_3 conversion using oxygen-doped graphene: Experimental and theoretical studies[J]. Chem. Commun., 2019, 55(52): 7502-7505.

[119] Légaré M, Bélanger-Chabot G, Dewhurst R D, et al. Nitrogen fixation and reduction at boron[J]. Science, 2018, 359(6378): 896-900.

[120] Liu C, Li Q, Zhang J, et al. Theoretical evaluation of possible 2D boron monolayer in N_2 electrochemical conversion into ammonia[J]. J. Phys. Chem. C, 2018, 122(44): 25268-25273.

[121] Liu C, Li Q, Wu C, et al. Single-boron catalysts for nitrogen reduction reaction[J]. J. Am. Chem. Soc, 2019, 141(7): 2884-2888.

[122] Zhu X, Wu T, Ji L, et al. Ambient electrohydrogenation of N_2 for NH_3 synthesis on non-metal boron phosphide nanoparticles: The critical role of P in boosting the catalytic activity[J]. J. Mater. Chem. A, 2019, 7(27): 16117-16121.

[123] Boukhvalov D W. The atomic and electronic structure of nitrogen-and boron-doped phosphorene[J]. Phys. Chem. Chem. Phys., 2015, 17(40): 27210-27216.

[124] Zhang L, Ding L X, Chen G F, et al. Ammonia synthesis under ambient conditions: selective electroreduction of dinitrogen to ammonia on black phosphorus nanosheets[J]. Angew. Chem. Int. Edit., 2019, 131(9): 2638-2642.

[125] Liu Y T, Li D, Yu J, et al. Stable confinement of black phosphorus quantum dots on black tin oxide nanotubes: A robust, double-active electrocatalyst toward efficient nitrogen fixation[J]. Angew. Chem. Int. Edit., 2019, 131(46): 16591-16596.

[126] Xu G, Li H, Bati A S, et al. Nitrogen-doped phosphorene for electrocatalytic ammonia synthesis[J]. J. Mater. Chem. A, 2020, 8(31): 15875-15883.

[127] Wang Y, Li Q, Shi W, et al. The application of metal-organic frameworks in electrocatalytic nitrogen reduction[J]. Chin. Chem. Lett., 2020, 31(7): 1768-1772.

[128] Zhao X, Yin F, Liu N, et al. Highly efficient metal-organic-framework catalysts for electrochemical synthesis of ammonia from N_2(air) and water at low temperature and ambient pressure[J]. J. Mater. Sci., 2017, 52(17): 10175-10185.

[129] Zhao L, Kuang X, Chen C, et al. Boosting electrocatalytic nitrogen fixation via energy-efficient anodic oxidation of sodium gluconate[J]. Chem. Commun., 2019, 55(68): 10170-10173.

[130] Shi L, Yin Y, Wang S, et al. Rigorous and reliable operations for electrocatalytic nitrogen reduction[J]. Appl. Catal. B-Environ., 2020, 278: 119325.

[131] Shi L, Yin Y, Wang S, et al. Rational catalyst design for N_2 reduction under ambient conditions: Strategies toward enhanced conversion efficiency[J]. ACS Catal., 2020, 10(12): 6870-6899.

[132] Wang L, Xia M, Wang H, et al. Greening ammonia toward the solar ammonia refinery[J]. Joule, 2018, 2(6): 1055-1074.

[133] Cui X, Tang C, Zhang Q. A review of electrocatalytic reduction of dinitrogen to ammonia under ambient conditions[J]. Adv. Energy Mater., 2018, 8(22): 1800369.

第5章 电催化二氧化碳还原反应

5.1 概述

二氧化碳(CO_2)的大量排放造成了全球变暖、土地荒漠化、海洋酸化等一系列问题。电催化二氧化碳还原反应(CO_2RR)能够将 CO_2 转化为高价值产品,是实现"双碳"目标的一种高效、可持续的方法。如图 5.1 所示,电催化 CO_2RR 的装置主要由阴极、阳极、隔膜和电解液组成。一般以 CO_2 饱和的碳酸氢钾(钠)溶液作为电解液,阴极电化学反应为 $CO_2+2H^++2e^-\longrightarrow CO+H_2O$;阳极为氧析出反应(OER)$2H_2O \longrightarrow O_2+4H^++4e^-$。

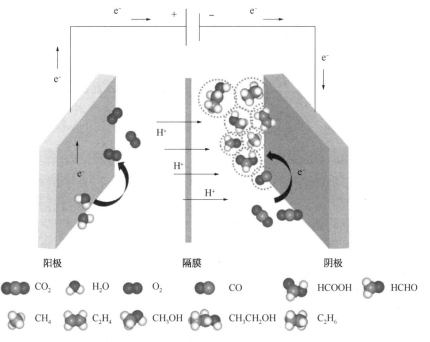

阳极　　　　　　隔膜　　　　　　阴极

CO_2　　H_2O　　O_2　　CO　　$HCOOH$　　$HCHO$

CH_4　　C_2H_4　　CH_3OH　　CH_3CH_2OH　　C_2H_6

图 5.1　电化学 CO_2 还原过程和电化学反应电解池中生成不同产物的示意图

CO_2 分子具有高的电离能和低的电子亲和能,物化性质极其稳定,其活化电势高,因此电催化活化效率低下,能耗高。电催化 CO_2RR 是一个涉及 2 电子、4

电子、8电子、12电子的多步质子-电子对转移过程，可生成一系列不同的产物（见表5-1）。CO_2RR 反应涉及 CO_2 在催化剂表面的吸附、电子或质子转移、C＝O键裂解生成C—H键及相应的中间体、中间体重排生成产物并从催化剂表面脱附。根据电子转移数的不同，可得到不同的还原产物，如CO、HCOOH、CH_4 和 C_2H_4。电催化 CO_2RR 具有过程温和、还原产物容易调控、可与可再生能源（如太阳能、风能等）结合应用等优点，但存在析氢反应（HER）竞争、产物选择性低、机理研究不充分等问题。目前，电催化 CO_2RR 研究主要集中于合成具有高催化效率、良好选择性、高稳定性的电催化剂。

表 5-1 不同转移电子数对应的产物及其标准电位（101.325kPa，25℃，水溶液体系）

电化学半反应方程	标准电极电位（vs SHE）/V
$CO_2(g)+2H^++2e^-\!=\!=\!=\!HCOOH(1)$	−0.25
$CO_2(g)+2H^++2e^-\!=\!=\!=\!CO(g)+H_2O(1)$	−0.106
$2CO_2(g)+2H^++2e^-\!=\!=\!=\!H_2C_2O_4(aq)$	−0.50
$CO_2(g)+4H^++4e^-\!=\!=\!=\!CH_2O(1)+H_2O(1)$	−0.070
$CO_2(g)+6H^++6e^-\!=\!=\!=\!CH_3OH(g)+H_2O(1)$	0.016
$CO_2(g)+8H^++8e^-\!=\!=\!=\!CH_4(g)+2H_2O(1)$	0.169
$2CO_2(g)+12H^++12e^-\!=\!=\!=\!CH_2CH_2(g)+4H_2O(1)$	0.064
$2CO_2(g)+12H^++12e^-\!=\!=\!=\!CH_3CH_2OH(g)+3H_2O(1)$	0.084

5.2 电催化二氧化碳还原反应机理

电催化 CO_2RR 经历以下四个过程：CO_2 分子由电解液中扩散至电极表面，催化位点对 CO_2 分子进行捕捉，即化学吸附过程；CO_2 与电子/质子进行耦合，碳-氧双键断开，即 CO_2 的活化过程；反应的中间体与电子/质子进行耦合，即产物形成过程；最终产物从催化位点上脱离和扩散，即化学脱附过程。

具体而言，当处于电解液中的 CO_2 分子由无规则运动扩散至电极表面的活性位点附近时，高能电子进攻 CO_2 分子生成 $CO_2^{\cdot-}$ 中间体吸附在活性位点上，此时 CO_2 的键长、键角均会有明显的改变。随后，质子（H^+）进攻 CO_2 及中间体中的碳氧键，进而还原为烷烃和醇等产物。实际上，CO_2 的电化学还原并不容易发生，施加的电位要比理论电位负得多。这主要是因为 CO_2 还原过程中首先要经历第一步单电子还原（$CO^2+e^-\!=\!=\!=\!CO_2^{\cdot-}$），该步骤需要在 −1.9V（vs SHE）的电位下发生，需要克服较大的电势壁垒。鉴于此，$CO_2^{\cdot-}$ 生成的反应被认为是 CO_2RR 反应的速率决定步骤。热力学计算结果显示 CO_2RR 的理论电位[−0.52 V（vs SHE）]

与 HER [-0.42V(vs SHE)]电位相比仅差几百毫伏，因此 HER 与电催化 CO_2RR 会发生竞争，降低电催化 CO_2RR 的效率。催化剂和外加条件的不同都会导致产物类型发生变化，常见的还原产物有一氧化碳、甲酸、甲烷等 C_1 产物以及乙烯、乙醇等 C_2 产物。下面将以最终产物分类来讨论电催化 CO_2RR 的机理。

5.2.1　电催化二氧化碳还原为 C_1 产物

（1）甲酸和甲酸盐

高能电子攻击 CO_2 分子使其生成 $CO_2^{\cdot-}$ 中间体是电催化 CO_2RR 的第一步，之后 $CO_2^{\cdot-}$ 获得两个质子和一个电子可生成甲酸。考虑到实际电解液(如碳酸氢盐溶液)的 pH 值接近中性，而甲酸的酸性较强，所以在广泛使用的碳酸氢盐电解液中，实际得到的产物是甲酸盐而不是甲酸。

生成甲酸盐的具体的反应过程如下所示，首先 $CO_2^{\cdot-}$ 从水分子获得一个质子结合生成 $HCOO^{\cdot}$ 中间产物[式(5-1)]，随后，$HCOO^{\cdot}$ 中间产物得到电子生成 $HCOO^-$[式(5-2)]。除此之外，$CO_2^{\cdot-}$ 也可以与电极表面还原产生的吸附氢(H_{ads})反应，直接生成 $HCOO^-$[式(5-3)]。

$$CO_2^{\cdot-}+H_2O = HCOO^{\cdot}+OH^- \tag{5-1}$$

$$HCOO^{\cdot}+e^- = HCOO^- \tag{5-2}$$

$$CO_2^{\cdot-}+H_{ads} = HCOO^- \tag{5-3}$$

（2）一氧化碳

$CO_2^{\cdot-}$ 对电极材料的吸附能力较强时，$CO_2^{\cdot-}$ 自由基通过碳端吸附在电极表面，质子进攻 O 端生成 CO[式(5-4)]。

$$HCOO^{\cdot}+e^- = CO+OH^- \tag{5-4}$$

CO 与甲酸都是 CO_2 的 2 电子还原产物，也是 CO_2 还原最常见的产物，绝大多数电催化 CO_2RR 的研究工作都与这两种产物有关。研究发现，$CO_2^{\cdot-}$ 自由基与电极的结合能力决定了生成 CO 和甲酸的选择性。例如，$CO_2^{\cdot-}$ 自由基在 Pb、Hg、In、Sn、Cd 这一类电极上的吸附能力较弱，因此质子容易进攻游离 $CO_2^{\cdot-}$ 自由基的碳端，有利于 CO_2 向甲酸转化。而 Cu、Au、Ag、Zn、Pd 等金属表面对 $CO_2^{\cdot-}$ 自由基吸附作用较强，$CO_2^{\cdot-}$ 自由基通过碳端吸附在金属表面，悬空的氧端易与质子结合并脱去，生成 CO。

（3）甲醛

与其他 CO_2 还原产物比较，甲醛不容易得到而且法拉第效率很低，关于甲醛生成机理的研究工作比较少。Inoue 等以 TiO_2 为工作电极，探讨 CO_2 还原为甲醛的过程，认为甲醛的生成是来自甲酸产物的进一步还原[式(5-5)]。

$$HCOOH+2H^++2e^- = HCHO+H_2O \tag{5-5}$$

（4）甲醇及甲烷等

Peterson 等认为甲烷的生成路径如图 5.2 所示：CO_2 首先还原为碳端吸附在催化剂上的吸附态甲醛 CO_{ads}，CO_{ads} 接受电子和质子反应生成吸附态 CHO_{ads}（质子加在碳端）、H_2CO_{ads} 以及 CH_3O_{ads}，接下来如果质子加在碳端就会得到甲烷，加在氧端就会得到甲醇。

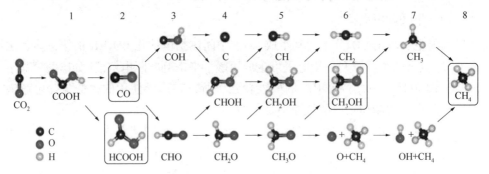

图 5.2 CO_2RR 生成 C_1 产物机理图

5.2.2 电催化二氧化碳还原为 C_2 及 C_{2+} 产物

对于多碳产物，其生成伴随着多步质子和电子的转移，其中极为关键的碳碳耦合步骤需要极大的能量，因此一般情况下多碳产物比较难得到。乙烯和乙醇是电催化 CO_2RR 的两种最常见的 C_2 产物，如图 5.3 所示。

二氧化碳转化为乙烯是一个 12 电子的过程，如式（5-6）所示，即：

$$2CO_2(g)+12H^++12e^-\!\!=\!\!=\!\!=CH_2CH_2(g)+4H_2O(l) \qquad (5-6)$$

其主要路径为 $CO_2\rightarrow{}^*CO\rightarrow{}^*CHOCO\rightarrow{}^*CCO\rightarrow{}^*CHCO\rightarrow{}^*CHOCH\rightarrow{}^*CH_2CHO\rightarrow C_2H_4$。

二氧化碳转化为乙醇是一个 12 电子的过程，如式（5.7）所示，即：

$$2CO_2(g)+12H^++12e^-\!\!=\!\!=\!\!=CH_3CH_2OH(l)+3H_2O(l) \qquad (5-7)$$

其主要路径为 $CO_2\rightarrow{}^*CO\rightarrow{}^*CHOCO\rightarrow{}^*CCO\rightarrow{}^*CHCO\rightarrow{}^*CHOCH\rightarrow{}^*CH_2CHO\rightarrow{}^*CH_3CHO\rightarrow{}^*CH_3CH_2O\rightarrow CH_3CH_2OH$。

DFT 计算表明，具有较高亲氧性的催化剂表面倾向于优先生成 CH_3CH_2OH 而不是 C_2H_4。对于一般的催化剂来说，还原产物主要是 C_1 产物，对乙醇几乎没有选择性。Cu 基非均相材料在所有催化剂中有独特的性能，能够将 CO_2 还原为具有两个或两个以上碳原子（C_{2+}）的产物。Montoya 通过理论计算证明了在 Cu（111）和 Cu（100）晶面上可以进行 $^*CO$ 中间体的二聚，进而促进 C-C 偶联。之后 Koper 等实验验证了在 Cu（100）晶面上更易于进行 $^*CO$ 的二聚，还原生成乙烯或者乙醇。

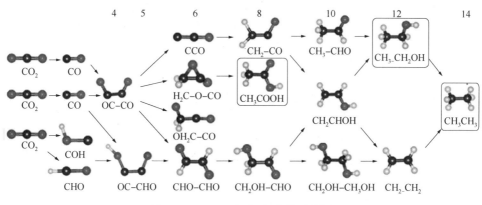

图 5.3　CO_2RR 生成 C_{2+} 产物过程图

5.3　电催化二氧化碳还原反应评价参数

5.3.1　起始电位和过电势

生成产物所需的外加电势即为起始电势，针对同一电还原产物，起始电势越低说明催化剂的性能越好。由于物质传递及电子传递过程中存在内阻，实际施加电位要高于理论电位，二者的差值称为过电势(η)，过电势大小主要取决于催化剂的种类和性质。对于催化剂来说，其过电势越低说明电催化 CO_2RR 性能越好。

5.3.2　电流密度和塔菲尔斜率

电流密度分为总电流密度($i_{总}$)和对应生成目标产物的分电流密度(j_i)。分电流密度的大小反映了催化剂对目标产物的催化活性。在一定的电位下，分电流密度等于总电流密度与对应产物法拉第效率(FE)的乘积，即 $j_i = i_{总} \times FE_{目标}$，式中 j_i 为目标产物的电流密度，$i_{总}$ 为反应的总电流密度，$FE_{目标}$ 为目标产物的法拉第效率。

塔菲尔(Tafel)斜率描述了电化学反应的速率和机理。Tafel 方程表达式为 $\eta = a + b\lg(j)$，其中 η 是反应的过电势，j 是在给定过电势下的电流密度，a 和 b 是两个常数，b 值表示 Tafel 斜率值，$b = 2.3RT/\alpha nF$，其中 R 是气体常数 $[8.314J/(mol \cdot K)]$，T 是以开尔文为单位的温度，α 是电荷转移系数，n 是在单个电化学步骤中转移的电子数，F 是法拉第常数。一般来说，Tafel 斜率越小，催化反应动力学越快。

5.3.3　电化学阻抗谱

电化学阻抗谱(EIS)主要用来评估催化剂在电催化 CO_2RR 过程中的阻抗大小，通过拟合 EIS 曲线能够得到不同的阻抗信息，解析电极界面发生的电化学过程。通过施加一个频率不同的小振幅交流电势，测量交流电势与电流信号的比值（即阻抗）随正弦波频率 ω 的变化。其测试条件如下：电压为开路电压，测试频率范围为 $0.1MHz \sim 0.1Hz$，交流电压振幅为 $5mV$。

5.3.4　稳定性

稳定性是指催化剂的活性随时间变化的情况，可用于衡量催化剂活性。通常使用计时电流法，即通过在恒定的电位下进行长时间电解，在此过程中记录目标产物的电流密度，以评价催化剂稳定性。良好的 CO_2RR 电催化剂应在高电流密度下长时间稳定，也间接反映了催化剂在反应过程中保持结构形貌不发生变化的能力。

5.3.5　气相色谱和核磁共振波谱

反应生成的气相产物是由气相色谱进行分析检测。气相色谱法分析方法简单、测试灵敏度较高、能够有效地分离不同组分。气相色谱可直接对 CO_2RR 过程中产生的气态产物进行在线分析。通常以氮气为载气，将待检测气体通入色谱中，依据出峰时间来定性判断产物的种类，对峰面积进行积分来定量计算生成物的产量。反应的液相产物可使用核磁共振仪进行检测。常用的有氢核磁共振谱和碳核磁共振谱。

5.4　电催化二氧化碳还原催化剂

电催化 CO_2RR 反应能垒较高，动力学缓慢，表现出高过电势。反应中涉及多个电子转移步骤，大部分情况下各个步骤可能同时进行，导致对特定产物选择性低。优良的 CO_2RR 电催化剂必须具有强 *CO 键能和弱 *H 键能来降低 HER 对 CO_2 电催化的影响，并且在反应条件下具有良好的稳定性以及在低过电势下选择性地将 CO_2 还原为单一产物的能力。用于 CO_2RR 的电催化剂主要有：金属基材料、MOFs 和 COFs 材料、碳材料等。以 Au 和 Ag 为代表的贵金属对 CO_2RR 有较好的活性和选择性，但其成本较高。以 Cu 为代表的过渡金属元素可以催化 CO_2 还原为高价值烃类产物但其反应过电势较高。MOFs 材料的高比表面积可以暴露更多活性位点，多孔结构利于物质传递和电子转移，是良好的电催化材料，但其导电性较差。杂原子掺杂碳可以作为 CO_2RR 催化剂，但活性较低。

5.4.1　贵金属催化剂

贵金属具有未充满的 d 轨道，可以与吸附物种形成离域键，从而稳定中间体吸附，可以高效、高选择性地将 CO_2 转化为 CO。但贵金属成本较高，因此降低贵金属的使用量，提高贵金属的利用率，是改进催化剂性能的重点。

5.4.1.1　贵金属单原子催化剂

催化剂尺寸缩小到原子水平时称为单原子催化剂（SACs）。SACs 结合了均相催化剂和非均相催化剂的优点，近乎最大化的原子利用效率和不饱和配位环境，不仅降低了合成成本，而且通过改变少量原子的位置就可以很容易地调整催化剂的活性位点，提高催化剂的催化性能。SACs 中金属原子的 d 电子接近费米能级，导电性良好，这有助于克服电催化 CO_2RR 的高活化障碍，特别是金属原子与配位位点之间的强结合力使其在应用过程中具有很高的稳定性，可作为高效的电催化 CO_2RR 催化剂。

由于单原子通常只能催化单分子的基本反应，因此 SACs 不能催化碳-碳偶联，但能有效促进 CO_2 向 CO 的转化。通过氢低温还原法制备了钯修饰的金纳米颗粒 Pd@ Au 电催化剂。改变 Pd 的负载量[从 2%(质)到 20%(质)]，Pd 原子的负载形式从单原子过渡到连续壳层。研究发现还原产物 CO 的产量与 Pd 含量的关系表现出非线性关系，原因在于不同中间体 $^*CO$ 和 $^*COOH$ 在不同含量 Pd 的位点上吸附能不同，需要调整 Pd 的含量达到最合适的中间体结合能才能达到最优的 CO 选择性。具有离散的、原子分散的 Pd 活性位点的双金属 Pd-Au 表面比纯 Au 具有更低的 CO_2 活化能垒，并且对比纯 Pd 其对 $^*CO$ 中间体吸附更弱，更容易生成 CO。固定在石墨烯上的 Pt 原子与石墨烯的 p 轨道表现出强烈的 d 轨道相互作用。将 Pt 原子负载在具有双空位的缺陷石墨烯上形成的 Pt@ dv-Gr 显示出比体相 Pt 金属更弱的 $^*CO$ 结合力，从而使得甲醇选择性更佳(见图 5.4)。使用葡萄糖和双氰胺与 Pd 盐混合热解后得到氮掺杂碳的 Pd 单原子在 $-0.5V$(vs RHE)下其 CO 法拉第效率达到 55%，是相同条件下 Pd/C(法拉第效率 =22%)的 2.5 倍，并且 CO 分电流密度也高于 Pd/C。

5.4.1.2 贵金属纳米颗粒催化剂

通过表面修饰和纳米结构构筑将贵金属纳米颗粒负载于基底上形成的贵金属负载纳米催化剂是电催化 CO_2RR 的研究热点之一。负载可以增强界面接触，减少团聚，表面修饰能有效阻断 $^*H$ 中间体的吸附，从而抑制 HER，提高选择性。特殊纳米结构可暴露更多活性位点，增强气体传输。

碳基材料具有大的表面积，可稳定贵金属纳米颗粒，最大限度减少团聚。金属纳米颗粒和碳之间的相互作用属于范德华力，而杂原子(N、S 等)掺杂的碳与金属纳米颗粒之间可形成共价键，相互作用更强，可增强 CO_2RR 过程中的电子转移。碳纳米管(CNTs)因其良好的导电性、优异的稳定性而被用于负载 Au 纳米颗粒。将 Au 纳米颗粒沉积在 CNTs 载体上，制备的 Au/CNTs 催化剂在 $-0.5V$(vs RHE)下测试 12h 后表现出高电流密度、高 CO 法拉第效率和良好的稳定性，其 CO 法拉第效率保持在 94%，质量活性仅从 15A/g 降至 13A/g。碳纳米角(CNH)，尤其是氧化的 CNH，具有较多活性位点和优异的 CO_2 吸附性能。CNH 通常形成类大丽花聚集体，为 CO_2 提供 3 种类型的吸附位点：CNII 尖端、CNH 侧壁和大

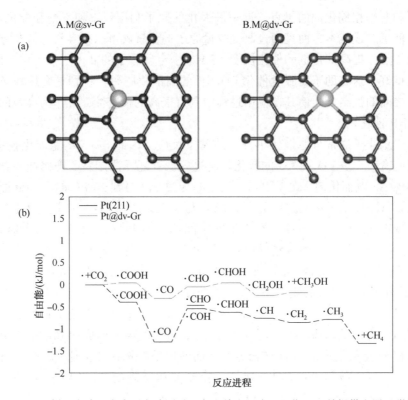

图5.4 （a）石墨烯上去除一个或两个碳原子以产生单（sv）或双空位（dv）并提供金属吸附的位点；
（b）CO_2在 Pt(211) 和 Pt@ dv-Gr 上分别还原为 CH_4 和 CH_3OH 的自由能分布

丽花内部的中心空腔。然而，由于 CO_2 与碳表面的弱键合作用，CNH 的 CO_2RR 催化能力并不理想，加入金属活性组分，可提高其催化能力。将 Pd@ TiO_2 纳米颗粒负载在多壁碳纳米角（SWCNH）上，在 −0.13V（vs RHE）电压下，合成的催化剂在电解前 5min 显示出高甲酸产率和近 99% 的法拉第效率。

利用有机配体（指可和中心原子产生键合的原子、分子和离子）修饰贵金属纳米颗粒可有效稳定纳米颗粒，改善催化性能。一方面，有机配体分子可以与金属纳米颗粒形成牢固的化学键并建立金属/分子界面，防止金属纳米颗粒团聚。另一方面，配体还可以优化金属表面的电子结构，调整配体的位置和数量，有效提高中间体的结合能，从而提高电催化 CO_2RR 的选择性并抑制 HER。Au 和 Ag 与中间体 *CO 之间的键能较弱，因此一般是将 CO_2 还原为 CO。油胺（OA）可以阻止 *H 的吸附抑制 HER 发生，使得 CO_2RR 活性位点将 CO_2 迅速转化为 *COOH 中间体，进而转化为 CO。研究人员将胺分子负载在 Ag 纳米粒子上进行封端，增强了 Ag 纳米颗粒的电催化 CO_2RR 活性但没有增加 HER 活性。与其他纳米颗粒相比，胺修饰的银纳米颗粒保持了较高的 CO 法拉第效率（94.2%）。以油胺修饰 Au

纳米粒子为原料，通过配体交换得到卟啉功能化 Au 纳米颗粒（P1-AuNP），在工作 72h 后表现出较强的稳定性，在-0.45V（vs RHE）时具有最大 CO 法拉第效率（约为 93%）。通过理论计算发现，卟啉功能化后的 Au 表面生成 *COOH 中间体的自由能更低，比普通 Au 更易于将 CO_2 还原为 CO，进一步说明配体可以稳定分子/金属界面并提高催化活性和稳定性。此外，以油胺修饰的 Au NPs（Au-Oa NP）为前体制备的功能化单分散 Au 纳米颗粒（Au-Cb NPs）（见图 5.5）表现出更快的电催化 CO_2RR 动力学，这是由于配体功能化加速了 Au NPs 表面电子转移。采用 3,5-二氨基-1,2,4-三唑（DAT）和 Ag_2SO_4 的混合物制备的 AgDAT，与裸露的 Ag 相比，额外的 DAT 削弱了 Ag 与 CO 的结合，增加了 CO 的生成速率。

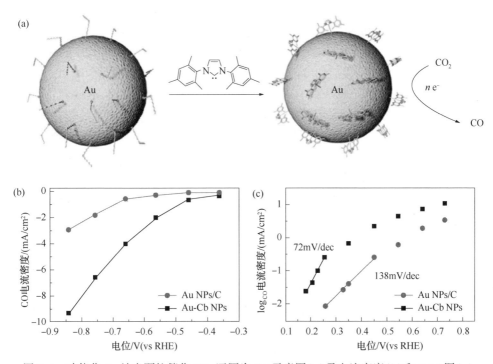

图 5.5　功能化 Au 纳米颗粒催化 CO_2 还原为 CO 示意图（a）及电流密度（b）和 Tafel 图（c）

构筑具有多孔结构的贵金属纳米催化剂是提高电催化 CO_2RR 效率的有效手段。含有相互连通的大孔（200~300nm）和介孔（10nm）网络结构的三维分级多孔纳米金颗粒（N/M-Au），在-0.324mV（vs RHE）时展现出 0.891mA/cm^2 的高 CO 电流密度。此外，介孔纳米 Ag 颗粒催化剂可以降低整个反应的速率控制步骤，提高反应效率，CO 法拉第效率达到 94%。密度泛函理论（DFT）计算表明多孔中空结构有利于反应物扩散进入活性位点和产物离开催化剂表面，边缘位点提供了大量对 CO 活跃的活性位点。

5.4.1.3 贵金属合金催化剂

合金化可以调节金属的 d 带中心,改变金属催化剂的电子特性、还原特性以及分散度从而改变催化选择性、反应速率等。合金与中间体结合可以用经典的 d 带模型来解释,d 带中心越远离费米能级,与吸附物质的结合强度越弱。第二种金属的加入可引起 d 带中心偏移,靠近费米能级,增强催化剂与反应中间体的结合能,改变催化剂的电催化 CO_2RR 活性。研究发现增加 Pd-Au 合金中的 Au 含量会优化 Pd 的催化活性和选择性。其中 Pd_3Au_7 催化活性和选择性最优,在 $-0.5V(vs\ RHE)$ 时达到 94% 的 CO 法拉第效率,在 $-0.6\sim-0.9V(vs\ RHE)$ 的电解电位下其法拉第效率近 100%,同时表现出比纯 Au 和 Pd 更高的电流密度、更低的过电势。DFT 计算表明,与 Pd@Pd_1Au_9 及纯 Au 相比,由于优化的电子结构和结合能,中间体 $^*COOH$ 更容易吸附在 Pd@Pd_3Au_7 的表面。此外,从 Au 到 Pd 的电子转移引起的 Pd 的 d 带中心的移动,导致吸附物质在催化剂表面吸附能力变弱,促进了 $^*CO$ 在 Pd@Pd_3Au_7 表面的解吸,增强其催化 CO_2 还原为甲酸盐的能力。

贵金属与过渡金属形成的合金可有效促进电催化 CO_2RR 的活性和选择性。通过调节组分比,分析 Au-Cu 双金属薄膜上的产物发现,Au 原子的存在降低了 Cu 原子的亲氧性,随着 Au 含量的增加,合金的 d 带中心远离费米能级,削弱了 $^*CO$ 的结合能,促进了 CO 的脱附。而 Cu 原子较低的 $^*H$ 结合能有效地抑制了 HER,提高了整个催化剂的选择性。如图 5.6 所示,Pd-Cu 合金中 d 带中心对调节 CO 和 COOH 中间体的结合能起关键作用,Cu 与 Pd 物质的量比为 $1:0.3$ 的球形 Cu-Pd 纳米合金将 CO_2 转化为 CO 的法拉第效率高达 93%。此外,在一系列 Pd 与 Cu 组成的 Pd_xCu_y 双金属气凝胶中,$Pd_{83}Cu_{17}$ 气凝胶生成 CO 法拉第效率高达 80%。

5.4.2 过渡金属催化剂

过渡金属能够电催化 CO_2RR 生成高价值产物(如乙烯和乙醇),是目前电催化 CO_2RR 的热点研究领域。但 d 带中心理论表明,在电催化 CO_2RR 反应过程中,过渡金属与 $^*COOH$ 和 $^*CO$ 具有相近的结合能,导致其无法保持高选择性。此外,HER 与电催化 CO_2RR 的竞争也是过渡金属催化剂面临的难题。目前一般通过合金化、构造缺陷、表面改性、改变尺寸等方式来增强其电催化 CO_2RR 活性。不同金属对电催化 CO_2RR 的效果也不尽相同,Cu 基催化剂有利于生成碳氢化合物和多碳产物,Fe、Co、Ni 等制备的单原子催化剂对电催化 CO_2RR 活性高,一些过渡金属氧化物具有特殊催化位点(如氧空位)或中间体与金属氧化物的特异性结合使得产物选择性较高。总而言之,过渡金属催化剂在一定的 pH 值范围内稳定、活性位点数量丰富、具有高比表面积和高导电能力,是电催化 CO_2RR 的优异材料。

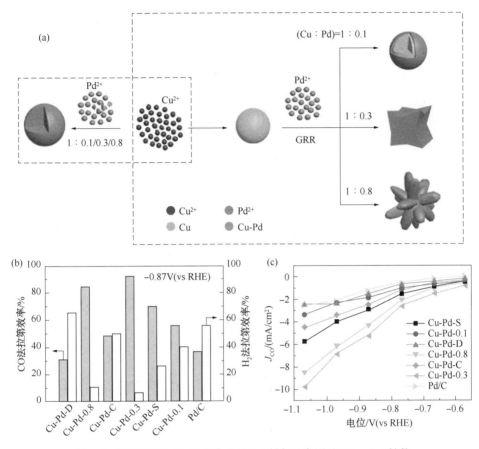

图 5.6 双金属 Pd-Cu 纳米合金的(a)制备示意图及(b)、(c)性能

5.4.2.1 铜基催化剂

在所有过渡金属中，Cu 通常可以选择性将 CO_2 转化为高价值烃类。电催化
CO_2RR 中，中间产物与金属结合能过高会导致生成的产物难以脱附，从而使催
化剂表面中毒；相反，如果结合能太低，反应中间物不能立即被活性位点捕获。
Cu 对大多数含碳反应中间体具有相对温和的结合能，使得其作为电催化 CO_2RR
催化剂时能产生种类丰富的产物。为提高 Cu 基电催化剂的产物选择性，一般采
用三种主要方法：一是通过引入一种或多种二次金属，如银（Ag）、金（Au）、钯
（Pd）和锡（Sn），构建具有多个活性位点的双金属系统；二是调整 Cu 原子的表面
环境，包括晶面、表面缺陷和表面改性；三是调整催化剂结构以增加单位体积的
比表面积以及孔隙率。

通过将 Cu 与第二种金属（或更多）合金化，可以激活 Cu 表面价电子，增强
反应的选择性。反应过程中 * CO 中间体很容易结合到 Cu 表面，进而生成产物

CO，而将亲氧金属即(Ti、Nb 和 W)掺杂到 Cu 上形成合金可以改善 *CO 中间体的质子化并选择性地生成 *COOH 和 *CHO 中间体，从而增强对含氧烃及 C_{2+} 产物的选择性。利用 Cu 与 Sn 制备的 Cu-Sn 合金中，$CuSn_3$ 在 $-500mV$(vs SHE)时表现出近 100% 的甲酸盐法拉第效率(见图 5.7)。与纯 Cu 和 Sn 相比，$CuSn_3$ 对 H_2 和 CO 表现出更高的热力学极限电势，这使得 $CuSn_3$ 具有优异的催化活性。此外，$Cu_{1.63}Se$ 纳米颗粒在 $285mV$(vs SHE)时其甲醇法拉第效率高达 77.6%，电流密度达到 $41.5mA/cm^2$。其催化性能归因于 $Cu_{1.63}Se$ 具有大的比表面积，催化剂与 *CHO 中间体生成了短的 $Cu_{1.63}Se\text{-}CHO$ 键，降低了 *CO 转化为 *CHO 的自由能。

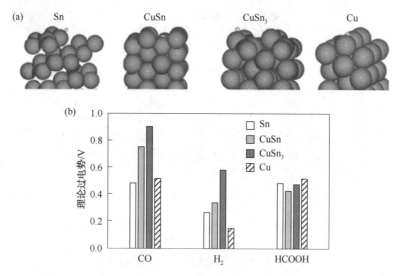

图 5.7　(a)Sn、CuSn、$CuSn_3$ 和 Cu 的优化结构及(b)CO、H_2 和
HCOOH 在 Sn、CuSn、$CuSn_3$ 和 Cu 上的理论极限电势

　　原子排列方式不同会导致产生的晶面对不同中间体的结合能不同，造成产物多样性。通过系统研究不同晶体取向的 Cu 电极上的电催化 CO_2RR 行为(见图 5.8)，发现 Cu(100)表面具有较高的 C_2 选择性，C_1 的生成通常发生在 Cu(111)表面，生成醛和醇。

　　表面缺陷作为增强 CO_2 吸附和增加金属氧化物和氢氧化物表面反应位点数量的方法，已被广泛研究。氧空位为一种特殊形式的表面缺陷。研究发现，CO_2 分子极易与氧空位配位，然后通过倾斜分子轴来补偿缺陷。氧空位与 CO_2 的氧原子之间的相互作用实际上降低了电催化剂表面的 CO_2 捕获和活化的能量势垒。通过电沉积方法制备的具有大量表面缺陷的棱柱形 Cu 基电催化剂可有效促进 C_2H_4 的生成。

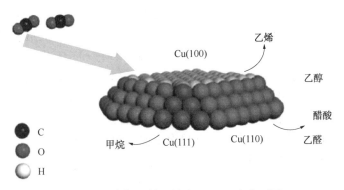

图 5.8 不同 Cu 晶面导致 CO_2RR 产物不同

功能化分子修饰 Cu 表面可促进关键中间体的产生，有效地提高反应速率，而不会改变电子结构。一般来说，路易斯碱和形成 CO 分子助催化剂是铜电极表面改性研究最多的两种类型。路易斯碱的选择是基于 CO_2 可以被视为路易斯酸的概念，一些路易斯碱(例如胺类)能够将来自电解质的 CO_2 分子集中在 Cu 表面，增加局部 CO_2 浓度，并且还可以通过氢键相互作用稳定带负电荷的 CO_2^- 中间体，从而加速 C-C 偶联反应以产生 C_2 产物。产生 CO 的分子助催化剂通过产生 CO 作为后续 C_2 产物形成的前体。值得注意的是，Cu 表面产生 CO 的分子助催化剂也可能引起溢出效应和协同效应，影响其他反应的进行，从而影响 CO_2RR。

催化剂尺寸也是影响 CO_2RR 活性的重要因素。这是因为比表面积随着粒径的减小而增加，活性位点密度升高。与大块纳米颗粒相比，直径小于 10nm 的纳米颗粒在电化学反应中展示出优良的性能。这些单分散纳米颗粒通常表现出明显不同的物理化学性质(如量子化能级、类分子电子结构和动态结构流动性)，当催化剂尺寸达到原子级时可以最大限度地暴露活性位点。Cu 单原子材料是一类优秀的电催化 CO_2RR 催化剂，例如当 Cu 的负载量达到 4.9%(质)时，即可产生乙烯，这是因为随着 Cu 负载量的增加，活性位点间距缩短，C-C 耦合作用随之增强。而当 Cu 的负载量低于 2.4%(质)时，主要产物是甲烷。一般在碳材料(如石墨烯、纳米管、纳米金刚石等)上负载 Cu 团簇或 Cu 单原子催化剂，是其主要研究方向。通过化学气相沉积法在 N 掺杂纳米金刚石(N-ND)上溅射 Cu 团簇形成 N-ND/Cu。与 N-ND 相比，N-ND/Cu 的起始电位发生了较大的正移，表明 Cu 的加入显著降低了反应过电势。表面的 Cu 原子表现出强的 $^*CO$ 结合能力并进一步促进 C-C 耦合，副反应得到有效抑制，C_2 最终成为主要的还原产物，法拉第效率高达 63%，产率达到近 $90\mu mol/(L \cdot h)$。值得注意的是，无论是金属团簇还是单原子催化剂都倾向于聚集成较大的颗粒。因此，合成过程中要注意稳定团簇或单个原子以防止聚集，实现在特定载体之上的均匀分布。

多孔结构材料不仅可以扩大电化学表面积，而且暴露更多活性位点。具体而言，大孔（>50nm）可促进反应物在多电子还原反应的每个活性位点之间的传输。中孔（2~50nm）和纳米孔（<2nm）能够捕获反应中间体和 CO_2 分子，使其在通道内的停留时间更长，增加了通道内的 CO_2 浓度并增加了 CO_2 进一步转化为 C_2 产品的可能性。一种孔径分布为 100~200nm 的高度多孔的 Cu 电催化剂，其大的表面积和多孔通道显著改善了本体电解过程中电极-电解质界面的气体传输，这些多孔通道内的 pH 值与电解质的 pH 值有很大不同，改变了电催化 CO_2 还原途径。在 -0.67V（vs RHE）的电位下，该催化剂可以实现 $653mA/cm^2$ 的高电流密度和约 62% 的 C_{2+} 法拉第效率。除了捕获中间体和 CO_2 分子之外，多层次结构还可能影响传质和电荷转移。CO_2 分子和反应中间体可以在这个相互连接的多级通道中快速传输，从而促进产物的脱附扩散和反应物的补充。

一些新型的 Cu 基金属材料如 CuO 衍生金属，可作为良好的 CO_2RR 催化剂。将 Cu 箔在空气中热解形成 Cu_2O 层，然后在高温下还原 Cu_2O 生成 Cu。这种独特的合成方式可以产生含有大量不同活性位点的 Cu。结果表明在不同活性位点上生成了乙醇、乙烯和正丙醇 3 种产物（见图 5.9）。原位测试发现氧化铜衍生的铜中残留有未还原 Cu_2O，其 O 原子的 p 轨道可以增强中间体吸附的稳定性，利于 CO_2 转化为乙烯。

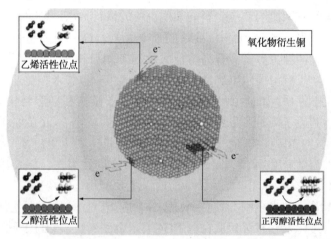

图 5.9 氧化物衍生 Cu 催化剂用于电化学还原 CO_2

将 CO_2 还原为高碳产物的选择性低一直是电催化 CO_2RR 的一大难题。近年来，在 Cu 基催化剂上电还原 CO_2 生成正丙醇等 C_3 产物的研究取得了突破性进展。含有丰富双硫空位的 CuS，其正丙醇法拉第效率达到 15.4%，电流密度高达 $9.9mA/cm^2$。DFT 计算结果表明，该结构能够稳定 $^*CO$ 和 $OCCO^*$ 中间体，并促进其与生成正丙醇的关键中间体 $^*C_3$ 的偶联。

5.4.2.2 M-N-C 催化剂

第四周期的过渡金属(如 Fe、Co 和 Ni)储量丰富,具有相似的原子半径和电子排布,但未经任何处理的过渡金属表现出较高的析氢倾向,不适合用于电催化 CO_2RR。与氮或碳元素组合,形成的 M-N-C(M = Fe、Co、Ni)催化剂主要活性位点是 $M-N_x$ 部分,其中 M 是金属,N 是氮。$M-N_x$ 与 CO 形成途径上的反应中间体具有极佳结合能,表现出高 CO 选择性(见图 5.10)。M-N-C(M = Fe、Co、Ni)的 DFT 分析表明,Co-N-C 表现出高 HER 倾向和较高的 CO 生成能垒,Ni-N-C 吸附 *CO 需要较大的过电势,但具有较强的 HER 抑制能力。Fe-N-C 具有相对平衡的 HER 和 CO_2RR 活性。

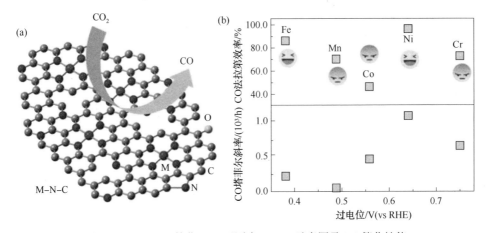

图 5.10 M-N-C 催化 CO_2 还原为 CO(a)示意图及(b)催化性能

Fe 表面和 *CO 中间体之间的结合能过大,会抑制后续反应,并且反应过程中生成的碳化铁无催化活性,导致活性下降。选不同的催化剂-载体体系如 Fe/C、Fe(NH_3)、Fe/NC(NH_3)和 NC(NH_3)进行研究,发现 Fe/C 和 Fe(NH_3)表现出高 HER 倾向,因为此体系中无活性位点 $Fe-N_4$,电催化 CO_2RR 活性低。Fe/NC(NH_3)和 NC(NH_3)催化剂表现出较高的电催化 CO_2RR 活性且 Fe/NC(NH_3)的 CO 转化率为 60%。NC(NH_3)活性来自 N-吡啶基团,Fe/NC(NH_3)的活性来自 $Fe-N_4$ 基团,不同的是 Fe/NC(NH_3)在选择性方面优于 NC(NH_3)。通过设计一系列含有不同比例 $Fe-N_4$ 和晶态 Fe 的 Fe-N-C 材料探究 $Fe-N_4$ 对电催化 CO_2 还原为 CO 反应的影响,发现 100% 的 $Fe-N_4$ 含量表现出很强的 CO 选择性,其法拉第效率达到 91%,起始电位低至 0.3V。相反,无 $Fe-N_4$ 的晶态 Fe 适合于催化 HER(见图 5.11)。因此,将 $Fe-N_4$ 的相对含量保持在 97% 以上是增强 Fe-N-C 材料电催化 CO_2RR 能力的有效方式。将氧化石墨烯和 $FeCl_3$ 溶液的混合物在 750℃ 下热解得到分散在氮掺杂石墨烯上的原子铁(Fe/NG),结果显示该催化剂的 CO 法拉第效率在-0.6V(vs RHE)时达到 80%，还原电流几乎没有出现大的衰减。DFT 计算结果表明 Fe/NG 的特殊结构、石墨烯表面 N 原子的配位作用以及 Fe-N$_4$ 结构单元影响 *COOH 中间体的形成，降低了反应能垒，有利于 CO$_2$RR。

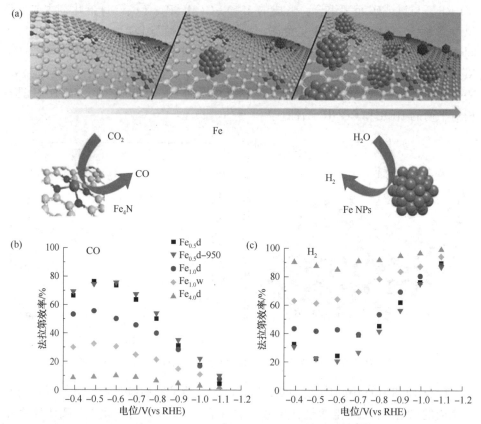

图 5.11　Fe 纳米颗粒和 Fe-N$_4$ 催化 CO$_2$RR(a)示意图及(b) *CO 和(c)H$_2$ 性能

　　Co 有很强的 HER 倾向，使用 Fe 或 Co 掺杂的金属-有机框架作为前驱体，分别制备了氮配位的 Fe 或 Co 原子分散的 M-N-C 催化剂。在 M-N$_4$ 中，Fe 比 Co 具有更高的还原活性，更大的还原电流密度和更高的 CO 法拉第效率。DFT 计算表明，电催化 CO$_2$RR 过程中 Fe-N$_4$ 催化反应所需能量小于 Co-N$_4$ 所需能量，因此具有更优的催化效果。

　　Ni 金属电催化 CO$_2$RR 的主要产物是 H$_2$ 和碳氢化合物。利用 Ni 和氮掺杂碳材料制备的 Ni-N-C 则具有很高的 CO 还原效率。DFT 计算表明，其 CO$_2$ 还原为 CO 的路径属于放热反应，而 HER 路径有相当大的能垒，说明 Ni-N-C 催化剂具有优异的电催化 CO$_2$RR 能力和较强的 HER 抑制效果。热解 Zn/Ni 双金属前体制备的 Ni 负载的 Ni-N-C 材料(见图 5.12)，CO 法拉第效率超过 90%，在-1.03V （vs RHE）下，CO 分电流密度为 71.5mA/cm²。DFT 计算表明，配位不饱和 Ni-N$_x$ 位点（Ni-N$_3$、Ni-N$_3$V 和 Ni-N$_2$V$_2$，其中 V 为 Ni 中心的配位空位）更有利于电催化 CO$_2$RR 活性。在电流密度为 100～200mA/cm² 时，Ni-N-C 催化剂的 CO 法拉第效率接近 90%，优于 N-C、Fe-N-C。

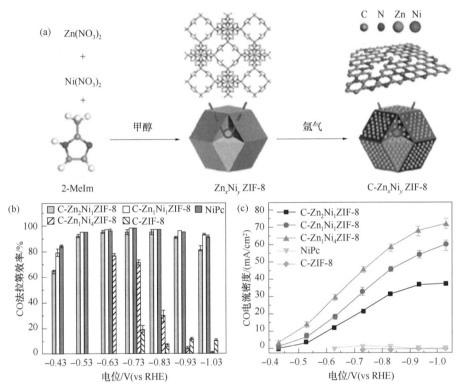

图 5.12 C-Zn$_x$Ni$_y$ ZIF-8 的合成（a）及其电催化性能（b）、（c）

5.4.2.3 过渡金属氧化物催化剂

在电催化 CO$_2$RR 中，大多数中间体可以通过氧原子与金属氧化物结合，氧化物衍生的催化剂通过增加表面粗糙度或提供次表面氧物种来提高自身长期稳定性和电荷转移能力。Cu 氧化物（Cu$_x$O）催化剂中的 Cu⁺ 在电催化 CO$_2$RR 过程中对中间产物有优异的吸附性能。纳米级 Cu$_x$O 催化剂具有高度分散的氧空位，表现出对乙烯的高活性和高选择性。在 -1.4V（vs RHE）电位下，乙烯法拉第效率能达到 63%，且电流密度在前 13h 保持不变。DFT 结果表明，氧空位增强了对 *CO 和 *COH 中间体的吸附，并与另一个中间体 *CH$_2$ 反应生成乙烯。但 Cu$_x$O 类催化剂在催化过程中受到电场影响可能会导致 Cu⁺ 还原为 Cu⁰，使得乙烯的选择性大幅衰减。

具有中等纳米空腔的球形 Cu_2O 纳米颗粒可以有效抑制 Cu^+ 还原为 Cu^0。与碎片 Cu_2O 和固体 Cu_2O 催化剂相比，具有纳米空腔的球形 Cu_2O 催化剂的 C_{2+}/C_1 产物选择性提高了 8 倍，C_{2+} 部分电流密度达到 $267mA/cm^2$。且在所有 C_{2+} 产物中，乙烯所占比例最大，为 38%，超过其他 C_{2+} 产物的总和。C_{2+} 法拉第效率和总电流密度在 180min 测试后保持了显著的稳定性。从动力学的角度来看，由于纳米空腔的结构，许多中间体被限制在催化剂表面。聚集的中间体不仅为 C-C 偶联形成 C_{2+} 产物提供了更多机会，而且还抑制了 Cu^+ 还原。除 Cu 氧化物外，Co 氧化物也表现出优异的电催化 CO_2RR 还原的能力。在 $-0.88V$（vs RHE）时具有 1.72nm 厚的超薄 Co_3O_4 层对 CO_2 还原为甲酸盐的法拉第效率达到 64.3%，是块状 Co_3O_4 的 3 倍，电流密度也达到了 $0.68mA/cm^2$，比体相提高了 20 倍。

5.4.3 金属有机框架化合物和共价有机框架化合物

5.4.3.1 金属有机框架化合物

MOFs 是由金属中心和有机配体构成，具有超高表面积、结构多样性和化学可调性（见图5.13）。在电催化 CO_2RR 中，不饱和金属位点赋予 MOFs 对 CO_2 的吸附能力，但金属位点上 H_2O 与 CO_2 的竞争吸附降低了 CO_2 的还原效率。MOFs 在电催化 CO_2RR 中表现出良好的性能主要归因于以下几个原因：第一，多孔结构可促进 CO_2 吸附并缩短 CO_2 分子与金属活性位点之间的电子传输距离。第二，MOFs 中的金属团簇具有很高的催化活性。第三，MOFs 的有序结构可精确控制电催化金属活性位点。第四，金属中心配位环境的扰动可影响催化活性位点的电荷密度分布，从而调控各种关键反应中间体的吸附或脱附。第五，各种官能团修饰的有机配体可调节催化活性位点上的中间体的吸附自由能。第六，MOFs 明确且可调的晶体结构有助于建立理论计算模型来研究结构-活性关系。

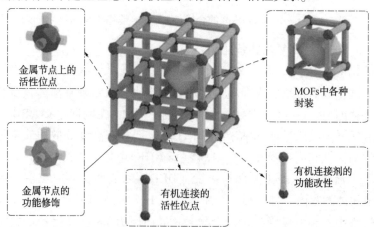

图 5.13   由金属中心和有机配体连接而成的 MOFs

大多数 MOFs 倾向于促进 C_1 产物的生成，例如 CO、HCOOH 和 CH_4。这主要是因为大多数框架中孤立的催化位点之间的距离过大，限制了 C-C 的有效耦合，进而影响 C_{2+} 产物形成。通过构建具有金属簇的 MOFs 来增加 CO 中间体覆盖率，可促进 C-C 偶联反应。研究人员以一种具有环状三核簇的金属唑酸盐骨架（表示为 Cutrz）作为电催化 CO_2RR 催化剂。其中相邻金属活性位点之间具有合适的空间距离，可增强电催化 CO_2RR 中 C_{2+} 产物的形成。此外，另一种典型的三核 Cu 簇吡唑的 Cu_3-X（分别为 X=Cl、Br 和 NO_3）体系具有高度对称的分子结构，可高选择性地还原 CO_2 为 C_2H_4。其中 Cu_3-Br 表现出最优的电催化 CO_2RR 性能，在 $-0.7V$（vs RHE）时，$FE_{C_2H_4}$ 最高为 55.01%，在 $-1.1V$（vs RHE）时，C_2H_4 的部分电流密度达到 330.90mA/cm^2。高活性源于三核 Cu 活性位点可以在同一侧同时吸附三种 $^*CO$ 物种，从而提高 $^*CO$ 覆盖率以降低 C-C 二聚能垒。密度泛函理论（DFT）结果也表明 Cu_3-Br 具有与 C_2H_4 生成密切相关的 C-C 偶联过程的最小能垒。

然而 MOFs 中金属中心与有机配体之间以配位键连接，稳定性较差。同时，由于有机配体的存在，导致 MOFs 整体导电性不高。为提高导电性、增加电催化 CO_2RR 活性、提高耐久性，通常将 MOFs 作为前体或模板，转化为各种金属/碳材料，即 MOFs 衍生材料。MOFs 衍生材料比原始 MOFs 具有更高的稳定性和导电性。更重要的是，与常规合成的电催化剂相比，MOFs 衍生材料可以继承 MOFs 的特性，包括高比表面积、均匀的组分分布、可调成分和定制形态。

MOFs 衍生材料的合成方法中，MOFs 的电化学转化和热转化是两种最常用的方法。MOFs 的电化学转化是指 MOFs 在外加电位作用下进行结构重构，形成金属材料，金属氧化物材料或金属/碳杂化材料。通过原位电化学还原 Cu-MOFs 得到的介孔 Cu 纳米带在电催化 CO_2RR 中对 C_{2+} 产物表现出良好的活性和选择性。机理研究表明，MOFs 衍生的 Cu 纳米带的介孔结构可以增强电催化剂表面的电场，这将促进 $^*CO$ 中间体的形成和 C-C 的偶联反应生成 C_{2+}。MOFs 热转化是指在不同温度下热解可以得到的无金属材料，金属化合物或单原子催化剂（SACs）。研究发现，通过调整热解温度、热解气氛和反应时间，可以调节 MOFs 衍生材料的组成、形貌和相应的电催化性能。在 800℃、900℃、1000℃ 和 1100℃ 的不同温度下，合成了分散在 N 掺杂碳上的单原子 Cu 催化剂，分别为 Cu-N-C-800、Cu-N-C-900、Cu-N-C-1000 和 Cu-N-C-1100。所得催化剂中 Cu-N-C-800 和 Cu-N-C-900 对烃类具有较高的选择性。单原子 Cu 催化剂的 Cu 负载密度不同，导致 CO_2RR 的产物不同。其中 Cu-N-C-800 在 Cu 负载密度为 4.9%（摩）时对 C_2H_4 的选择性较好，在 $-1.4V$（vs RHE）下 C_2H_4 的选择性为 24.8%，而 CH_4 的选择性为 13.9%。相比之下，Cu-N-C-900 在 $-1.6V$（vs RHE）时 Cu 负载密度为

2.4%（摩），CH_4 选择性高达38.6%，而 C_2H_4 的生成受到很大程度的抑制。

改变 MOFs 中配体的种类，可以调整活性位点的配位环境，影响中间体与金属活性位点的结合，有利于电催化 CO_2RR。利用1,10-菲罗啉和沸石咪唑酯骨架（ZIF-8）衍生的 MOFs 具有高达91%的 CO 法拉第效率。DFT 计算表明，引入的菲罗啉分子中的电荷向咪唑酯中相邻的 sp^2 碳原子位点转移，sp^2 碳原子侧成为主要的电催化活性位点，促进电子向 CO_2 移动，加速了活性中间体 $^*COOH$ 的形成，促进了 CO_2 还原发生。利用还原性多金属氧酸盐（POM）和金属卟啉可形成多金属氧酸盐–金属卟啉有机框架（PMOFs）。在所有 PMOFs 中，Co-PMOFs 具有可高效地将 CO_2 转化为 CO 的能力，在 $-0.8V$（vs Ag/AgCl）时具有最高的法拉第效率99%，TOF 为 $1656h^{-1}$。还原性 POM 和 Co–卟啉的配位作用增强了 Co-PMOF 的电子迁移率。由于 Co-PMOFs 和 POMs 的高电子导电性，$^*COOH$ 和 $^*CO$ 迅速形成，促进 CO_2 脱附。

5.4.3.2 COFs

共价有机框架（COFs）是一类由轻质元素（C、O、N、B 等）通过共价键连接形成的有机多孔材料，具有结晶性好、密度低、比表面积高及结构可设计性强等特点。由于组成 COFs 的有机分子是通过较强共价键连接而成的，难以被高温解离，因而拥有较高的化学稳定性和热稳定性。COFs 材料可调节的孔隙率、大量活性位点、大的 CO_2 吸附量、明确的周期结构等都是其作为电催化 CO_2RR 催化剂的优势。由胺键连接的 COFs-102 表现出优异的 CO 转化率。其分子级的孔道（见图5.14）有较强的 CO_2 吸收能力（1200mg/g）。氨基官能团以特定的方式与 CO_2 结合，增强了 CO 产物选择性。当负载在 Ag 电极表面时，整个电极在 $-0.85V$（vs RHE）时的 CO 法拉第效率高达80%。此外，胺基连接促进了 COFs-102 在强酸和强碱中的稳定性。

为增强 COFs 电子导电性，通常设计供体–受体异质结或完全 π 共轭的 COFs。第一种方法是 CO_2 选择性地与特定金属中心交换电荷形成氧化还原键来构建供体–受体异质结。如四硫富瓦烯（TTF）作为一种具有高电子迁移率的电子供体，在与电子受体组合时能够合成高导电性晶体。研究人员在卟啉基 COFs 中构建了供体–受体（D-A）异质结，合成了 TTF-Por(Co)-COFs 催化剂，其中高效的电子传输路径使得 TTF-Por(Co)-COFs 的电子传导性可以达到 $1.32×10^{-7}S/m$。此外，TTF-Por(Co)-COFs 具有强的 CO_2 吸收能力，吸附量为 $22cm^3/g$，有助于促进其电催化 CO_2RR 活性，TTF-Por(Co)-COFs 的电流密度在 $-0.9V$（vs RHE）电位下可达 $6.88mA/cm^2$。增强 COFs 导电性的第二种方法可以通过使用共轭键连接催化位点创建 π 共轭网络来实现。研究人员通过构建全共轭网络合成了二维导电镍酞菁基 COFs（NiPc-COFs），其中平面 NiPc 基元通过共价吡嗪键连

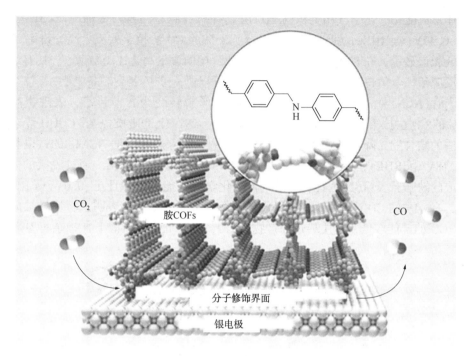

图 5.14　COFs 电催化 CO_2RR 示意图

接，共价吡嗪键对催化剂框架稳定性和导电性至关重要，NiPc-COFs 电导率高达 $3.77×10^{-6}S/m$，比绝缘 COFs 高出几个数量级。在该材料中，具有 M-N$_4$ 结构的金属酞菁被认为是电催化 CO_2RR 的活性位点。CO_2 吸附测试表明，NiPc-COFs 在 298K 时具有 $23cm^3/g$ 的高 CO_2 吸附容量，证明其良好的 CO_2 亲和力，有利于提高电催化 CO_2RR 的催化活性。

5.4.4　碳材料催化剂

具有高比表面积和电子导电性的碳材料是天然的电催化剂。丰富的多孔结构可以增加局部 CO_2 浓度，丰富的孔隙率可以促进电解质的快速渗透。然而中性碳原子没有激活 CO_2 分子的能力，无缺陷碳材料对 CO_2RR 的固有活性可以忽略不计。杂原子的掺杂可调控相邻碳原子的电荷密度和电子结构，有利于优化碳材料中载流子的浓度，提供丰富的活性位点。

N 掺杂纳米碳材料是良好的电催化 CO_2RR 催化剂。密度泛函理论(DFT)计算表明，N 掺杂可改变相邻碳原子的自旋密度，从而导致 N 掺杂纳米碳的电子导电性增加。并且 N 原子和 C 原子大小相近，使得 C 原子很容易被 N 原子取代。根据 N 原子化学环境的不同，N 掺杂分为吡啶-N、石墨-N、吡咯-N 和氧化-N四种类型。其中，吡啶-N 为活性位点表现出强的 CO_2 吸附能力和低的 *COOH 中间体形成能垒。化学气相沉积(CVD)法制备的 N 掺杂三维石墨烯泡沫(3D-NG)在-0.47V(vs RHE)的低过电势下获得了 85%的 CO 法拉第效率。高分辨率 N 1s XPS 光谱显示,在 800℃条件下热解,吡啶-N 的含量高达 4.1%(摩),具有最佳的反应活性。值得注意的是,该合成方法可以进一步扩展到制备吡啶-N 掺杂碳纳米管(NCNTs)。吡啶氮的引入,CNTs 的形貌转变为竹节形态,表现出超过 80%的 CO 法拉第效率。DFT 计算结果表明,CNTs 上的吡啶氮与 *COOH 表现出合适的结合能,降低了速率控制步骤的能垒。该方法合成的 NCNTs 的过电势为 -0.18V(vs RHE),CO 选择性最高可达 80%,略低于 3D-NG。通过脱氮的方法合成的缺陷石墨烯(DG)具有显著的 CO₂化学吸附能力,并且在-0.6V(vs RHE)时具有 84%的 CO 法拉第效率(见图 5.15)。DFT 计算结果表明,石墨烯缺陷位与 *CO 的键能较低,其主要还原产物为 CO,但其催化性能低于 N 掺杂石墨烯。

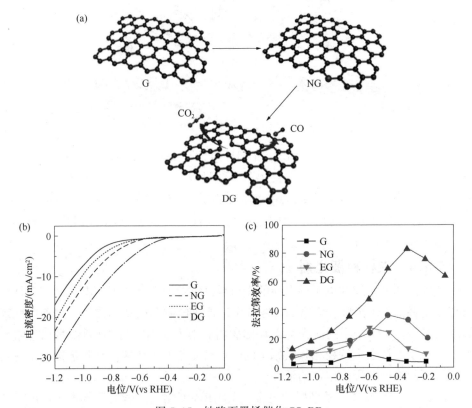

图 5.15　缺陷石墨烯催化 CO₂RR

硫和磷掺杂也可以提高碳材料催化性能,掺杂后形成的 X—C(X=P、S)键具有较强的电子转移能力和对中间体 *COOH 的结合能,进而提高 CO₂转化效率。磷掺杂洋葱状碳(P-OLC)是优异的电催化 CO₂RR 催化剂。P-OLC 中 P—C 键表现出强的电子转移能力和关键中间体 * COOH 的结合能，使得催化剂最高具有81%的CO法拉第效率。此外，通过P、S和N共掺杂可以提高吡啶氮和石墨氮的选择性和活性。电化学测试表明，N、P共掺杂碳气凝胶（NPCA）在$-2.4V(vs\ Ag/Ag^+)$时具有最大的CO法拉第效率99.1%（见图5.16）。在相同电位下，部分电流密度达到143.6mA/cm²。除了杂原子掺杂外，复合碳材料也可以促进电催化CO_2RR。含有ZIF和多壁碳纳米管（MWCNTs）的复合催化剂在$-0.86V(vs\ RHE)$和7.7mA/cm²的大电流密度下，CO法拉第效率接近100%。

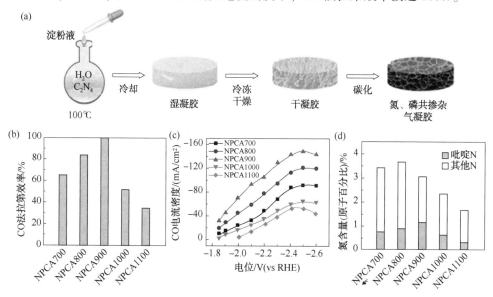

图5.16 N、P共掺杂碳气凝胶（NPCA）电催化CO_2还原为CO

贵金属催化剂拥有高的电催化CO_2RR催化活性和导电率，但是其价格昂贵；过渡金属催化剂价格适中，活性良好但选择性较差，是目前电催化CO_2RR催化剂的主流；MOFs和COFs催化剂的活性和选择性高，但其导电性差；碳基催化剂稳定性好，但是其活性较差。在实际生产生活中，要综合考虑活性、选择性、价格、稳定性和电子导电性等性能，根据实际情况灵活选用催化剂，以保证生产和实验的顺利进行。

5.5 电催化二氧化碳还原反应应用

根据能量转换的不同途径，电催化CO_2RR的应用主要为：第一，金属-CO_2电池。金属-CO_2电池可以将化学能转化为电能，其优势在于金属-CO_2电池能够消耗温室气体CO_2并发电，起到一举两得的作用。第二，醇类和甲酸等放电产物具有高能量密度和经济价值。在金属-CO_2电池中，可以使用锂（Li）、钠（Na）、锌(Zn)、镁(Mg)和铝(Al)等活性金属作为阳极。Li-CO$_2$电池是最早被报道和研究的CO$_2$还原的电池,为减轻温室效应和发电提供了一种新思路。与最先进的Li离子电池相比,Li-CO$_2$电池(见图5.17)具有更高的能量密度。然而,Li$_2$CO$_3$作为主要放电产物之一,在充电过程中很难分解。此外,Li$_2$CO$_3$是一种电绝缘体,可能会对阴极-电解质界面的电子传输产生不利影响。放电-充电过电势高、可循环性差是Li-CO$_2$电池亟待解决的问题。2014年,报道了第一个可充电的Li-CO$_2$电池。以导电炭黑为阴极催化剂,其放电容量达1000mA·h/g。此外,由于导电性能较差的Li$_2$CO$_3$的积累,该电池存在放电-充电过电势大、往返效率低的问题,促进放电产物的分解对提高电池的循环性能起着关键作用,需要进一步进行综合优化。近年来人们利用多孔石墨烯支撑的碳量子点(CQDs)作为Li-CO$_2$电池的阴极催化剂。该催化剂的过电势在235次循环后仍保持稳定。经过SEM图像分析,在放电过程中Li$_2$CO$_3$在电极中溢出。而在充电过程结束时,Li$_2$CO$_3$被完全去除。多孔石墨烯提供的结构框架与高导电CQDs之间的协同作用是Li$_2$CO$_3$高效形成和分解的关键。

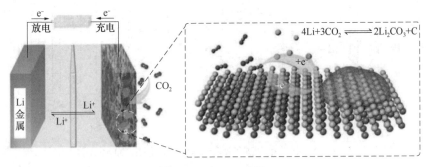

图5.17 Li-CO$_2$电池

尽管Na-CO$_2$电池的开发较晚,但近年来由于其高能量密度和廉价的阴极材料一直受到研究人员的关注。Na在地球上的储量比Li更多,并且Na-CO$_2$电池表现出比Li-CO$_2$电池更好的循环性能。但是,考虑到可燃电解质的泄漏以及钠阳极的不稳定性,使用固态电解质是一种有效方法。与此同时,开发出了一种由Na阳极、固态电解质和多壁碳纳米管阴极组成新型的全固态Na-CO$_2$电池。由于采用了固态电极和无枝晶钠阳极,该电池具有较高的安全性和240次循环稳定性。另一个特点是这些电池能够在不同弯曲状态(0°~360°)下持续运行80h以上。此外,阴极的多孔结构有助于CO$_2$的自由迁移,并在一定程度上降低了界面电阻。然而与其他Na-CO$_2$电池相比,全固态Na-CO$_2$电池具有超过1V的相对较大的过电势,全固态Na-CO$_2$电池仍有待改进。

Zn/Al-CO$_2$体系在将CO$_2$转化为有价值的产物方面表现出了优异的选择性。

与 Li 和 Na 相比，Al 具有安全性高、成本低、能量密度高达 2980A·h/kg 等优点。以 O_2 作为辅助气体集成的 Al-CO_2 电池（Al/CO_2-O_2），其主要放电产物为 $Al_2(C_2O_4)_3$。此种类型的电池可应用于工业生产。烟道气流中 CO_2 含量达到 80%，通过捕获其中的 CO_2 用于发电减少了 CO_2 排放。主要排放产物 $Al_2(C_2O_4)_3$ 可分解为 $H_2C_2O_4$ 和 Al_2O_3，有较高的经济效益。Zn-CO_2 电池的放电产物为 CO 或 HCOOH。通过与杂元素掺杂的石墨烯阴极组成电池，有效地抑制了 HER，提高了电池性能。单原子催化剂表现出较高地将 CO_2 还原为 CO 的趋势，*TOF* 为 $2225h^{-1}$，超过了大多数过渡金属催化剂。DFT 结果表明，Fe-N_3 位点是该催化剂的活性位点，具有平衡 CO_2RR 过程中各步骤能垒的能力，整个电池具有高达 $526mW/cm^2$ 的功率密度。

然而，金属-CO_2 电池的发展还存在一些问题：放电反应需要较大过电势，容易降低电池能效；阳极金属不稳定，电解液易燃，给电池带来诸多安全隐患；还原产物碳酸盐电子导电性低，难以分解。除此之外，金属-CO_2 电池大规模生产碳质燃料的工业应用可能面临复杂的情况。总体而言，未来电催化 CO_2RR 在环境保护、能源转换等领域都具有应用潜力。

5.6　总结与展望

通过电催化 CO_2RR 将其转化为有价值的燃料或化学品是减少大气中 CO_2 含量的可行措施。本章分别从电催化 CO_2RR 的反应机理、催化剂评价方法、各类催化剂以及电催化 CO_2RR 的应用等方面进行概述，主要介绍了贵金属催化剂、过渡金属催化剂、MOFs 和 COFs 催化剂及碳基催化剂，并通过检测其稳定性、产物法拉第效率、过电势、电流密度等手段对 CO_2RR 催化剂的性能进行了评估。

本章重点对电催化 CO_2RR 催化剂进行了总结分类并阐明各自特点，其中贵金属催化剂以纳米颗粒或单原子的形式负载在基底上或在其表面引入有机配体来增强其电催化 CO_2RR 性能为目前的主要研究方向，其产物主要是 CO。过渡金属催化剂要克服 HER 对电催化 CO_2RR 的影响以及对单一产物选择性低的问题。其中又以碳氢化合物和多碳物质为产物的 Cu 基催化剂最为特殊。MOFs 和 COFs 的多孔结构使其具有大的 CO_2 吸附量，通过负载有催化活性的纳米金属作为活性位点并改变其电子结构，可制备出高活性和选择性的新型催化剂。碳基材料是纳米催化剂和单原子催化剂的优良载体。杂原子掺杂的碳材料也是高活性电催化 CO_2RR 催化剂，杂原子掺杂导致 sp^2 共轭，增加了材料的导电性。

通过将尺寸缩小到纳米级、掺杂、合金和缺陷工程等多种方法可提高材料在电催化 CO_2RR 中的性能。电催化 CO_2RR 中将 CO_2 转化为 CO 的技术最为成熟，通过两步法实现了 C_2 的工业化生产，即 CO_2 在第一步被电还原为 CO 形成 CO/

CO_2合成气，随后进一步转化为碳氢化合物。在电催化CO_2RR过程中，催化剂的催化活性位点与被吸附元素的结合强度、HER的竞争反应以及电子转移的能垒对产物的选择性至关重要。$CO_2^{\cdot-}$、$^*COOH$、$^*CHO$和$^*COH$等中间体与催化剂表面不同的吸附能决定了产物形成途径并影响最终产物。高效、高选择性的电催化CO_2RR是一个全球性挑战，相信不久的将来，通过开发新型催化剂，活性、选择性和稳定性不足等挑战将被克服，电催化CO_2RR技术将在不久的将来实现大规模工业化。

参 考 文 献

[1] Zhu W, Zhang Y J, Zhang H, et al. Active and selective conversion of CO_2 to CO on ultrathin Au nanowires [J]. Am. Chem. Soc., 2014, 136(46): 16132-16135.

[2] Zhu Y, Sokolowski J, Song X, et al. Engineering local coordination environments of atomically dispersed and heteroatom-coordinated single metal site electrocatalysts for clean energy-conversion[J]. Adv. Energy Mater., 2020, 10(11): 1902844.

[3] Qiao B, Wang A, Yang X, et al. Single-atom catalysis of CO oxidation using Pt1/FeO$_x$[J]. Nat. Chem., 2011, 3(8), 634-641.

[4] Wang Y, Cao L, Libretto N J, et al. Ensemble effect in bimetallic electrocatalysts for CO_2 reduction[J]. Am. Chem. Soc., 2019, 141(42): 16635-16642.

[5] Back S, Lim J, Kim N Y, et al. Single-atom catalysts for CO_2 electroreduction with significant activity and selectivity improvements[J]. Chem. Sci., 2017, 8(2): 1090-1096.

[6] He Q, Lee J H, Liu D B, et al. Accelerating CO_2 electroreduction to CO over Pd single-atom catalyst[J]. Adv. Funct. Mater., 2020, 30(17): 2000407.

[7] Feng X F, Jiang K L, Fan S S, et al. Grain-boundary-dependent CO_2 electroreduction activity[J]. J. Am. Chem. Soc., 2015, 137(14): 4606-4609.

[8] Melchionna M, Bracamonte M V, Giuliani A, et al. Pd@ TiO_2/carbon nanohorn electrocatalysts: reversible CO_2 hydrogenation to formic acid[J]. Energy Environ. Sci., 2018, 11(4): 1571-1580.

[9] Mahyoub S A, Qaraah F A, Chen C Z, et al. An overview on the recent developments of Ag-based electrodes in the electrochemical reduction of CO_2 to CO[J]. Sustainable Energy Fuels, 2020, 4(1): 50-67.

[10] Li Z, Wu R, Zhao L, et al. Metal-support interactions in designing noble metal-based catalysts for electrochemical CO_2 reduction: Recent advances and future perspectives [J]. Nano Res., 2021, 14: 3795-3809.

[11] Kim C, Eom T, Jee M S, et al. Insight into electrochemical CO_2 reduction on surface-molecule-mediated Ag nanoparticles[J]. ACS Catal., 2017, 7(1): 779-785.

[12] Hyun G, Song J T, Ahn C, et al. Hierarchically porous Au nanostructures with interconnected channels for efficient mass transport in electrocatalytic CO_2 reduction[J]. Acad. Sci. USA, 2020, 117(11): 5680-5685.

[13] Liu S Q, Wu S W, Gao M R, et al. Hollow porous Ag spherical catalysts for highly efficient and selective electrocatalytic reduction of CO_2 to CO[J]. ACS Sustainable Chem. Eng., 2019, 7(17): 14443-14450.

[14] Lee J H, Kattel S, Jiang Z, et al. Tuning the activity and selectivity of electroreduction of CO_2 to synthesis gas using bimetallic catalysts[J]. Nat. Commun., 2019, 10: 3724.

[15] Vasileff A, Xu C C, Jiao Y, et al. Surface and interface engineering in copper-based bimetallic materials for selective CO_2 electroreduction[J]. Chem, 2018, 4(8): 1809-1831.

[16] Liu K, Ma M, Wu L, et al. Electronic effects determine the selectivity of planar Au-Cu bimetallic thin films forelectrochemical CO_2 Reduction[J]. ACS Appl. Mater. Interfaces, 2019, 11(18): 16546-16555.

[17] Lu L, Sun X, Ma J, et al. Highly efficient electroreduction of CO_2 to methanol on palladium-copper bimetallic aerogels[J]. Angew. Chem. Int. Edit., 2018, 130(43): 14345-14349.

[18] Chen D, Yao Q, Cui P, et al. Tailoring the selectivity of bimetallic copper-palladium nanoalloys for electrocatalytic reduction of CO_2 to CO[J]. ACS Appl. Energy Mater., 2018, 1(2): 883-890.

[19] Todorova T K, Schreiber M W, Fontecave M, et al. Mechanistic understanding of CO_2 reduction reaction (CO_2RR) toward multicarbon products by heterogeneous copper-based catalysts[J]. ACS Catal., 2020, 10(3): 1754-1768.

[20] Zhao X, Du L, You B, et al. Integrated design for electrocatalytic carbon dioxide reduction[J]. Catal. Sci. Technol., 2020, 10(9): 2711-2720.

[21] He J, Dettelbach K E, Salvatore D A, et al. High-throughput synthesis of mixed-metal electrocatalysts for

CO$_2$ Reduction[J]. Angew. Chem., Int. Ed., 2017, 56(22): 6068-6072.

[22] Zheng X, Ji Y, Tang J, et al. RETRACTED ARTICLE: Theory-guided Sn/Cu alloying for efficient CO$_2$ electroreduction at low overpotentials[J]. Nat. Catal., 2018, 2: 55-61.

[23] Yang H, Han N, Deng J, et al. Selective CO$_2$ Reduction on 2D mesoporous Bi nanosheets[J]. Adv. Energy Mater., 2018, 8(35): 1801536.

[24] Sun Z, Ma T, Tao H, et al. Fundamentals and challenges of electrochemical CO$_2$ reduction using two-dimensional materials[J]. Chem, 2017, 3(4): 560-587.

[25] Xiao C L, Zhang J. Architectural design for enhanced C$_2$ product selectivity in electrochemical CO$_2$ reduction using Cu-based catalysts: A Review[J]. ACS Nano, 2021, 15(5): 7975-8000.

[26] Jiang D, Wang W, Gao E, et al. Highly selective defect-mediated photochemical CO$_2$ conversion over fluorite ceria under ambient conditions[J]. Chem. Commun., 2014, 50(16): 2005-2007.

[27] Jeon H S, Kunze S, Scholten F, et al. Prism-shaped Cu nanocatalysts for electrochemical CO$_2$ reduction to ethylene[J]. ACS Catal., 2018, 8(1): 531-535.

[28] Li F, Li Y C, Wang Z, et al. Cooperative CO$_2$-to-ethanol conversion via enriched intermediates at molecule-metal catalyst interfaces[J]. Nat. Catal., 2020, 3: 75-82.

[29] Weng Z, Wu Y, Wang M, et al. Active sites of copper-complex catalytic materials for electrochemical carbon dioxide reduction[J]. Nat. Commun., 2018, 9: 415.

[30] Nitopi S, Bertheussen E, Scott S B, et al. Progress and perspectives of electrochemical CO$_2$ reduction on copper in aqueous electrolyte[J]. Chem. Rev., 2019, 119(12): 7610-7672.

[31] Wang H, Tzeng Y K, Ji Y, et al. Synergistic enhancement of electrocatalytic CO$_2$ reduction to C$_2$ oxygenates at nitrogen-doped nanodiamonds/Cu interface[J]. Nat. Nanotechnol., 2020, 15: 131.

[32] O'Mara P B, Wilde P, Benedetti T M, et al. Cascade reactions in nanozymes: spatially separated active sites inside Ag-core-porous-Cu-shell nanoparticles for multistep carbon dioxide reduction to higher organic molecules[J]. J. Am. Chem. Soc., 2019, 141(36): 14093-14097.

[33] Lv J J, Jouny M, Luc W, et al. A highly porous copper electrocatalyst for carbon dioxide reduction[J]. Adv. Mater., 2018, 30(49): 1803111.

[34] Peng C, Luo G, Zhang J, et al. Double sulfur vacancies by lithium tuning enhance CO$_2$ electroreduction to n-propanol[J]. Nat. Commun., 2021, 12: 1580.

[35] Pan, Fuping, Deng, et al. Identification of champion transition metals centers in metal and nitrogen-codoped carbon catalysts for CO$_2$ reduction[J]. Appl. Catal. B-Environ., 2018, 226(15): 463-472.

[36] Raciti D, Wang C. Recent advances in CO$_2$ reduction electrocatalysis on Ccopper[J]. ACS Energy Lett., 2018, 3(7): 1545-1556.

[37] Silva W O, Silva G C, Webster R F, et al. Electrochemical reduction of CO$_2$ on nitrogen-doped carbon catalysts with and without iron[J]. ChemElectroChem, 2019, 6(17): 4626-4636.

[38] Huan T N, Ranjbar N, Rousse G, et al. Electrochemical reduction of CO$_2$ Ccatalyzed by Fe-N-C materials: A structure-selectivity study[J]. ACS Catal., 2017, 7(3): 1520-1525.

[39] Zhang C, Yang S, Wu J, et al. Electrochemical CO$_2$ reduction with atomic iron-dispersed on nitrogen-doped graphene[J]. Adv. Energy Mater., 2018, 8(19): 1703487.

[40] Tayyebi E, Hussain J, Abghoui Y, et al. Trends of electrochemical CO$_2$ reduction reaction on transition metal oxide catalysts[J]. Phys. Chem. C, 2018, 122(18): 10078-10087.

[41] Gu Z, Yang N, Han P, et al. Oxygen vacancy tuning toward efficient electrocatalytic CO$_2$ reduction to C$_2$H$_4$[J]. Small Methods, 2018, 3(2): 1800449.

[42] Yang P P, Zhang X L, Gao F Y, et al. Protecting copper oxidation state via intermediate confinement for selective CO$_2$ electroreduction to C$_2+$ Fuels[J]. Am. Chem. Soc., 2020, 142(13): 6400-6408.

[43] Gao S, Jiao X, Sun Z, et al. Ultrathin Co$_3$O$_4$ layers realizing optimized CO$_2$ electroreduction to formate[J]. Angew. Chem. Int. Ed., 2016, 55(2): 698-702.

[44] Chakraborty G, Park I H, Medishetty R, et al. Two-dimensional metal-organic framework materials: synthesis, structures, properties and applications[J]. Chem. Rev., 2021, 121(7): 3751-3891.

[45] Nam D H, Bushuyev O S, Li J, et al. Metal-organic frameworks mediate Cu coordination for selective CO$_2$ electroreduction[J]. Am. Chem. Soc., 2018, 140(36): 11378-11386.

[46] Wang R, Liu J, Huang Q, et al. Partial coordination-perturbed bi-copper Sites for selective electroreduction of CO$_2$ to hydrocarbons[J]. Angew. Chem. Int. Edit., 2021, 60(36): 19829-19835.

[47] Xie X, Zhang X, Xie M, et al. Au-activated N motifs in noncoherent cupric porphyrin metal organic frameworks for promoting and stabilizing ethylene production[J]. Nat. Commun., 2022, 13: 63.

[48] Cao L, Wang C. Metal-organic layers for electrocatalysis and photocatalysis[J]. ACS Cent. Sci., 2020, 6(12): 2149-2158.

[49] Lu X F, Fang Y, Luan D, et al. Metal-organic frameworks derived functional materials for electrochemical energy storage and conversion: a mini review[J]. Nano Lett., 2021, 21(4): 1555-1565.

[50] Cai Y, Fu J, Zhou Y, et al. Insights on forming N, O-coordinated Cu single-atom catalysts for electrochemical reduction CO$_2$ to methane[J]. Nat. Commun., 2021, 12: 586.

[51] Huo H, Wang J, Fan Q, et al. Cu-MOFs derived porous Cu nanoribbons with strengthened electric field for

selective CO_2 electroreduction to C_{2+} fuels[J]. Adv. Energy Mater., 2021, 11(42): 2102447.

[52] Guan A, Chen Z, Quan Y, et al. Boosting CO_2 electroreduction to CH_4 via tuning neighboring single-copper sites[J]. ACS Energy Lett., 2020, 5(4): 1044-1053.

[53] Dou S, Song J, Xi S, et al. Boosting Electrochemical CO_2 reduction on metal-organic frameworks via ligand doping[J]. Angew. Chem., 2019, 58(12): 4041-4045.

[54] Wang Y R, Huang Q, He C T, et al. Oriented electron transmission in polyoxometalate-metalloporphyrin organic framework for highly selective electroreduction of CO_2[J]. Nat. Commun., 2018, 9: 4466.

[55] Zhong H, Ghorbani-Asl M, Ly K H, et al. Synergistic electro-reduction of carbon dioxide to carbon monoxide on bimetallic layered conjugated metal-organic frameworks[J]. Nat. Commun., 2020, 11: 1409.

[56] Liu H, Chu J, Yin Z, et al. Covalent organic frameworks linked by amine bonding for concerted electrochemical reduction of CO_2[J]. Chem, 2018, 4(7): 1696-1709.

[57] Miao Q Y, Lu C B, Xu Q, et al. CoN_2O_2 sites in carbon nanosheets by template-pyrolysis of COFs for CO_2 RR[J]. Chem. Eng. J., 2022, 450(4): 138427.

[58] Wu Q, Xie R K, Mao M J, et al. Integration of strong electron transporter tetrathiafulvalene into metalloporphyrin-based covalent organic framework for highly efficient electroreduction of CO_2[J]. ACS Energy Lett., 2020, 5(3): 1005-1012.

[59] Wu H, Zeng M, Zhu X, et al. Defect engineering in polymeric cobalt phthalocyanine networks for enhanced electrochemical CO_2 reduction[J]. ChemElectroChem, 2018, 5(19): 2717-2721.

[60] Gao D F, Liu T F, Wang G X, et al. Structure sensitivity in single-atom catalysis toward CO_2 electroreduction[J]. ACS Energy Lett., 2021, 6(2): 713-727.

[61] Jin H, Guo C, Liu X, et al. Emerging two-dimensional nanomaterials for electrocatalysis[J]. Chem. Rev., 2018, 118(13): 6337-6408.

[62] Chen C, Sun X, Yan X, et al. Boosting CO_2 electroreduction on N, P-Co-doped carbon aerogels[J]. Angew. Chem. Int. Ed., 2020, 59(27): 11123-11129.

第6章　甲醇电催化氧化反应

6.1　概述

直接甲醇燃料电池(DMFCs)，是一种以质子交换膜为电解质、直接使用液态甲醇作为阳极活性物质的燃料电池，具有成本低、安全性高、能源效率高、低碳排放、操作便捷、易于维护等优点，有望用于新型的能量转换、存储装置中。DMFCs 主要由阳极、阴极和电解质膜组成，DMFCs 工作时，在催化剂作用下甲醇直接发生电化学氧化生成二氧化碳和水。在酸性条件下，阳极催化剂将甲醇和水的混合物转化为 CO_2、6 个电子和 6 个质子[式(6-1)]。质子经过质子交换膜迁移至阴极，电子经外电路到达阴极，氧气在阴极催化剂作用下与质子和电子发生电化学反应生成水[式(6-2)]。从电池总反应式(6-3)可看出，甲醇的化学能转化为电能的反应与甲醇燃烧反应生成二氧化碳和水的反应相同。

阳极：$\qquad CH_3OH+H_2O \longrightarrow CO_2+6H^++6e^- \quad E_1=0.046V \qquad$ (6-1)

阴极：$\qquad 3/2O_2+6H^++6e^- \longrightarrow 3H_2O \quad E_2=1.23V \qquad$ (6-2)

总反应：$\quad CH_3OH+3/2O_2 \longrightarrow CO_2+2H_2O \quad E_3=E_2-E_1=1.18V \quad$ (6-3)

由于甲醇阳极氧化的可逆电势高于氢标准电势，因此，DMFC 的标准电势比氢燃料电池低(1.18V)，但实际工作电压小于理论标准电势。这是因为阳极电势大于 0.046V 时，甲醇氧化反应自发进行，阴极电势低于 1.23V 时氧还原反应自发进行。当阳极电势远大于 0.046V 或阴极电势远低于 1.23V 时，电极反应容易发生，此偏离热力学电势的极化现象使得其实际工作电压比标准电势低。

碱性条件下的电极反应如下所示：

阳极：$\qquad CH_3OH+6OH^- \longrightarrow CO_2+5H_2O+6e^- \qquad$ (6-4)

阴极：$\qquad 3/2\ O_2+3H_2O+6e^- \longrightarrow 6OH^- \qquad$ (6-5)

甲醇在电催化剂的作用下被氧化，阳极发生甲醇电催化氧化反应(Methanol Oxygen Reduction，MOR)，生成二氧化碳和水，电子通过外电路进行传输，形成闭环产生电流。Pt 为最有效的 MOR 催化剂，然而，反应过程中中间体 CO_{ads} 会强烈吸附在 Pt 催化剂表面，占据催化剂表面的活性位点，阻碍甲醇在 Pt 催化剂表面进一步的吸附解离，导致催化剂中毒。通过加入具有抗 CO 作用的组分如亲氧性金属(如 Ru、Pd)或非金属元素(如 N、S)，有利于水分子在催化剂表面以较低氧化电位分解出含氧物种 OH_{ads}，与 CO_{ads} 反应生成 CO_2，抑制催化剂中毒。

6.2 甲醇电催化氧化反应机理

有关 MOR 机理的研究已有大约一个世纪的历史，但由于检测技术和表征手段的落后，其研究一直停滞不前。随着原位红外光谱和质谱技术的发展，直到 20 世纪 80 年代，MOR 的电催化机理才被首次提出。Pt 作为甲醇解离吸附活性最强的金属，具有优良的 MOR 活性，是最常用的 MOR 催化剂之一。以 Pt 为例甲醇在不同电解质溶液中的氧化过程如图 6.1 所示。

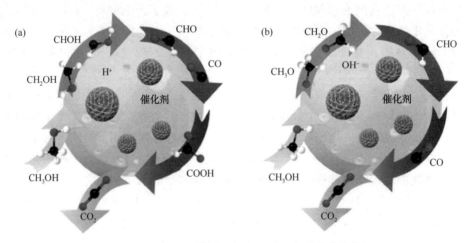

图 6.1　MOR 在(a)酸性介质和(b)碱性介质中的催化机理

6.2.1 酸性条件下反应机理

MOR 在酸性介质中的反应机理可总结如下［见图 6.1(a)］：甲醇吸附在催化剂的表面上，醇上的氢解离，C—H 键在催化剂表面氧化，甲醇分解成各种含碳中间体($Pt-CH_2OH_{ads}$、Pt_2-CHOH_{ads}、Pt_3-CHO_{ads}、$Pt-CO_{ads}$)［式(6-6)~式(6-9)］；溶液中的 H_2O 分子吸附在 Pt 表面，形成活性中间体 $Pt-OH_{ads}$［式(6-10)］；具有高活性的 $Pt-OH_{ads}$ 与 $Pt-CO_{ads}$ 反应生成 CO_2，从催化剂表面脱离，重新释放活性 Pt 原子［式(6-11)］。

甲醇的吸附和解离：

$$CH_3OH+Pt \longrightarrow Pt-CH_2OH_{ads}+H^++e^- \tag{6-6}$$

$$Pt-CH_2OH_{ads}+Pt \longrightarrow Pt_2-CHOH_{ads}+H^++e^- \tag{6-7}$$

$$Pt_2-CHOH_{ads}+Pt \longrightarrow Pt_3-CHO_{ads}+H^++e^- \tag{6-8}$$

$$Pt_3-CHO_{ads} \longrightarrow Pt-CO_{ads}+2Pt+H^++e^- \tag{6-9}$$

H_2O 分子的吸附和解离：

$$Pt+H_2O \longrightarrow Pt-OH_{ads}+H^++e^- \tag{6-10}$$

$Pt-OH_{ads}$ 与 $Pt-CO_{ads}$ 反应，生成 CO_2 气体：

$$Pt-OH_{ads}+Pt-CO_{ads} \longrightarrow Pt+CO_2+H^++e^- \tag{6-11}$$

在上述过程中，甲醇首先脱去的是烷基氢，当烷基氢完全脱去之后，继而脱去羟基氢。Pt 与 H_2O 发生反应，生成反应中间体 OH_{ads}，接着与另一个含碳中间体 CO_{ads} 结合生成最终产物 CO_2。需要注意的是，产生的反应中间产物 CO_{ads} 极易吸附在 Pt 表面，导致 Pt 催化剂表面活性位点被覆盖，无法与甲醇分子接触，阻碍甲醇在 Pt 表面上氧化成 CO_2，导致活性降低（CO 中毒现象）。此外，吸附在催化剂 Pt 表面的水在较负电位时很难大量产生 $Pt-OH_{ads}$，不能有效阻止催化剂中毒。降低反应中间体 CO_{ads} 在催化剂上的吸附，提高反应中间体 $Pt-OH_{ads}$ 的含量可以有效减少催化剂 CO 中毒，提高催化剂的性能。

6.2.2　碱性条件下反应机理

MOR 在碱性介质中的作用机理描述如下［见图 6.1（b）］：甲醇和 OH^- 同时吸附在催化剂表面［式（6-12）~式（6-13）］；甲醇解离成各种含碳中间体（$Pt-CH_3O_{ads}$、$Pt-CH_2O_{ads}$、$Pt-CHO_{ads}$、$Pt-CO_{ads}$）［式（6-14）~式（6-17）］；含碳中间体 $Pt-CO_{ads}$ 和 $Pt-OH_{ads}$ 反应，生成 CO_2 气体［式（6-18）］。

甲醇和 OH^- 的吸附：

$$Pt+OH^- \longrightarrow Pt-OH_{ads}+e^- \tag{6-12}$$

$$Pt+CH_3OH \longrightarrow Pt-CH_3OH_{ads}+H_2O+e^- \tag{6-13}$$

甲醇的解离：

$$Pt-CH_3OH_{ads}+OH^- \longrightarrow Pt-CH_3O_{ads}+H_2O+e^- \tag{6-14}$$

$$Pt-CH_3O_{ads}+OH^- \longrightarrow Pt-CH_2O_{ads}+H_2O+e^- \tag{6-15}$$

$$Pt-CH_2O_{ads}+OH^- \longrightarrow Pt-CHO_{ads}+H_2O+e^- \tag{6-16}$$

$$Pt-CHO_{ads}+OH^- \longrightarrow Pt-CO_{ads}+H_2O+e^- \tag{6-17}$$

$Pt-OH_{ads}$ 与 $Pt-CO_{ads}$ 反应，生成 CO_2 气体：

$$Pt-CO_{ads}+Pt-OH_{ads}+OH^- \longrightarrow 2Pt+CO_2+H_2O+e^- \tag{6-18}$$

碱性条件下，甲醇首先脱去的是羟基氢，然后脱去烷基氢。待氢完全脱去之后，产生的含碳中间体直接与水分子解离产生的反应中间体 $Pt-OH_{ads}$ 结合，生成最终产物 CO_2。一般认为，CO_{ads} 强烈吸附在 Pt 表面，阻碍甲醇在 Pt 表面发生氧化。可以通过减弱 CO_{ads} 在 Pt 表面的吸附，提高反应中间体 $Pt-OH_{ads}$ 的含量使催化剂不易中毒。相比于酸性介质，MOR 在碱性介质中除去含碳中间体所需的含氧物种更少。因此催化剂在碱性介质中不易中毒，反应速度也比在酸性介质中的反应速度要快。

6.3 甲醇电催化氧化反应评价参数

6.3.1 电化学活性表面积

电化学活性表面积($ECSA$)是指在电极表面上可参与电化学反应的活性表面积。目前常用的测量$ECSA$的方法有氢欠电位沉积法和CO电氧化脱除法。氢欠电位沉积法是基于金属表面氢原子的吸附和解吸获取$ECSA$。在电解质溶液中，在析氢和析氧电势之间作循环伏安扫描，通过多次氧化还原，去除待测电极上的吸附杂质，直至获得可重现的循环伏安曲线。图6.2为Pt催化剂在酸性电解质中的循环伏安曲线，假设氢在Pt原子表面上是单层吸附，通过计算氢在催化剂表面上发生欠电位沉积产生的还原电量，通过式(6-19)即可计算出$ECSA$。

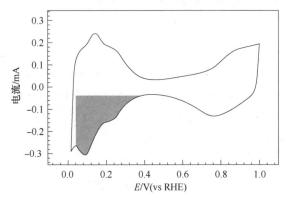

图6.2 Pt催化剂在酸性电解质中的循环伏安曲线

$$ECSA(\,HUPD\,)=\frac{Q_{\text{charge}}}{210\times m_{\text{pt}}}\times 100 \tag{6-19}$$

式中，m_{pt}为电极上Pt的负载量，单位为g；Q_{charge}为氢脱附区域的积分电荷，单位为C。

CO电氧化脱除法需要把CO气体通入电化学池中，CO在Pt电极表面发生单层吸附，直至饱和。然后通入惰性气体如Ar气吹扫电解液，去除溶液的CO，保证电化学氧化过程不受溶液中CO电氧化的干扰。最后，对单层吸附饱和的Pt电极进行循环伏安扫描，通过吸附的CO电氧化脱除峰面积来计算催化剂的$ECSA$。图6.3所示是酸性电解质中CO电氧化脱除曲线。为了将CO汽提的电荷转换为金属的表面积，取比电荷$484\mu C/cm^2$(Pt时CO单层吸附)，通过式(6-20)可计算出$ECSA$。

$$ECSA(\,CO\,)=\frac{Q_{\text{charge}}}{484\times m_{\text{pt}}}\times 100 \tag{6-20}$$

式中，m_{pt} 为电极上 Pt 的负载量，单位为 g；Q_{charge} 为 CO 脱附区域的积分电荷，单位为 C。

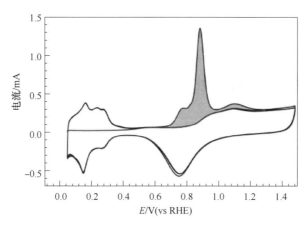

图 6.3 典型 Pt 催化剂在酸性电解质中的 CO 氧化脱除曲线

6.3.2 质量活性和比活性

质量活性（MA）指的是催化剂在特定条件下化学反应的催化在很大程度上取决于电催化剂即活性位点的数量。通常，较小尺寸的颗粒具有较大的比表面积，具有大量的电催化活性位点，因此较小尺寸的催化剂表现出较高的质量活性。对于 MOR 而言，MA 是根据每单位质量的催化剂产生的电流密度来进行计算的。为了直观比较不同催化剂的性能，可根据式（6-21）来计算不同催化剂的 MA：

$$MA = \frac{j_k R_f}{m} \tag{6-21}$$

式中，j_k 为动力学电流密度，单位为 A；m 为电极上催化剂的负载量，单位为 mg/cm^2；R_f 为粗糙度因子。

面积比活性（SA）表示单位电化学活性面积上单位质量 MOR 催化剂的电流密度，可根据式（6-22）计算：

$$SA = \frac{MA}{ECSA} \tag{6-22}$$

6.3.3 稳定性

稳定性是指催化剂在反应条件下能够保持其催化活性和结构稳定性的能力。对于 MOR 催化剂而言，催化剂需要面临在短时间内剧烈的电压变化，或者在恒电压下长时间进行工作。因此在实验研究中，这两种情形分别对应两种稳定性的测试方法：循环伏安法和恒电位测试法。其中，循环伏安法是将催化剂在一定电位区间内反复进行循环伏安扫描，观察曲线的重现性，进而评估催化剂抗甲醇和抗 CO 的能力。恒电位稳定测试是将催化剂在一定电位下保持恒定电位，观察电流密度衰减。通常，电流的初始值较大，但随时间逐渐减小最终趋于平缓。

6.4 甲醇电催化氧化反应催化剂

6.4.1 铂基纳米催化剂

6.4.1.1 铂催化剂

Pt 存在空的 d 轨道，成键时具有适中的吸附能，空 d 轨道可调整反应物的电子结构，使反应更容易进行，具有较高的 MOR 催化活性。

在催化反应中，当底物与催化剂固定时，要提高表观电流密度，就必须增加催化剂的比表面积，即降低催化剂的粒径。因此以往的研究认为，催化剂的粒径越小，比表面积越大，催化剂就可以有更多的活性中心，对 MOR 会越有利。然而，当 Pt 颗粒的尺寸过小时，会导致催化剂颗粒发生聚集和堆积，反而会降低了催化剂的活性，因此，催化剂的粒径并不是越小越好。通过研究不同粒径 Pt/C 催化剂（1.2~10nm）的催化活性发现，当直径大于 4.5~10nm 时，Pt/C 催化剂的活性随粒径的减小而提高。在 1.2~4.5nm 粒径范围内，Pt/C 催化剂的活性随粒径的减小而降低。催化剂的粒径大小与-COH$_{ads}$和-OH$_{ads}$在催化剂表面的覆盖率 θ_{COH} 和 θ_{OH} 有关。当粒径过小时，催化剂表面能高，Pt-OH$_{ads}$ 形成，覆盖率大，使得甲醇的吸附位点减少，不利于 MOR。

通过精确调控催化剂的形貌，可有效促进电极/电解质界面间的电荷转移，缩短离子扩散路径，降低扩散势垒，增大电极材料的表面积，提供更多的活性位点。具有不同维度和形貌结构的金属纳米催化剂具有开放的多孔结构，可产生丰富的不饱和活性位点，可有效提高原子的利用率，促进 MOR。对于 Pt 空心纳米微球而言［见图 6.4（a）］，由于甲醇可以进入 Pt 空心纳米微球内部参与反应，因此展现出比 Pt 纳米簇更优异的 MOR 活性。如图 6.4（b）所示，通过在聚吡咯纳米线（PPyNWs）基底上制备的 Pt 纳米花结构（PtNF/PPyNWs）可暴露更多的催化活性位点，表现出优异的电催化活性。此外，具有尺寸和形貌可控的原始竹节状 Te 纳米管（NTs），可为 MOR 提供更多活性位点。通过调整 Te 模板的形态和尺寸，可以合成中空和多孔结构的 PtNTs［见图 6.4（c）］，其比活性大约是相同条件下标准 Pt/C 的 4 倍［见图 6.4（d）］。在 PtNTs 的基础上，在表面生长刺状结构［见图 6.5（e）］可以进一步增加催化剂比表面积，提高 PtNTs 的 MOR 催化活性，其质量活性是多孔 Pt 纳米管的 4.3 倍［见图 6.4（f）］。

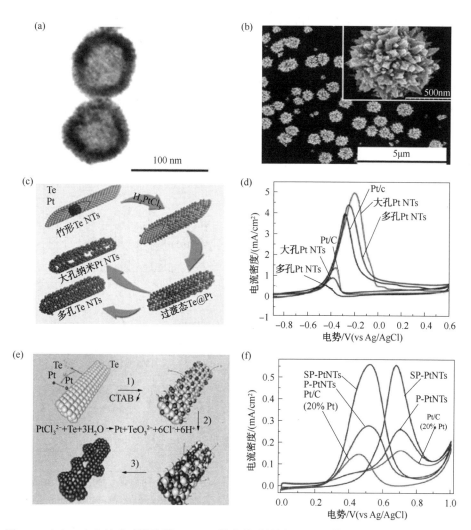

图 6.4 (a)Pt 空心纳米球形貌图；(b)Pt 纳米花形貌图；(c)原始竹节状 Te 纳米管形成示意图；(d)在 1 mol/L KOH+1mol/L CH₃OH 溶液中的三种催化剂的 MOR 性能；(e)PtTes 刺状结构形成示意图；(f)三种催化剂在 0.5mol/L H₂SO₄+1mol/L CH₃OH 溶液中催化性能

具有大比表面积和优良导电性的材料可作为 Pt 的载体。活性炭黑作为 Pt 最常用的载体，其比表面积约为 $250m^2/g$，中孔和大孔百分比为 54%，电导率为 2.77S/cm，具有优良的导电性和大比表面积。然而，炭黑载体长期运行时稳定性较差，沉积在其表面上的金属催化剂利用率低。硼、氮共掺杂的石墨烯(BNG)中具有更多的缺陷位点，尺寸为 2.3nm 的 Pt 纳米颗粒均匀分散在 BNG 载体上形成的催化剂产生更多的含氧物种–OH_{ads}，可加速 MOR。与此同时，硼掺杂降低了 Pt 的 d 带中心，削弱了–OH_{ads} 在 Pt 表面的吸附能，促进 Pt–OH_{ads} 的氧化去除和甲醇氧化。利用三维网络结构的 V_4O_7 作为载体负载 Pt 制得的 Pt/V_4O_7-C 电催化剂 [见图 6.5(a)]，具有更好的质量活性和稳定性[见图 6.5(b)~(d)]。V_4O_7 为三维网络结构，具有导电性的剪切面，可形成导电网络并提供额外的电子路径，提高电子传导率，增强电化学反应过程中反应物的传质性能。此外，Pt 与 V_4O_7-C 之间具有协同效应，可以增强 OH^- 在催化剂表面的吸附，降低 CO_{ads} 的表面覆盖率，改善中间物种的氧化反应，进而提高 MOR 性能。

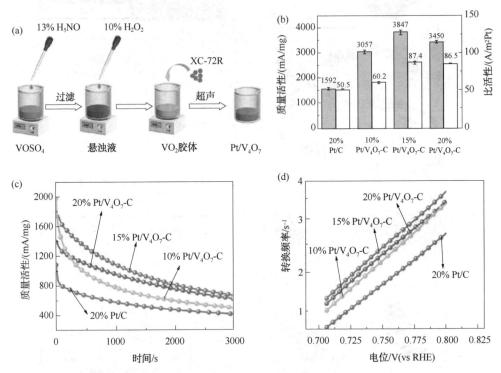

图 6.5　(a) Pt/V_4O_7-C 电催化剂合成示意图；(b) 不同电催化剂的质量活性；(c) 比活性不同电催化剂稳定性测试；(d) 不同电催化剂的转换频率

6.4.1.2　铂基合金催化剂

虽然 Pt 表现出优异的 MOR 电催化性能，但 Pt 单金属负载量高、抗 CO 中毒能力弱。当 Pt 与过渡金属(Ru、Pd、Ag、Au、Cu、Ni 等)合金化时，相邻电负性不同的原子之间会发生电子转移，改变 Pt 的电子结构，降低中间体在 Pt 活性位上的吸附能，减少 CO 中毒。同时，合金化的金属间存在协同效应和配体效应，可有效提高催化剂的活性和稳定性。

迄今为止，Pt-Ru 合金是应用最广泛的双金属体系。Pt 作为活性位点，可促进甲醇分子的解离。Ru 作为一种亲氧金属，可以在较低电势下吸附 H_2O 生成含氧物种，形成 Ru-OH$_{ads}$，减少催化剂中毒，展现出优异的 MOR 活性。研究表明，多面体 Ru 核-Pt 壳纳米颗粒[见图 6.6(a)]在长期和极端运行条件下具有优越的耐久性。Ru∶Pt 原子比为 1∶0.5 的 Ru@Pt$_{0.5}$/C 显示出最优的 MOR 活性，质量活性为 1313.8A/g$_{Pt}$。与商用的 PtRu 合金催化剂相比，其核壳结构具有优良的抗 CO 中毒能力。Ru@Pt/C[见图 6.6(b)，Pt^{0}4f$_{7/2}$ 键能为 71.8eV]从催化剂向吸附 CO 中间体的电子转移比纯 Pt/C 困难得多，导致 Ru@Pt/C 中 Pt—CO 键较弱，有利于 CO 中间体的脱附。在 10000 和 20000 圈循环后，开路电压和功率密度几乎没有下降，展示出优良的稳定性[见图 6.6(c)、(d)]。当 Pt 和 Ru 原子发生合金化时，改变了双金属表面金属的电子结构，导致 Pt 的 d 带中心下移，促进 MOR 过程中有毒中间体的氧化，有利于提高活性和稳定性。

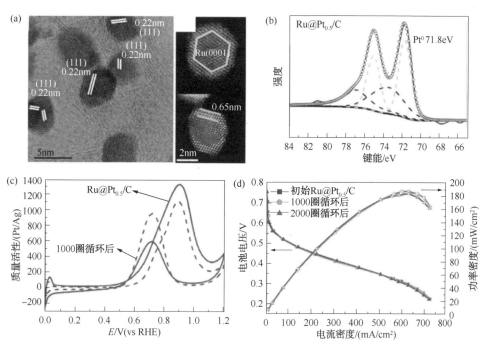

图 6.6 （a）Ru@Pt$_{0.5}$/C 的 HRTEM 和 HAADF-STEM 图；（b）Ru@Pt$_{0.5}$/C 中 Pt^{0}4f 的 X 射线光电子能谱（XPS）；（c）0.5mol/L H$_2$SO$_4$+1.0mol/L CH$_3$OH 中 Ru@Pt$_{0.5}$/C 的 MOR 循环伏安测试；（d）电流-电压曲线

当 Pt 与 Pd 合金化时，Pd 的费米能级下移，调节了 Pt 的电子结构和能带中心，有利于甲醇的吸附和活化。Pd 具有一定的亲氧能力，可提供大量的 OH$_{ads}$ 来加速含碳中间体 CO$_{ads}$ 的氧化，释放催化剂的 Pt 活性位点，促进甲醇的氧化。具有独特凹形特征和超薄铂壳的 Pd-Pt 核壳多面体催化剂（Pd$_{93}$-Pt$_7$ 多面体）的质量活性为 165.9mA/mg$_{Pt+Pd}$，循环 500 次后保留了 86.5% 的初始值，表现出优异的稳定性。与传统催化剂相比，Pd-Pt 独特的核壳结构、优异的导电性和大的比表面积可以提供更多的活性中心，诱导了核与壳之间的协同效应，从而促进 Pd 纳米粒子对 MOR 更高的电催化性能。Pd@ PdPt/CNTs 核壳结构中[见图 6.7(a)]，由于 Pd 纳米粒子表面存在 PdPt 合金，可改变氢的吸附和解吸特性以及影响电化学循环时金属氧化物的形成，因此表现出优异的 MOR 电化学性能。在含甲醇（0.1mol/L）的硫酸溶液中，Pd@ PdPt/CNTs 的质量活性为 400.2mA/mg$_{Pt}$，是市售 Pt/C（42.8mA/mg$_{Pt}$）的 2.8 倍，Pt/CNTs（164.1mA/mg$_{Pt}$）的 2.4 倍且表现出优良的稳定性[见图 6.7(b)]。

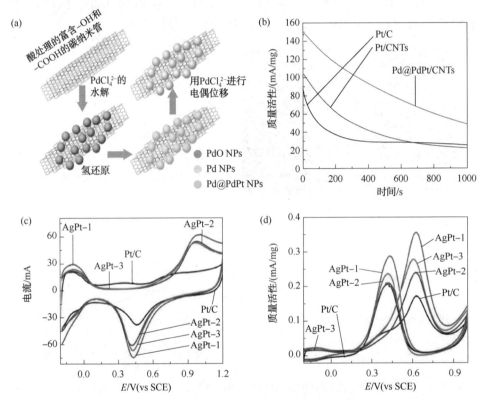

图 6.7　（a）Pd@ PdPt/CNTs 电催化剂的合成示意图；（b）Pd@ PdPt/CNTs 稳定性测试；（c）AgPt 及 Pt/C 在 0.5mol/L H$_2$SO$_4$ 溶液中和（d）在 0.5mol/L H$_2$SO$_4$ 和 0.5mol/L CH$_3$OH 溶液中的 CV 曲线

双金属 AgPt 催化剂中 Ag 的引入促进了中间产物 CO$_{ads}$ 的解吸，释放出更多的 Pt 活性位点，提高了 MOR 性能。与纯 Pt 相比，AgPt 合金对 CO$_{ads}$ 的吸附增强，促进 CO$_{ads}$ 向 COOH$_{ads}$ 进行转化，COOH$_{ads}$ 的形成有利于中间产物在 Pt 表面进行脱附，提高催化活性。AgPt 双金属纳米球中当 Ag/Pt 比值为 0.89 时，AgPt-1

的质量活性达到 354.8mA/mg$_{Pt}$，比商用的 Pt/C 催化剂高出两倍以上，展现出最优的 MOR 活性。经过 3600s 的长期催化性能测试后，AgPt-1 也具有最高的电流密度，是商用 Pt/C 催化剂的 9 倍[见图 6.7(c)、(d)]。AgPt-1 空心纳米球优异的电化学性能归因于其空心纳米结构可以暴露更多的催化活性位点，以及 Ag 和 Pt 两者之间的协同效应，Ag 降低了 CO$_{ads}$ 对 Pt 的吸附能，从而提高了催化剂的抗 CO$_{ads}$ 中毒能力。

Pt 和 Au 两种元素具有不同的电子亲和力和电子态密度。当两种金属形成 PtAu 合金催化剂时，可形成 Au-OH$_{ads}$ 基团，促进吸附在 Pt 上的 CO$_{ads}$ 物种氧化为 CO$_2$，从而使 Pt 活性位点重新活化，提高 MOR 活性。通过湿化学方法将 Pt 金属沉积到 0D 纳米多孔金碗(NPGB)中，可制备 Pt-NPGB(见图 6.8)。Pt 的引入使得双金属 Pt-NPGB 的 d 带中心向下移动，Pt 活性位点与 OH$_{ads}$ 之间的结合强度大大减弱。与商业 Pt/C 相比，Pt-NPGB 表现出更加优越的 MOR 性能。其中，1%(质)Pt 的 Pt-NPGB 表现出最高的电流密度，比商业 Pt/C 高 11 倍。此外，以 F127 为还原剂，在碳载体上合成具有 PtAu 核和 Pt 壳的树枝状 PtAu@Pt/C 催化

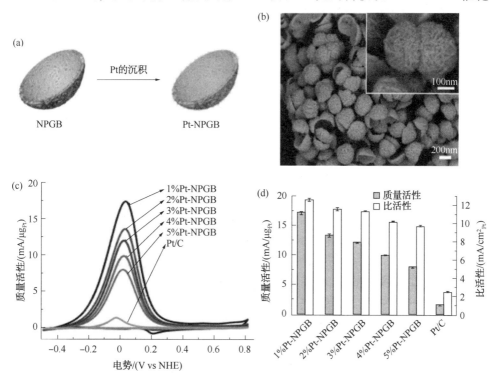

图 6.8　Pt-NPGB 的合成与表征。(a)Pt NPGB 的合成示意图；(b)NPGB 的 SEM 图像；(c)不同 Pt 含量和 Pt/C 的 Pt-NPGB 双金属催化剂的 CV 测试曲线和(d)质量活性和比活性

剂的 MOR 催化活性高于市售 Pt/C。当 Pt/Au 配比为 3∶1 时，PtAu@ Pt/C 具有较高稳定性。一方面，PtAu@ Pt/C 独特的树枝状结构提供了丰富的催化活性位点，抑制了催化剂的团聚。另一方面，Au 原子的添加可改变 Pt 的电子结构，有利于 Pt 表面 CO_{ads} 和 $COOH_{ads}$ 等含碳中间体发生氧化，从而增强 MOR 催化活性。

通过在 Pt 中添加 Cu，可以促进 H_2O 解离产生 OH_{ads}，削弱 Pt 与 CO_{ads} 的结合，使其与 $-OH_{ads}$ 的动力学反应更容易发生。Cu 掺杂的自支撑多孔 PtCu 合金纳米碗(Pt_3Cu-NBs)显示出较高的 MOR 活性，其 ECSA 为 $17.20m^2/g$，显著大于商用 Pt/C。由于催化剂高度开放的凹形结构和不对称的内部空腔，可促进电解质的渗透，缩短电子/离子的扩散路径。位于曲面上的 Pt_3Cu 纳米粒子可诱导产生不饱和配位，引起表面应变和空间电子局域化，极大地提高原子利用效率，进而提高催化剂的反应活性。此外，PtCu 合金的协同作用不仅降低了 Pt 含量，同时也诱导晶格压缩应变，改变 Pt 的 d 带中心，提高催化剂的催化活性和抗中毒能力。

Pt 和 Ni 合金化后可形成一系列高指数晶面(包括 510、310、410 和 720)的 Pt_3Ni 合金四六面体(THH)纳米框架。与固体 THH 纳米晶体相比，THH 纳米框架在(200)晶格间距有明显的收缩，表明 Pt 被压缩到 Pt-Ni 合金之中。随着 Ni 的加入，Pt_3Ni THH 纳米框架的 d 带中心向下移动，催化性能增强。Ni 作为一种嗜氧元素，Ni 原子改变 Pt 表面的电子结构，降低电子结合能，降低催化剂上 CO 的吸附强度，为水吸附提供了含氧物种$-OH_{ads}$，更有效地氧化去除$-CO_{ads}$，大大提高 MOR 催化性能。

6.4.1.3　铂基多元金属催化剂

三元和四元金属催化剂不仅降低了 Pt 含量，而且可有效增强金属间的协同效应，提高催化剂抗中毒能力和稳定性。将 Mo 掺杂于 PtNi 树枝状纳米线所制备的材料(Mo-PtNi DNW)，表现出优越的 MOR 活性和 CO 耐受性[见图 6.9(a)、(b)]。树突状 $Cu_4Pt_2Pd_2$ 纳米复合材料[见图 6.9(c)]的 ECSA 值为 $88.3m^2/g$，优于商业 Pt/C($9.4m^2/g$)和 Pd/C($17.0m^2/g$)。此外，树突状 $Cu_4Pt_2Pd_2$ 纳米材料的质量活性分别是商业 Pd/C 和 Pt/C 催化剂的 5.51 倍和 12.10 倍[见图 6.9(d)]。Pd 的引入可以促进 H_2O 的解离产生 $Pd-OH_{ads}$，与 $Pt-CO_{ads}$ 反应去除 Pt 表面吸附的 CO_{ads}，释放 Pt 活性位点；同时 Cu 的引入降低了 Pt 的 d 带中心能级，优化了 Pt 表面电子结构，削弱了 $Pt-CO_{ads}$，提升了树突状 $Cu_4Pt_2Pd_2$ 纳米材料的催化活性和抗 CO 中毒能力。通过电偶置换法制备的四元 PtPdRuTe 纳米管(NT)，其质量活性是 Pt/C 催化剂的 2.2 倍($1261.5mA/mg$)。除此之外，亲氧物种 Ru 的加入有助于催化剂在较低电势下吸附含氧物种形成 $Ru-OH_{ads}$，氧化 CO_{ads} 产生 CO_2。

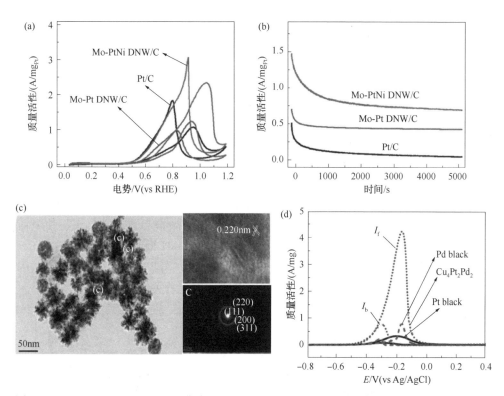

图 6.9 （a）Mo-PtNi DNW 的 CV 曲线；（b）Mo-PtNi DNW 稳定性测试；（c）树枝状 Cu₄Pt₂Pd₂
纳米复合材料的 TEM 和 HRTEM 图像和（d）1.0mol/L KOH+1.0mol/L CH₃OH 的 CV 性能曲线

6.4.2 钯基纳米催化剂

Pd 为面心立方结构，其电子分布与 Pt 类似。但 Pd 的 d 轨道离原子核更近，因此 Pd 与大多数吸附物之间的结合较弱。Pd 的氧化电势较 Pt 更高，且 Pd 的氧化物更稳定，即使在高 pH 值条件下也能促进阳极发生氧化反应。

6.4.2.1 钯催化剂

对于 Pd 单金属而言，Pd 具有三个低米勒指数晶面，即 Pd(111)、Pd(100) 和 Pd(110)，其中 Pd(100) 晶面显示出最高的 MOR 活性。Han 等以 PVP 作为保护剂，合成尺寸为 3.6nm 的 Pd 纳米立方体。Pd 纳米立方体的 Pd(100) 晶面暴露在外表面，相比于多晶 Pd 催化剂而言，其起始电势更低，电流密度更高。Hoshi 等考察了低指数晶面上 Pd 催化剂的 MOR 性能，发现催化活性顺序为 Pd(110) < Pd(111) < Pd(100)。Pd(100) 晶面具有平整的表面结构，使得甲醇分子在表面上易吸附和扩散。相比之下，Pd(111) 和 Pd(110) 晶面上存在缺陷，导致反应物吸附和扩散难度增加。同时，Pd(100) 晶面上有更高的表面能，提供了更多的活性

位点，有利于反应物的吸附。

6.4.2.2 钯基双金属催化剂

Pd 与金属(如 Ru、Ni、Au 和 Ag)合金化时，过渡金属可提供较低电位的含氧物种 OH_{ads}，促进 Pd 表面 CO_{ads} 中间体的氧化，提高整体 MOR 活性。此外，第二种金属的引入在一定程度上引起了晶格畸变，减少了 CO_{ads} 在催化剂上的吸附。

Ru 可以在较低的电势下与羟基相互作用形成 $Ru-OH_{ads}$，作为电子-质子导体，有利于 CO_{ads} 中间体的氧化，有效促进 MOR。Pd 和 Ru 之间的协同作用和配体效应不仅提高了催化剂的抗 CO 中毒能力，还促进了 C—C 键的断裂[见图6.10(a)]。分散在还原的氧化石墨烯(rGO)上的 PdRu、PdSn 和 PdIr 二元纳米颗粒催化剂(约 3.5nm±0.2nm)，其中 PdRu/rGO 表现出最优的 MOR 性能[见图6.10(b)]。Ru 的引入可改变 PdRu/rGO 催化剂的晶格参数和氧化态，使电荷从 Ru 向 Pd 转移，改变 Pd 的 d 带电子密度，导致 C—H 键断裂，活化势垒降低。同时，在较低的电位下，催化剂表面形成 OH_{ads} 物种，可以消耗 CO_{ads} 中间体。因此，Ru 在提高整体催化活性和减少 CO 中毒的方面起着关键的作用。

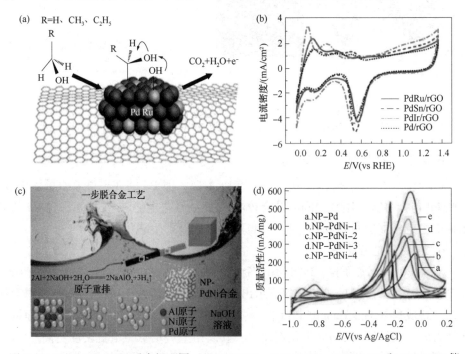

图6.10 (a)PdRu MOR 反应机理图；(b)Pd/rGO、PdRu/rGO、PdSn/rGO 和 PdIr/rGO 催化剂在 0.1mol/L NaOH 溶液中的 CV 曲线；(c)NP-PdNi 合成示意图；(d)NP-PdNi 在 1.0mol/L KOH+1.0mol/L CH_3OH 的 CV 曲线

PdNi 合金可降低 MOR 的起始电位, 增加氧化电流密度。在低于 Pd 的电位下形成 OH_{ads}, 与加入 Ru 产生的效果类似。此外, Ni 的引入可以使 Pd 的电子特性发生变化, 提高催化剂对 CO 的耐受性。与单个 3D 纳米多孔 Pd 泡沫(NP-PdNi)相比, 自支撑纳米多孔 PdNi 合金泡沫在碱性条件下表现出优异的电催化活性[见图 6.10(c)、(d)]和耐久性。自支撑的 3D 纳米多孔泡沫结构有利于中间产物的扩散和去除、甲醇分子和电子的传输, 有效降低液封效应, 使甲醇分子更容易向样品层扩散。Ni 的引入使 NP-PdNi 具有更高的电化学活性表面积, 为 MOR 提供了更多的活性位点。此外, 由于 Ni 的电负性小于 Pd, 因此在形成 PdNi 合金后, 产生的电子将从 Ni 转移到 Pd。电子的转移增加了 Pd 的 d 带电子密度, 同时增加了样品表面 OH_{ads} 的浓度, 有利于 Pt 表面含碳中间体 CO_{ads} 发生氧化, 使得 NP-PdNi 具有更好的抗 CO_{ads} 中毒能力。

Au 对 CO_{ads} 中间体具有高耐受性, 因而 PdAu 合金表现出优异的 MOR 性能。通过在石墨烯上共还原 H_2PdCl_4 和 $HAuCl_4$, 可合成蒲公英状核壳纳米晶体(Au@Pd/RGO), 具有优于商业 Pd/C 的催化活性、抗中毒能力和良好的稳定性。Au@Pd/RGO 优异的 MOR 性能可以归因于 Au 和 Pd 原子之间的相互作用改变了吸附中间体和 Pd 之间的键强度, 在动力学上有利于 MOR。Au 的存在增加了催化剂表面 OH_{ads} 的浓度, 有利于加速中间产物的去除。此外, RGO 基底具有大的比表面积和大量的活性边缘位点, 这些位点能够锚定 Pd 纳米粒子并改变它们的电子特性, 在正向扫描中获得高电流, 从而提高 MOR 过程中主要产物 CO_2 的产率。

此外, 在 Pd 系统中引入 Ag 会使 Pd 表面诱导产生更多的 OH_{ads}, 可有效加速甲醇脱氢和 CO_{ads} 氧化。通过对 PdAg/C 催化剂的评估, 发现 PdAg/C 催化剂具有比 Pd/C 和 Ag/C 催化剂更强的活性和稳定性。当 Pd:Ag 原子比接近 65:35 和 46:54 时, PdAg/C 催化剂的活性最高。与观察到的 Pd/C 催化剂[0.536V(vs RHE)]相比, Ag 的加入使 MOR 的起始电位降低[0.436V(vs RHE)]。此外, Ag 的加入改变了金属的电子特性, 使 H_2O 在较低电位下发生活化, 参与 CO_{ads} 的氧化, 增加了能够吸附和氧化甲醇的活性位点的数量, 使催化剂的活性提高。

6.4.2.3 钯基多金属催化剂

多元金属纳米催化剂如三元和四元金属催化剂可结合每种金属的特性, 以及多金属的协同效应, 通常表现出不同于单金属纳米催化剂的特性。通过湿化学法制备的三元金属 PtPdBi 空心纳米催化剂的 ECSA 为 $21.75m^2/g$, 高于商业 Pt/C 催化剂($14.50m^2/g$)和商业 Pd/C 催化剂($4.92m^2/g$)。其质量活性为 $2.133A/mg_{Pt+Pd}$, 比商业 Pt/C 提高 3.555 倍, 比商业 Pd/C 提高 30.471 倍, 在碱性溶液中, 表现出优异的 MOR 活性和耐久性(见图 6.11)。Pd 与 Pt 合金化可以调整 Pt 的 d 带电子结构, 改变金属与中间产物 CO_{ads} 以及含氧物种 OH_{ads} 的相互作用, 影响 MOR

活性。Bi 的引入可以加速含氧物质的形成，促进催化剂表面含碳中间体的氧化，大大提高催化剂的活性。而四元纳米多孔 CuO/TiO₂/Pd-NiO-3 催化剂最高阳极峰电流密度是商用 Pd/C 催化剂的 4.4 倍。其优异的 MOR 性能可以归因于以下几点：Pd 与 NiO/TiO₂ 之间的协同作用可以促进含氧物质（OH$_{ads}$）在催化剂表面的吸附，有利于有毒中间产物的去除；NiO 的引入增大了纳米多孔结构的孔径，有利于 Pd 更多活性位点的暴露；Ni 和 Pd 之间的电子效应加快了 MOR 过程中电荷的转移速度，降低了电荷转移的电阻。

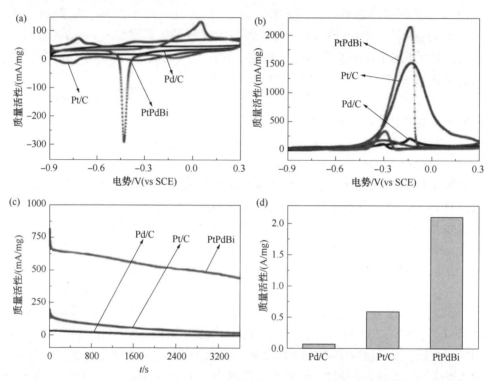

图 6.11　PtPdBi 纳米催化剂、商业 Pt/C 和 Pd/C 的 MOR 电化学性能。（a）CV 曲线；（b）含有 1.0mol/L CH₃OH 溶液的 CV 曲线；（c）不同催化剂计时电流曲线；（d）不同催化剂的质量活性

6.4.3　过渡金属催化剂

与贵金属基催化剂相比，过渡金属催化剂储量丰富、价格低廉、更易大规模生产，成为贵金属基催化剂的理想替代品。在这些过渡金属催化剂中，Ni 及其氧化物（NiO）因其表面氧化性能强被认为是最有前途的催化剂。在泡沫镍上将多相 NiO 纳米线置于 NiO 纳米片之间，NiO 纳米片垂直锚定在 Ni 泡沫基底上形成的催化剂（NiONS@ NW/NF）电流密度为 467A/g，优于许多 NiO 基催化剂。NiONS@ NW/NF 的 3D 和分层结构极大地提高了活性位点的暴露，加速反应物和

产物的传输，NiO 纳米片和泡沫镍的紧密接触可以促进电子转移和电化学活性物质的扩散。

钴及其氧化物（Co_3O_4 和 CoO）由于其结构灵活、活性较高，已经作为一种新兴的非贵金属基催化剂。Co_3O_4 具有高比表面积和多孔结构，可提供更多的活性位点，有利于反应物分子的吸附和扩散。将 KIT-6 和 SBA-16 作为模板制备 3D 有序介孔立方 Co_3O_4，由于催化剂具有较高比表面积，展现出远超过无孔 Co_3O_4 的活性。N 的掺杂可改善 N 和 Co_3O_4 之间的电子传导，N-Co_3O_4MOR 展现出优异的活性，其电流密度为 23.87mA/cm^2，比 Co_3O_4（7.47mA/cm^2）的电流密度高 3.2 倍。

Cu_2O 是一种优良的半导体化合物，通过阳极氧化纳米多孔铜制备的具有 3D 双连续异质结构的纳米多孔复合材料（NP-Cu/Cu_2O），表现出优异的 MOR 性能。在 pH 值＝11 的电解液中，当阳极氧化电位为 0.7V 时，所制备的 NP-Cu/Cu_2O 对具有最佳的 MOR 电催化性能。此外，3D 双连续结构可为阳离子和阴离子的迁移和反应提供更多的通道，加快电荷转移速率并降低反应阻力，增强含氧物种在电极表面的吸附，使催化剂具有较强的抗中毒能力。同时，NP-Cu/Cu_2O 异质结构的存在也可提供较短的离子扩散路径提高反应速率。此外，Cu 和 Cu_2O 之间存在协同作用，提高了催化剂的 MOR 活性。

6.5　甲醇电催化氧化反应应用

近年来，甲醇燃料电池因其安全性、能源效率高、低碳排放等特点被科学家所青睐。MOR 作为 DMFCs 的阳极，与乙醇燃料相比，由于甲醇不需要打破乙醇燃料中强的 C—C 键，其 MOR 过程在动力学上更加容易。与传统的锂离子电池（LIBs）相比，DMFCs 在以下几个方面也具有优势：LIBs 以化学能的形式存储电力，而 DMFCs 以半开放式的结构消耗反应物，只要燃料和氧气持续供应，发电机就能不断产生功率输出；DMFCs 通常有更高的能量密度［约 600W/（h·kg）］，这意味着 DMFCs 与 LIBs 相比，在相同的质量下可以有更长的运行时间；DMFCs 可以方便、快速地充电，这比 LIB 充电相比要快得多。

然而，在燃料电池行业蓬勃发展的今天，DMFCs 的应用更多的还是停留在实验室阶段，商业化应用的实例很少。DMFCs 的大规模应用目前仍有几个亟须解决的问题：第一，原料甲醇的损耗问题。当原料甲醇的浓度高于某个限度时，由于浓差扩散效应，甲醇易穿过质子膜，从阳极渗透到阴极。到达阴极区后，甲醇会发生电化学反应，与本身阴极区的氧还原反应（ORR）相混淆，产生混合电势，易造成电池损坏。第二，阳极贵金属催化剂的价格问题。目前，商用的 DMFCs 的阳极催化剂多数为贵金属催化剂，其含量稀缺、价格高昂，使得其商业化应用受阻。开发一种高性能、高稳定性的非贵金属催化剂以替代贵金属催化剂已成为大势所趋。第三，催化剂的中毒问题。甲醇在阳极的电催化分解反应过程中，Pt 与 CO_{ads} 结合力很大，易生成中间产物 Pt-CO_{ads}。催化剂上吸附 CO_{ads} 变多，Pt 的活性位点随之减少，使得催化 MOR 活性降低。

6.6 总结与展望

DMFCs 具有能量转换效率高、携带方便、甲醇运输和储存方便等优点，前景广阔。MOR 作为 DMFCs 的阳极一个复杂的多步氧化过程，其反应活性及选择性受催化剂种类、结构、粒径大小及载体的影响。本章介绍了 MOR 的反应机理及评价参数，包括电化学活性表面积，质量活性/比活性，稳定性及测试方法；接下来重点介绍了 MOR 催化剂的分类，包括 Pt 基催化剂、Pd 基催化剂和过渡金属基催化剂，利用电子效应、几何效应和协同效应对催化剂进行结构和形貌改性，构筑具有大的比表面积、丰富的活性位点和良好的稳定性的 MOR 催化剂。最后，本章简单讲述了 MOR 在甲醇燃料电池的应用。

综上所述，开发兼具高活性、高选择性、低成本和抗中毒性能的催化剂是研究 MOR 的重点。催化剂的设计可进一步进行如下研究：通过 DFT 等理论计算设计合理的催化剂体系；通过对 MOR 催化机理的研究，结合理论计算，设计和开发最优的催化剂体系；利用催化剂各组分间的协同效应，进一步提高 Pt 基二元和三元复合催化剂对 MOR 的活性和选择性，增强催化剂的抗中毒能力；寻找适宜的新型载体，提高催化剂的活性和稳定性；寻找可替代 Pt 催化剂的非 Pt 催化剂，以降低催化剂成本。

参 考 文 献

[1] Tong Y, Yan X, Liang J, et al. Metal-based electrocatalysts for methanol electro-oxidation: progress, opportunities, and challenges[J]. Small, 2021, 17(9): 1904126.

[2] Liu H, Song C, Zhang L, et al. A review of anode catalysis in the direct methanol fuel cell[J]. J. Power Sources, 2006, 155(2): 95-110.

[3] Yu E H, Krewer U, Scott K. Principles and materials aspects of direct alkaline alcohol fuel cells[J]. Energies, 2010, 3(8): 1499-1528.

[4] Su S, Zhang C, Yuwen L, et al. Uniform Au@Pt core-shell nanodendrites supported on molybdenum disulfide nanosheets for the methanol oxidation reaction[J]. Nanoscale, 2016, 8(1): 602-608.

[5] Chen W, Cai J, Yang J, et al. The kinetics of methanol oxidation at a Pt film electrode, a combined mass and infrared spectroscopic study[J]. J. Electroanal. Chem., 2017, 800: 89-98.

[6] Gong L, Yang Z, Li K, et al. Recent development of methanol electrooxidation catalysts for direct methanol fuel cell[J]. J. Energy Chem., 2018, 27(6): 1618-1628.

[7] Lou Y, Li C, Gao X, et al. Porous Pt nanotubes with high methanol oxidation electrocatalytic activity based on original bamboo-shaped Te nanotubes[J]. ACS Appl. Mater. Interfaces, 2016, 8(25): 16147-16153.

[8] Choi S M, Kim J H, Jung J Y, et al. Pt nanowires prepared via a polymer template method: Its promise toward high Pt-loaded electrocatalysts for methanol oxidation[J]. Electrochim. Acta, 2008, 53(19): 5804-5811.

[9] Zuo Y, Cai K, Wu L, et al. Spiny-porous platinum nanotubes with enhanced electrocatalytic activity for methanol oxidation[J]. J. Mater. Chem. A, 2015, 3(4): 1388-1391.

[10] Yaqoob L, Noor T, Iqbal N. Recent progress in development of efficient electrocatalyst for methanol oxidation

reaction in direct methanol fuel cell[J]. Int. J. Energy Res., 2021, 45(5): 6550-6583.

[11] Wang Y, Zou H, Xu L, et al. Enhancing hydroxyl adsorption for methanol oxidation reaction(MOR)of Pt-loaded on carbon support 3D network Magnéli phase V_4O_7 composite[J]. J. Electroanal. Chem., 2023, 932: 117270.

[12] Zhang J, Qu X, Han Y, et al. Engineering PtRu bimetallic nanoparticles with adjustable alloying degree for methanol electrooxidation: Enhanced catalytic performance[J]. Appl. Catal. B - Environ., 2020, 263: 118345.

[13] Ren F, Zhang Z, Liang Z, et al. Synthesis of PtRu alloy nanofireworks as effective catalysts toward glycerol electro-oxidation in alkaline media[J]. J. Colloid Interface Sci., 2022, 608: 800-808.

[14] Dong K, Pu H, Zhang T, et al. Dendric nanoarchitectonics of PtRu alloy catalysts for ethylene glycol oxidation and methanol oxidation reactions[J]. J. Alloy. Compd., 2022, 905: 164231.

[15] Liu Y, Chi M, Mazumder V, et al. Composition-controlled synthesis of bimetallic PdPt nanoparticles and their electro-oxidation of methanol[J]. Chem. Mat., 2011, 23(18): 4199-4203.

[16] Shao T, Bai D, Qiu M, et al. Facile synthesis of AgPt nano-pompons for efficient methanol oxidation: Morphology control and DFT study on stability enhancement[J]. J. Ind. Eng. Chem., 2022, 108: 456-465.

[17] Ramírez-Caballero G E, Ma Y, Callejas-Tovar R, et al. Surface segregation and stability of core-shell alloy catalysts for oxygen reduction in acid medium[J]. Phys.Chem.Chem.Phys., 2010, 12(9): 2209-2218.

[18] Vilian A T E, Hwang S K, Kwak C H, et al. Pt-Au bimetallic nanoparticles decorated on reduced graphene oxide as an excellent electrocatalysts for methanol oxidation[J]. Synth. Met., 2016, 219: 52-59.

[19] Yuan W, Fan X, Cui Z M, et al. Controllably self-assembled graphene-supported Au@Pt bimetallic nano-dendrites as superior electrocatalysts for methanol oxidation in direct methanol fuel cells[J]. J. Mater. Chem. A, 2016, 4(19): 7352-7364.

[20] Yang Z, Pedireddy S, Lee H K, et al. Manipulating the d-band electronic structure of platinum-functionalized nanoporous gold bowls: synergistic intermetallic interactions enhance catalysis[J]. Chem. Mat., 2016, 28(14): 5080-5086.

[21] Zhang Z, Li J, Liu S, et al. Self-templating oriented manipulation of ultrafine Pt_3Cu alloyed nanoparticles into asymmetric porous bowl-shaped configuration for high-efficiency methanol electrooxidation[J]. Small, 2022, 18(29): 2202782.

[22] Liu A, Yang Y, Shi D, et al. Theoretical study of the mechanism of methanol oxidation on PtNi catalyst[J]. Inorg. Chem. Commun., 2021, 123: 108362.

[23] Yang Y, Jin H, Kim H Y, et al. Ternary dendritic nanowires as highly active and stable multifunctional electrocatalysts[J]. Nanoscale, 2016, 8(33): 15167-15172.

[24] Ma S Y, Li H H, Hu B C, et al. Synthesis of low Pt-based quaternary PtPdRuTe nanotubes with optimized incorporation of Pd for enhanced electrocatalytic activity[J]. J. Am. Chem. Soc, 2017, 139(16): 5890-5895.

[25] Wang Y, Peng H C, Liu J, et al. Use of reduction rate as a quantitative knob for controlling the twin structure and shape of palladium nanocrystals[J]. Nano Lett., 2015, 15(2): 1445-1450.

[26] Xu H, Yan B, Zhang K, et al. Facile fabrication of novel PdRu nanoflowers as highly active catalysts for the electrooxidation of methanol[J]. J. Colloid Interface Sci., 2017, 505: 1-8.

[27] Li G, Jiang L, Jiang Q, et al. Preparation and characterization of Pd_xAg_y/C electrocatalysts for ethanol electrooxidation reaction in alkaline media[J]. Electrochim. Acta, 2011, 56(22): 7703-7711.

[28] Song Y, Chen Y, Chen X, et al. High performance self-supporting 3D nanoporous PdNi alloy foam for methanol oxidation electrocatalysis[J]. J. Porous Mat., 2022, 29(4): 1199-1209.

[29] Singh R N, Singh A. Electrocatalytic activity of binary and ternary composite films of Pd, MWCNT and Ni, Part Ⅱ: methanol electrooxidation in 1 M KOH[J]. Int. J. Hydrog. Energy, 2009, 34(4): 2052-2057.

[30] Jin Z, Ji J, He Q, et al. The enhanced electro-catalytic performance of Au@Pd nanoparticles self-assembled on fluorine-modified multi-walled carbon nanotubes for methanol oxidation[J]. Catal. Lett., 2018, 148: 3281-3291.

[31] Xiong Z, Li S, Xu H, et al. Newly designed ternary metallic PtPdBi hollow catalyst with high performance for methanol and ethanol oxidation[J]. Catalysts, 2017, 7(7): 208.

[32] Xia Y, Dai H, Jiang H, et al. Three-dimensional ordered mesoporous cobalt oxides: Highly active catalysts for the oxidation of toluene and methanol[J]. Catal. Commun., 2010, 11(15): 1171-1175.

[33] Zhao S, Wang H, Liu X, et al. Enhanced electrocatalytic performance of N-doped Yolk-shell Co_3O_4 for methanol oxidation in basic solution[J]. Colloid Surf. A-Physicochem. Eng. Asp., 2022, 652: 129787.

[34] Yang W, Yang X, Jia J, et al. Oxygen vacancies confined in ultrathin nickel oxide nanosheets for enhanced electrocatalytic methanol oxidation[J]. Appl. Catal. B-Environ., 2019, 244: 1096-1102.

[35] Hu Y, Ji M, He Y, et al. Cu-enhanced photoelectronic and ethanol sensing properties of Cu_2O/Cu nanocrystals prepared by one-step controllable synthesis[J]. Inorg. Chem. Front., 2018, 5(2): 425-431.

第7章　乙醇电催化氧化反应

7.1　概述

乙醇(CH_3CH_2OH)作为资源丰富使用方便的清洁可再生能源,已成为国内外关注并推广使用的绿色燃料。直接乙醇燃料电池(DEFCs)是一种使用乙醇作为燃料的电化学设备,涉及化学能和电能之间的相互转换。乙醇作为一种传统燃料的替代品,易于从可再生资源中获得,且比能量高[$8.0kW/(h \cdot kg)$],储存简单,相对安全,效率高,可用于便携式电子设备,并有望为电动汽车提供动力。

乙醇电催化氧化(EOR)是 DEFCs 的阳极反应,也是核心反应。如图 7.1 所示,在 EOR 过程中,乙醇直接氧化生成水、二氧化碳或部分氧化生成乙酸。该反应机理较为复杂,动力学缓慢,因此设计低成本、高效率和高稳定性的 DEFCs 阳极电催化剂是提升乙醇转化效率、提高反应动力学的关键。

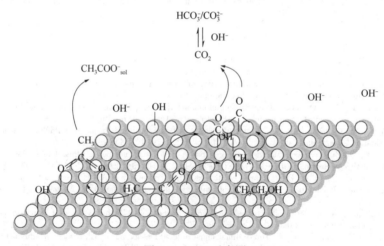

图 7.1　EOR 示意图

7.2　乙醇电催化氧化反应

7.2.1　乙醇电催化氧化反应机理

目前普遍接受的 EOR 机理是基于 Pt 或 Pd 的催化剂在酸性或碱性介质中的

双途径多阶段机制，如图 7.2 所示。EOR 是通过断裂乙醇中的 C—C 键，在阳极产生电子、质子和 CO_2。由于并非所有吸附物种都发生 C—C 键断裂，因此 EOR 过程是一种平行-顺序反应，产生碳 1 产物（C1 途径）和碳 2 产物（C2 途径）。C1 途径是通过转移 12 个电子将乙醇完全氧化为 CO_2 或碳酸盐［式（7-1）、式（7-2）、式（7-3）］，而 C2 途径是通过转移 4 个电子将乙醇部分氧化为乙酸或通过转移 2 个电子将乙醇部分氧化为乙醛而不破坏 C—C 键［式（7-4）、式（7-5）］。此外，路径 C2 中形成的乙醛可以进一步氧化为 CO_2。

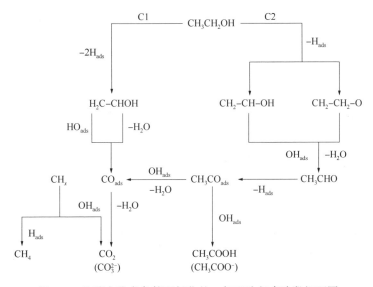

图 7.2 乙醇在稳态条件下氧化的一般双途径多阶段机理图

C1 路径：

$$CH_3-CH_2OH+3H_2O \longrightarrow 2CO_2+12H^++12e^- \qquad (7-1)$$

$$CH_3-CH_2OH+5H_2O \longrightarrow 2HCO_3^-+14H^++12e^- \qquad (7-2)$$

$$CH_3-CH_2OH+5H_2O \longrightarrow 2CO_3^{2-}+16H^++12e^- \qquad (7-3)$$

C2 路径：

$$CH_3-CH_2OH+H_2O \longrightarrow CH_3-COOH+4H^++4e^- \qquad (7-4)$$

$$CH_3-CH_2OH \longrightarrow CH_3-CHO+2H^++2e^- \qquad (7-5)$$

EOR 反应中，OH_{ads} 对于 CO_{ads} 和 CH_3CHO_{ads} 的氧化至关重要，使得 OH_{ads} 的形成成为限速步骤，如式（7-6）、式（7-8）所示：

$$H_2O \Longleftrightarrow OH_{ads}+H^++e^- \qquad (7-6)$$

C1 途径：

$$CO_{ads}+OH_{ads} \longrightarrow CO_2+H^++e^- \qquad (7-7)$$

C1 途径：

$$CH_3CH_2OH \longrightarrow CH_3CHO_{ads}+2e^-+2H^+ \qquad (7-8)$$

$$CH_3CHO_{ads}+OH_{ads}\longrightarrow CH_2COOH \tag{7-9}$$

在酸性介质中，低电位下的 C—C 键断裂很容易形成 CO_{ads}，但缺少 OH_{ads}，导致表面被毒化从而抑制了 CO_2 的产生。在较高的电位下，有丰富的氧化剂，但 C—C 键的断裂被高覆盖率的氧化剂抑制，因此限制了 CO/CO_2 的产生。类似地，在碱性介质中，乙醇的解离吸附进行得相当快，并且速率控制步骤是通过 OH_{ads} 与 C_2 物质反应[式(7-10)、式(7-11)]。与酸性电解质相比，随着电位的增加，碱性介质中的反应速率更为剧烈，这是由于通过途径 C1 和途径 C2 进行的平行反应速率增加所致：

在 C1 途径中，参与乙醇 C—C 键断裂生成 CO_{ads} 的物种 OH_{ads} 在较低电位下形成；相应地，在相同的电位下，由于其中一种反应物具有更高的表面覆盖率，反应速率更高。在 C2 途径中，乙醇分子脱质子形成乙氧基阴离子，后者在 OH_{ads} 存在下吸附在催化剂上参与反应[式(7-10)、式(7-11)]。

$$CH_3CH_2OH+OH^-\longrightarrow CH_3CH_2O^-+H_2O \tag{7-10}$$

$$CH_3CH_2O^-+OH_{ads}\longrightarrow CH_3CHO_{ads}+e^-+H_2O \tag{7-11}$$

7.2.2　乙醇电催化氧化反应特征

与 MOR 相比，EOR 在动力学上更为复杂和缓慢，因为它不仅涉及乙醇脱氢，还涉及 C—C 键的断裂，因此 EOR 是表面结构敏感的反应，其活性依赖于催化剂的表面结构。对于 EOR，贵金属被认为是最优的催化材料，其表面结构设计至关重要，DFT 计算表明，与紧密堆积的 Pt 晶面相比，疏松的 Pt 晶面上更有利于乙醇完全氧化为 CO_2。

在低浓度的乙醇溶液中，主要反应产物为 CO_2 和乙酸，当乙醇浓度小于 0.1mol/L 时，CO_2 的产率达到最大值(30%)；然而，当乙醇浓度增加到 1mol/L 时，乙醛成为主要的反应产物。这是由于在高浓度乙醇条件下竞争性化学吸附导致反应过程中含氧物质的表面覆盖率降低引起的。CO_2 产率降低的可能原因是随着乙醇浓度的增加，形成了优先氧化为乙醛和乙酸的弱结合物质。

提高电解液 pH 值是提高 CO_2 选择性的重要手段。从酸性介质到碱性介质，在氢吸附区域，C—C 键断裂反应中消耗的电流部分增加，使 CO_2 的产量几乎翻倍。例如，使用碱性电解液的 DEFCs 的 CO_2 产率可以达到 55%，而使用酸性电解液的 DEFCs 在类似条件下的 CO_2 产率仅能达到 2%(阳极电位 0.8V，$T=60℃$，乙醇浓度 0.1mol/L，Pt 催化剂)。从碱性介质到酸性介质，CO_2 产量下降的机制还不完全清楚，但可以用乙醛的酸性特性来解释，其在碱性介质中被去质子化，且乙醛分子中 C—C 键裂解的能量比乙醇分子中低。此外，提高 CO_2 选择性的另一种方法是在高温下进行反应，研究表明当温度高于 90℃ 时，CO_2 的产率大于 90%。然而，在高乙醇浓度(大于 8mol/L)下，即使在 175℃ 下，乙醇氧化为 CO_2

的程度也不会超过 25%。

通过对酸性、碱性和碳酸盐介质中乙醇在 Pt 上的吸附和氧化规律的比较分析，发现无论 pH 值如何，CO_{ads} 都是乙醇解离化学吸附的主要产物。电位范围小于 0.4V 的 EOR 速率受化学吸附产物与 OH_{ads} 相互作用阶段的限制。当从酸性介质进入碱性介质时，具有不同晶体取向的多晶 Pt 表面区域中吸附质 CH_x 的氧化速率差异是决定催化剂活性变化的主要因素之一。在碱性电解液中，在 Pt(110) 上 CH_x 氧化成 CO_{ads} 的起始电位小于 0.1V，而 Pt(111) 上的起始电位为 0.55V。在酸性电解液中，CH_x 的氧化在所有低指数面上以相同的速率进行，起始电位为 0.45V，而上述特性在碱性介质中的低电位下 CO_2 的产率更高。

总体来说，对 EOR，无论是反应机理的研究抑或是催化剂的开发都相对较少，还有着相当大的拓展空间，最关键的问题依然是如何断开 C—C 键使反应通过完全氧化途径生成 CO_2。

7.2.3　乙醇电催化剂表面结构效应

在 EOR 中，纯 Pt 催化剂的主要缺点是乙醇化学吸附含氧物种的速率低且容易产生自毒化(主要是因为可用于吸附 OH 物种和水的活性位点数量较少，导致 CO 难以进行进一步氧化，使得其成为毒性物种)，因而整个过程对 CO_2 的选择性有限。考虑到这一点，开发用于 EOR 的 Pt 基催化剂的主要途径是寻求能够提供最佳催化效果、更高 CO_2 选择性和更大反应面积的多组分体系。乙醇在多组分材料上的 EOR 机理通常用双功能催化来解释。在 Pt 的活性部位，乙醇发生解离吸附，促进组分("低贵"金属或氧化物)作为活性氧的供体，氧化中间产物。计算这些催化剂效率的标准是催化剂进行解离吸附(在酸性电解质中)或化学吸附 OH 基团(在碱性电解质中)的能力。不同金属在水溶液中的化学吸附方面具有以下活性关系：

Cu<Pd<Rh<Pt<Ru<Sn

考虑到这种关系，可解释 Pt-Sn 和 Pt-Ru 合金在 EOR 中比单个 Pt 的活性更强的原理。当 Pt 与其他金属形成合金时，金属原子结构会发生变化，第二金属的加入会改变 Pt 原子的电子结构及几何结构，而这种电子效应和应力效应会改变金属与中间产物如 CO 以及含氧物种 OH 的相互作用力，从而影响乙醇氧化的反应活性以及选择性。

提高催化剂催化性能的方法包括控制催化剂的表面结构、元素组成和粒径等。其中，表面结构控制是通过暴露更多表面活性中心来提高催化性能的一种高效方法。一般认为 EOR 在活性和选择性方面对表面结构敏感。具有高指数晶面通常比具有低指数晶面的纳米晶体表现出更高的催化活性。对催化剂元素组成的调节可改变催化剂表面的电子结构对反应物分子的吸附能力。而较小的粒径具有较大的比表面积和更多的活性位点，同时还可以改变反应物分子在其表面的扩散行为。

7.3　乙醇电催化氧化反应评价参数

7.3.1　电化学活性表面积

电化学活性表面积($ECSA$)是指参与电化学反应的有效面积。$ECSA$ 的测试一般是基于溶液中电极表面吸附的特定离子或者气体(如溶液中 Pt 表面吸附的一氧化碳或者氢气)。此外，欠电位沉积法(UPD)也被用于测试电极表面积。施加电压改变电极的氧化态也可以用于测量 $ECSA$。但这些方法都有一定的选择性，仅适用于特定材料。如 BET 是恒温条件下通过测定样品在一系列分压下对被吸附气体的饱和吸附量获得吸脱附曲线，以求得比表面积和孔径分布的方法。但此方法需要样品的比表面积在几个平方米每克时，测定才可以达到一定信号强度。因此，BET 仅适合于有一定比表面积的细小粉末材料。

双电容层测量法是一种比较合理的可用于测试 $ECSA$ 的方法。通常 $ECSA$ 的测量装置选用三电极体系，参比电极首推可逆氢电极(RHE)，在酸性和中性电解质中使用饱和甘汞电极(SCE)和 Ag/AgCl 电极，而碱性条件下建议使用 Hg/HgO。在 $ECSA$ 测量时，应通过进气口用惰性气体(例如 Ar、N_2)鼓泡吹扫电解液除去溶解的氧气，在 $ECSA$ 测量期间，也需要惰性气体连续鼓泡以保持电解液 Ar 或 N_2 饱和。$ECSA$ 的计算公式如式(7-12)所示(以 Pt 催化剂为例)：

$$ECSA = \frac{S}{mcv} = \frac{Q_{\text{H-吸附}}}{0.21(\text{mC} \cdot \text{cm}^2) \cdot M_{\text{Pt}}} \qquad (7-12)$$

式中，S 为去除双电层后 H 脱附峰对应的总电荷积分面积，单位为 cm^2；m 为电极上催化剂的质量，单位为 g；c 为 Pt 单晶 H 吸附常数，单位为 0.21mC/cm^2；v 为扫描速度，单位为 mV/s。$Q_{\text{H-吸附}}$ 为去除双电层后 H 脱附峰对应的电荷交换产生的电量；M_{Pt} 为工作电极上 Pt 的负载量，单位为 mg/cm^2。

7.3.2　质量活性和面积比活性

质量活性(Mass Activity，MA)很大程度上取决于电催化剂颗粒的大小(即活性位点的数量)，通常较小尺寸的催化剂表现出较高的质量活性，因为较小尺寸的颗粒具有较大的表面原子与单位质量的总原子之比，具有大量的电催化活性位。MA 是根据每单位质量的贵金属产生的电流计算的。MA 计算公式如式(7-13)所示：

$$MA = \frac{r_f j_k}{m} \qquad (7-13)$$

式中，j_k 为动力学电流密度，单位为 A；m 为电极上催化剂的负载量，单位

为 mg/cm^2；r_f 为粗糙度因子。面积比活性（SA）是将电流归一化为面积获得的，表明电催化剂的固有活性。MA 由 SA 和 $ECSA$ 确定，公式为 $MA = SA \times ECSA$。

7.3.3 稳定性

EOR 电催化剂的稳定性通常使用计时电流法来评估，即控制工作电极电压测定工作电极的电流随时间的变化，通常需要测试 20h 以上。EOR 电催化剂长期稳定性差主要原因是乙醇氧化过程中产生的有毒中间体（如 CO）容易覆盖活性位点，导致催化剂在短时间内中毒失活。抗中毒能力对于 EOR 电催化剂至关重要，因为贵金属往往会被吸附的 CO 或源自甲醇或乙醇脱氢的其他含碳物质毒化，催化剂表面较高的毒化速率抑制乙醇的解离吸附及其进一步的氧化使其活性降低。EOR 电催化剂的抗中毒能力可从对 CO 脱附能力以及正向扫描峰值电流密度（I_f）和反向扫描峰值电流密度（I_b）之间的比率（I_f/I_b）来估算。I_f/I_b 的比值越低表明从乙醇氧化成 CO_2 的能力越差，在电极上积累的含碳物质越多，电极越容易中毒，即电极的抗中毒能力越差。

7.3.4 选择性

CO_2 的选择性是 EOR 的另一个重要参数，因为 EOR 经历 C1 和 C2 双路径，乙醇通过 C1 途径中的 12 电子过程完全氧化生成 CO_2，而通过 C2 途径中的 4 电子过程部分氧化生成乙酸。原则上，高效 EOR 需要乙醇完全氧化形成 CO_2（C1 途径）。通过测量法拉第效率（FE）可得到 CO_2 的选择性，如图 7.3 所示。FE 即实际生成物的量与理论生成物的量的比值。通过 CO_2 检测器分析反应后的 CO_2，采用 0.01mol/L NaOH 溶液滴定乙酸量，并减去在开路条件下的 CO_2 和乙酸测量值，

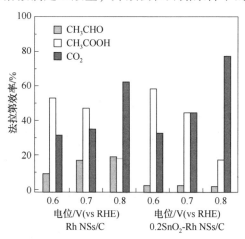

图 7.3　Rh NSs/C 和 0.2SnO$_2$-Rh NSs/C 在不同电位下
EOR 的 CH$_3$CHO、CH$_3$COOH 和 CO$_2$ 的法拉第效率

以确保其源于乙醇与 O_2 的化学反应。根据 CO_2 和乙酸的测量值(物质的量)和电池运行期间通过的电荷,得到 CO_2 和乙酸产生的法拉第效率,计算公式如式(7-14)所示:

$$f = \frac{1}{f_{CO_2} + 3f_{乙酸} + 6f_{乙醛}} \tag{7-14}$$

从式中可知,CO_2 法拉第效率越高,说明该催化剂 CO_2 选择性越高,EOR 越倾向于 12 电子的 C1 途径,性能更优越。

7.4 乙醇电催化氧化催化剂

在 DEFCs 的阳极 EOR 上,乙醇完全氧化为 CO_2 需要破坏 C—C 键,这对于在室温或中等温度(≤100℃)下运行的燃料电池来说并不容易。在大多数情况下,乙醇被部分氧化成乙醛或乙酸,只转移了两个或四个电子,不可避免地导致阳极/膜界面的过电势损失增加。因此,在较低的过电势下完全氧化乙醇,提高乙醇转化率,探索合适的 EOR 催化剂至关重要。目前,EOR 催化剂存在催化剂极化严重、反应动力学缓慢、耐久性差、C—C 键难断裂和催化剂易中毒等问题。目前,EOR 催化剂可大致分为 Pt 基催化剂、Pd 基催化剂和一些非贵金属催化剂,如图 7.4 所示。

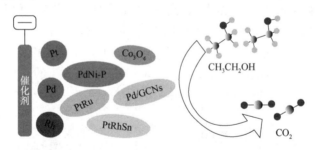

图 7.4　EOR 常见金属催化剂

7.4.1　铂及其合金纳米催化剂

铂(Pt)是最常用的 EOR 催化剂,尽管其表面很容易被氧化反应中产生的 CO 和 CH_x 中间产物毒化,但在酸性介质中,乙醇在 Pt 电极上展现了较好的催化活性。纯 Pt 催化剂的 EOR 强烈依赖于催化剂的结构,在酸性电解质中通过循环伏安法对具有球形、立方和八面体形态的 Pt 纳米材料的 EOR 性能研究发现 Pt(111)表面不能破坏 C—C 键,几乎只能形成乙酸。对于球形 Pt 金属纳米粒子表面丰富的低配位原子能有效拆分 C—C 键,因此能检测到 CO。而乙醇在 Pt(100)面上更容易完全氧化为 CO_2。由 Pt(100)面组成的 Pt 立方体比尺寸相当的球形 Pt 纳米颗粒具有更高的电催化活性。

Pt 的表面结构对碱性介质中 EOR 的影响可利用电化学方法和傅里叶红外光谱技术(FT-IR)进行验证。实验结果表明,Pt(111)展现出最大的电流和最高的起始电位。然而,FT-IR 只检测到少量(甚至可以忽略不计)CO_{ads} 和碳酸酯,这意味着 C—C 键在这种介质中难以形成。循环后的电极活性迅速降低,活性的降低与测量的电流成正比,这与乙醛的形成和聚合有关,乙醛吸附在电极表面,阻止了进一步氧化反应。由于乙醇的氧化是一种对结构较为敏感的反应,氧化产物将取决于电极的表面结构。乙醇在 Pt(111)电极上氧化的主要产物是乙酸,乙醛作为次级产物,一氧化碳生成量非常小,二氧化碳的含量也很低,可能与电极表面存在的缺陷有关。在 Pt(100)电极上很容易在低电位下形成 CO,在 0.65~0.80V 下 CO 被氧化为乙醛和乙酸,Pt(110)对 C—C 键的断裂显示出最高的催化活性。

密度泛函理论(DFT)计算发现乙醇在 Pt 上氧化的选择性明显取决于表面结构,这可以归因于两个关键反应步骤的结构敏感性:乙醇的初始脱氢和乙酰基(CH_3CO)的氧化。在暴露的 Pt(100)表面上,乙醇更倾向于通过强吸附的中间产物(CH_2CO 或 $CHCO$)进行 C—C 键断裂,完全氧化为 CO_2。然而,在 Pt(111)上,只有部分氧化成 CH_3CHO 和 CH_3COOH。研究指出,暴露的 Pt(100)是在低覆盖率下完全氧化乙醇的最佳晶面,具有显著的催化性能。

通过研究 Pt(533)、Pt(755)和 Pt(111)的 EOR 机理,发现乙酸的氧化途径与电极表面结构密切相关;随着表面台阶密度的增加,乙酸生成量减少,在阶梯状的表面上,C—C 键的裂解和表面中毒可能是乙酸产量低的原因。另外,研究表明在含有高表面台阶密度的 Pt 表面上,乙醇氧化为乙酸受到抑制。通过调整核壳 FePt/Pt NPs 的表面 Pt 应变,发现表面为(730)、(520)、(210)和(310)等高指数晶面的四面体 Pt 纳米晶体,比活性几乎是商用 Pt 催化剂的 10 倍。

7.4.1.1 PtRh 基合金催化剂

虽然 Pt 是 EOR 的首选催化剂,但它不能将乙醇完全氧化为 CO_2。在 Pt 催化 EOR 过程中,Pt 表面容易中毒,为了提高催化剂对 CO_2 的活性和选择性,研究人员发现加入第二金属或金属氧化物可以显著提高 Pt 对乙醇的催化活性。第二种金属的加入会导致颗粒形状、尺寸、表面结构、化学选择性、催化活性及其结构发生变化,可提供更多的活性位点,从而提高催化性能。

PtRh 合金被广泛认为是酸性电解质中一类很有前途的 EOR 电催化剂。在碳载 SnO_2 纳米颗粒上沉积 Pt 和 Rh 合成的 $PtRhSnO_2$/C 电催化剂,实验和 DFT 计算表明 Pt 有利于乙醇脱氢,Rh 的加入促进了 CH_2CH_2O 的 C—C 键断裂,SnO_2 与水反应,并向 Rh 位点氧化的 CO 提供 OH 物种。此外,通过在含有缺陷的 Rh 纳米线上共沉积 Pt 可形成核壳纳米线 Rh@Pt_{nL}($n=1\sim5.3$)(见图 7.5)。Rh@Pt_{nL} 的较薄 Pt 层有利于 C—C 键的断裂并提高 CO_2 的选择性，而较厚的 Pt 层有利于乙酸的形成。由于 Rh 和 Pt 之间的应力效应和配体效应，$Rh@Pt_{3.5L}$ 纳米线在 0.2mol/L 乙醇和 0.1mol/L $HClO_4$ 的混合电解液中表现出了 $809mA/mg_{Pt}$ 的质量活性。研究发现，Rh 有利于吸附 α-C，邻近的 Pt 吸附 β-C，从而促进 C—C 键的断裂，并增加 C_1 产物的选择性；此外，Rh 作为一种亲氧金属，提供了丰富的 OH_{ads}，可去除 Pt 上的 CO 等有毒物质。

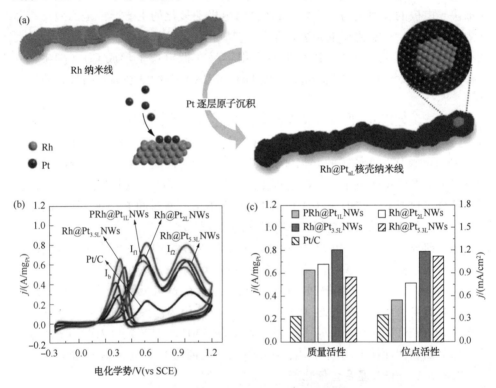

图 7.5 (a) $Rh@Pt_{nL}$ 核壳纳米线的合成示意图；
(b) CV 曲线；(c) 质量活性和位点活性图

不同 Pt、Rh 原子比的合金催化剂对 EOR 活性不同，利用电沉积法在商用碳纸上可得到 $Pt_{80}Rh_{20}$ 和 $Pt_{60}Rh_{40}$ 合金催化剂以及 Pt 和 Rh 催化剂。实验发现合金氧化物形成的起始电位顺序为：$Pt>Pt_{80}Rh_{20}>Pt_{60}Rh_{40}>Rh$，CO 氧化的起始电位顺序为：$Pt>Rh>Pt_{80}Rh_{20}>Pt_{60}Rh_{40}$。由于双功能机制促进了 CO 的去除，造成 CO 氧化的起始电位略高于合金氧化的起始电位。此外，Rh 对 Pt 的电子效应也解释了 $Pd_{80}Rh_{20}$ 和 $Pd_{60}Rh_{40}$ 上 CO 氧化起始电位低于 Rh。在 EOR 下，乙醇氧化的起始电位与 CO 氧化电位顺序相同。$Pt_{60}Rh_{40}$ 合金是最活跃的，在 LSV 中具有最高的比电流密度和最低的表观活化能，这可能来源于双功能机制和 Rh 对 Pt 的电子效应。

7.4.1.2　PtSn 基合金催化剂

在 PtSn 合金中较高的 Sn 含量(即合金化程度)和 SnO$_2$ 相所引起的电子效应(较少的未占据 5d 态)对提高 EOR 催化活性具有重要作用。Pt$_核$/Sn$_{中层}$/Pt$_{表层}$ 催化剂具有 Pt 核、Sn 中层和 Pt 表面结构的 Pt-Sn 纳米立方体结构,有利于乙醇中 C—C 键断裂的 Pt(100) 表面、PtSn 内部的应变和电子效应以及吸附中间体(如来自 Sn 的 CO)的增强氧化,因而该催化剂显示出优良的活性和 CO$_2$ 选择性,在5000 次循环后具有优良的稳定性。

对于合金化程度较高的 Pt-Sn 催化剂,Pt 位点的活性增加通常归因于配体效应。将 Sn 嵌入 Pt 晶格形成的 Pt$_3$Sn/C 有利于吸附的 CO 迁移,使其更容易氧化和解吸。Sn 原子优先沉积在 Pt 晶面的边缘,具有高 CO 覆盖率。Pt$_3$Sn 在 0.1mol/L 乙醇和 0.1mol/L HClO$_4$ 的混合电解液中呈现为单分散状态[见图 7.6(a)、(b)],研究表明 Pt$_3$Sn/C 表面的 Sn 氧化物可以增强对 CO 的氧化作用,而次表面的 Sn 削弱了 CO 的结合,促进了其氧化去除,在 0.55V 电压下,Pt$_3$Sn/C 中 CO$_2$ 的法拉第效率高达 12%,而 Pt/C 的法拉第效率仅为 3%。

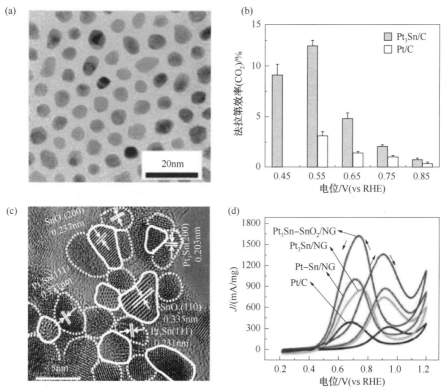

图 7.6　Pt$_3$Sn 纳米颗粒的(a)TEM 图和(b)Pt$_3$Sn/C 和 Pt/C 对二氧化碳的法拉第效率图;(c)Pt$_3$Sn-SnO$_2$/NG 的 HRTEM 图和(d)在 0.5mol/L 硫酸+1mol/L 乙醇溶液中的 CV 曲线

负载于氮掺杂石墨烯上的 $Pt_3Sn-SnO_2$（$Pt_3Sn-SnO_2/NG$）在 $0.5mol/L$ H_2SO_4 和 $1mol/L$ 乙醇混合电解液中的质量活性为 $469mA/mg_{Pt}$。$Pt-Sn/NG$ 的原位转化能够精确控制 Pt_3Sn 和 SnO_2 之间的界面，每个 Pt_3Sn 纳米颗粒与至少一个 SnO_2 纳米颗粒紧密接触，并确保 Pt 和 SnO_2 之间的强相互作用。在 Pt 中掺入 Sn 可以通过双功能机制和配体效应提高 EOR 的活性，SnO_2 不仅可以在低电位下提供 OH_{ads}，而且还可改变 Pt 的电子结构，因此，$Pt_3Sn-SnO_2/NG$ 的 EOR 性能得到了提高［见图 7.6(c)、(d)］。在一维 Pt_3Sn NFs 中，具有最大长径比的 Pt_3Sn NFs（Pt_3Sn NFs-L）中的 Sn 不仅可以降低 d 带中心，从本质上减轻中间体的结合强度，还可以锚定亲氧物种，有效促进 EOR 过程中中间体的氧化，提高活性和稳定性。进一步的研究表明，Pt_3Sn NFs-L 具有断裂 C—C 键的能力，可在很大程度上促进 EOR。

7.4.1.3 PtNi 基合金催化剂

在高电负性金属中，镍（Ni）可显著提高 EOR 的活性。传统的 PtNi 合金纳米颗粒对 EOR 的催化活性比 Pt 高 2 倍左右。在 Pt-Ru 合金中加入 Ni 后，EOR 的峰值电流密度可以进一步提高 1.5 倍。与 Pt 相比，Ni 可激活水分子，并在较低的电位下提供 OH 吸附的位点，OH_{ads} 的存在对于 CO 中间产物的完全氧化至关重要，可避免催化剂中毒。此外，由 Ni 原子插入 Pt 晶格引起的电子结构的改变也会削弱 Pt 与中间物的结合强度（Pt-CO），有利于氧化反应。

利用电化学沉积法在石墨电极上制备的 Pt-Ni/C 在酸性介质中表现出比 Pt/C 更高的催化活性、更优的稳定性以及对乙醇氧化中间产物的耐受性和更低的表观活化能。图 7.7 展示的是一种形状可控的八面体 Pt-Ni/C 纳米晶体，其表面均匀暴露(111)晶面，平均边缘长度为 10nm。八面体 Pt-Ni/C 的活性分别是传统 Pt-Ni/C 和商业 Pt/C 催化剂的 4.6 倍和 7.7 倍。原位红外光谱结果表明在 0.75V 电压下，八面体 Pt-Ni/C 上的 CH_3COOH/CO_2 吸收峰强度分别比商业 Pt/C 和传统 Pt-Ni/C 高 7.6 倍和 1.4 倍。八面体 Pt-Ni/C 的 EOR 活性提高归因于其电子效应和表面协同效应。

具有三维多孔网络结构的 Pt-Ni 气凝胶复合材料具有大的比表面积、丰富的活性中心和独特的三维多孔结构，在 EOR 中表现出良好的电催化活性、高稳定性和低起始电位。Pt-Ni 气凝胶显示出比 Ni 气凝胶更高的电流密度峰值，且 *ECSA* 约为 Ni 气凝胶的两倍，表明 Pt 的加入增加了 Pt-Ni 气凝胶的活性位点。核壳型双金属纳米粒子由于各种组分之间的电子效应和几何效应，表现出优异的 EOR 催化活性。利用乙二醇作为还原剂，以(1∶0.25)～(1∶3)的不同 Pt∶Ni 原子比制备了 Ni@Pt/C 核壳电催化剂。研究发现，增加 Ni 含量可以提高 EOR 的电催化活性。$Ni@Pt/C_3$ 具有最高的 *ECSA* 值(24.05m²/g)和电流密度。

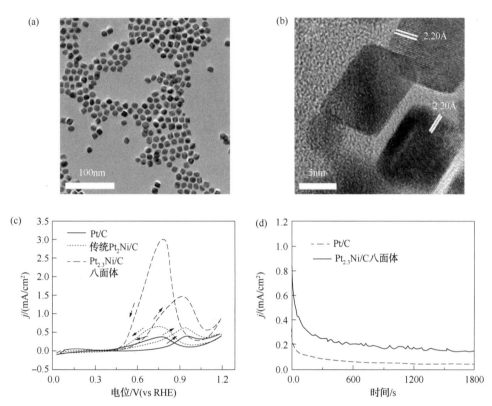

图 7.7　$Pt_{2.3}Ni/C$ 的（a）TEM 和（b）HRTEM；（c）Pt/C、Pt_2Ni/C 和八面体 $Pt_{2.3}Ni/C$ 在 0.2mol/L 乙醇+0.1mol/L $HClO_4$ 溶液的 CV 曲线；（d）Pt/C 和八面体 $Pt_{2.3}Ni/C$ 稳定性

7.4.1.4　其他合金催化剂

将 Pt 与金（Au）、锰（Mn）、铱（Ir）和铋（Bi）等其他金属合金化形成 Pt-Ir、Pt-Mn、Pt-Bi 和 Pt-Au 等合金，也有助于提高 EOR 的活性。通过溶胶凝胶法制备的暴露晶面（100）的 PtIr 纳米立方体（$Pt_{38}Ir$ NCs），Pt 为核，Ir 是壳层。$Pt_{38}Ir$ NCs 提供的电流密度比 Pt/C 高 4.5 倍，EOR 起始电位低 320mV。DFT 计算表明，PtIr 晶面（100）提供 $^*C_xH_yO/C_xH_y$ 物种的强吸附结合点，促进 C—C 键的分裂有利于 CO 的解吸。Pt-Bi$(OH)_3$ 纳米框架在 1mol/L NaOH 和 0.5mol/L 乙醇混合电解液中的 EOR 质量活性为 6.87A/mg_{Pt}（见图 7.8）。高 EOR 活性源于大比表面积和丰富的缺陷以及 Pt-Bi$(OH)_3$ 中的 Pt。原位 FT-IR 和 CO 剥离进一步表明，Pt 骨架上的 Bi$(OH)_3$ 有助于去除 CO，提高 EOR 稳定性。而核壳结构 Au@PtIr 电催化剂在 1mol/L 乙醇和 1mol/L KOH 电解液中的质量活性高达 8.3A/$mg_{所有金属}$。原位红外光谱显示，PtIr 上的单原子台阶和 Au 诱导的拉伸应变通过乙醇的解离吸附促进了 C—C 键的裂解，Ir 促进了低电位下的脱氢。

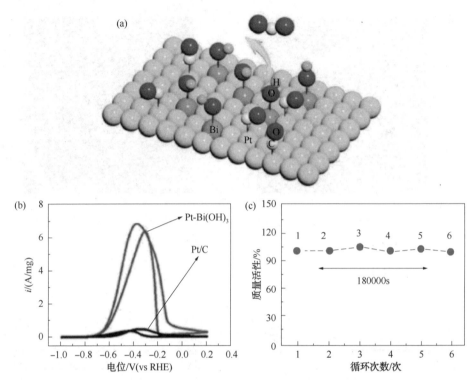

图 7.8 （a）Pt-Bi(OH)₃ 氧化去除 CO 的机理示意图；（b）1mol/L NaOH+0.5mol/L 乙醇电解液中，Pt-Bi(OH)₃ 纳米框架和商用 Pt/C 催化剂的 CV 曲线；（c）Pt-Bi(OH)₃ 催化剂稳定性测试

通过热处理法制备的 Pt-Mn/C 合金催化剂与未热处理的合金的活性相比发生明显改变。在 700℃下热解 4h 的 Pt-Mn 合金达到了最高的 EOR 活性，超过了纯 Pt 和未处理的 Pt-Mn 合金催化剂活性。XRD 结果表明，在 700℃下形成了有序的 PtMn 金属间相，这些高度合金化的颗粒是提高 EOR 活性的主要原因。利用 $Co_3[Co(CN)_6]_2$（普鲁士蓝类似物，PBA）独特优势，用 Pt^{4+} 取代部分分散在 $Co_3[Co(CN)_6]_2$ 中的 Co^{2+}，成功制备了 PtCo 电催化剂（MD-PtCo/C）。超低 Pt 负载的 MD-PtCo/C[Pt，0.9532%（质）]，表现出低起始电位、高 EOR 活性和更优的稳定性。

虽然二元合金催化剂中金属显示了各自的功能，但合金化的金属和 Pt 之间的协同作用不太明显。比如，Sn 能够增加催化剂的抗毒性，Ru 能够促进水分子的裂解。而三元合金催化剂能够进一步增加催化剂的催化活性，加入的合金化金属需与 Pt 之间有很好的兼容性。研究表明，引入亲氧型的过渡金属如 Ni、Cu、Ru、Sn 等，不仅可以提高催化剂抗 CO 中毒能力，还能够促进 C—C 键的断裂，显著促进 EOR，为三元 Pt 基催化剂的设计提供思路。如利用两步法合成的

PtRuCu 合金中颗粒与碳载体之间存在强烈的电子相互作用，活性炭黑负载的 PtRuCu 催化剂对乙醇的氧化性能最优，抗中毒性最好。此外，与商用 PtRu/C 催化剂相比，所制备的三元催化剂对乙醇的氧化活性高出 7 倍。

7.4.2 钯及复合纳米催化剂

钯(Pd)在碱性介质的乙醇氧化以及酸性介质中的甲酸氧化过程中非常活跃，其电催化活性甚至高于 Pt。具有互连多孔纳米结构的自支撑 Pd 纳米网络(PdNN)对 EOR 和 HER 均表现出优良的电催化活性，其稳定性优于市售 Pt/C。其分层结构确保了大的表面积和丰富的活性中心，在 EOR 和 HER 中可有效促进质量传输和电荷转移。此外，由于此材料中的 Pd 用量比 Pt 少 40%，因此 PdNN 被证明是一种低成本的 Pt 催化剂替代品。

将 Pd 与金属氧化物/氢氧化物结合可提高 EOR 性能，尤其是 Pd 在碱性电解质中的抗中毒能力。因金属氧化物/氢氧化物可将水分解为 OH_{ads}，并进一步加速中间体的氧化。$PdBi-Bi(OH)_3$ 复合纳米链表现出 $5.30A/mg_{Pd}$ 的高质量活性和优异的耐久性，其 EOR 性能可归因于以下几个方面：纳米链结构提供了大量缺陷，包括空位、孪晶、晶界和低配位数原子；Bi 合金可能降低 Pd 的 d 带中心，从而调整反应物和中间体的吸附/解吸特性；表面的 $Bi(OH)_3$ 提供了丰富的 OH_{ads}，有助于去除有毒的含碳物质，如 CO。

另外，引入导电金属氧化物如 CeO_2、NiO 或 Co_3O_4，可有效提高乙醇在碱性介质中 EOR 活性和稳定性。在阳极氧化铝模板上通过电沉积合成的 $Pd-CeO_2$ 纳米束(见图 7.9)中，有序排列的 $Pd-CeO_2$ 纳米束表面氧含量增加，而电化学活性表面积保持相对恒定。与不含 CeO_2 的纯 Pd 相比，$Pd-CeO_2$ 纳米束的电催化活性和稳定性显著增强。

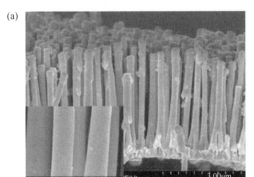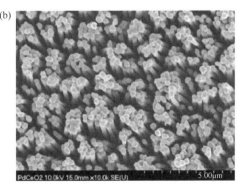

图 7.9 $Pd-CeO_2$ 纳米束的(a)横截面和(b)表面的 SEM 图像

金修饰的多面钯纳米晶体(Au/THH-Pd-NCs)具有(310)高指数面和可控金覆盖率(θ_{Au})，如图 7.10 所示，EOR 电催化活性排序为 Au/THH Pd NCs>THH Pd

NCs>Pd-黑。当 $\theta_{Au} = 0.38$ 时，Au/THH Pd NCs 的催化活性分别是 THH Pd NCs 和 Pd-黑的 4 倍和 20 倍左右，XPS 和 DFT 计算表明，Au 的修饰使得 Pd 的 d 带中心上移，可提高 Pd 的表面反应活性，原位 FT-IR 光谱也证实了 Au 修饰后 CO 与 Pd 的结合更强，可进一步加快乙醇氧化或乙酸的速度。

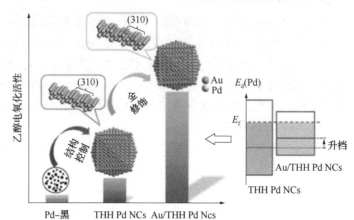

图 7.10　金修饰高指数多面钯纳米晶提高 EOR 催化活性的表面结构效应

其他 Pd 基合金，如 PdNi、PdCu、PdZn、PdAg 等，是碱性电解质中最有前景的 EOR 电催化剂。研究证明，缩短 Pd-Ni-P 纳米颗粒中 Pd 和 Ni 活性位点之间的距离可提高其质量活性。Ni 和 P 的结合能促进 Ni 位点上 OH_{ads} 的形成，并加速 OH_{ads} 和 CH_3CO_{ads} 自由基结合成 CH_3COOH，是 C2 途径的决定性步骤。PdAg 合金纳米枝晶（PdAg NDs）厚度为 5~7nm，并且有随机的面内分支，由于 Ag 带来的电子结构的改变削弱了 Pd 和有毒中间体之间的结合，而纳米枝晶提供了丰富的配位不饱和位点，PdAg NDs 表现出了 $2.6A/mg_{Pd}$ 的高质量活性和优异的稳定性。

7.4.3　其他金属纳米催化剂

除 Pt、Pd 外，Au、Rh、Sn 和 Ni 等金属也被用作 EOR 电催化剂。与 Pt 相比，Au 表面不易形成有毒物质。除了通过形貌控制来增加活性中心外，表面改性也是提高 Au 基催化剂 EOR 活性的另一条途径。一般来说，反应物的吸附是催化反应的第一步，通过适当的表面改性，可以吸附更多的乙醇，提高 Au 催化 EOR 效率。如图 7.11 所示，仙人球状（SCDs-Au）复合材料中 SCDs 通过 Au—S 键与 Au 紧密相连，SCDs 的加入减小了金的尺寸。SCDs-Au 催化剂的质量活性为 102.65mA/mg，阳极峰值电流密度约为未经 SCDs 改性的 Au 的 4.4 倍。SCDs 的引入提高了 Au 对乙醇的吸附能力，增强了 EOR 活性。此外，经过 1000 次循环后，SCDs-Au 的电化学性能下降了 29% 优于未经修饰的 Au（38%），表明 SCDs 保护 Au 并赋予催化剂长期的稳定性。

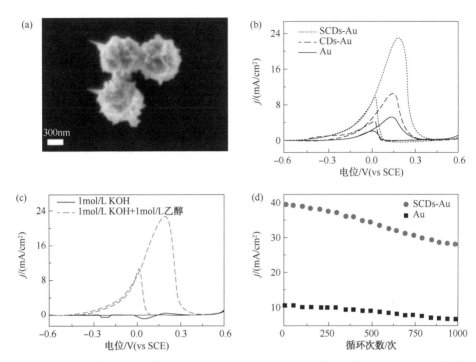

图 7.11 （a）SCDs-Au SEM 图；（b）SCDs-Au、CD-Au 和 Au 的 CV 图；（c）SCDs-Au 催化剂在含有和不含 1.0mol/L 乙醇的 CV 图；（d）SCDs-Au 和 Au 催化剂的稳定性测试

Ni 发挥 EOR 催化活性主要依赖于 Ni（Ⅱ）和 Ni（Ⅲ）之间的可逆氧化还原转化。通过减小纳米颗粒的尺寸或增加纳米颗粒的数量来增加生长/沉积的 Ni 基电催化剂的表面积，可增强 EOR 性能。其他因素如有效的电荷转移以及通过不断从催化剂表面去除 CO 有毒中间体而使活性中心再生，也有助于改善 EOR 的催化性能。将软钢用作沉积 Ni-Gd$_2$O$_3$ 复合材料的基底，实验观察到，随着 Gd$_2$O$_3$ 在复合材料中质量分数的增加，生成了更多的 Ni（Ⅱ）和 Ni（Ⅲ）物质且电流密度也随之增加，Gd$_2$O$_3$ 的存在降低了 Ni 的粒径，增加了表面积，有助于形成 NiOOH 活性中心，导致 EOR 活性增强。使用改进的多元醇法制备的 PdNi 纳米催化剂表面有大量 Ni（OH）$_2$ 存在，有助于去除催化剂表面含碳物质，从而改善其电催化性能。

7.5 乙醇电催化氧化反应应用

EOR 是一个能量转换的过程，其能量载体乙醇可用于化学合成、常规燃烧或在燃料电池中进行电化学氧化，与内燃机中发生的卡诺循环相比，EOR 可以更有效地释放能量。利用 EOR 开发 DEFCs，由于其理论能量密度高、燃料易于储存、污染物排放低，在过去几十年中引起了广泛关注。DEFCs 的原理如图 7.12 所示，其过程为将预处理过的乙醇溶液输送至装置阳极进行氧化反应，生

成 CO_2 和 H_2O，同时释放出电子和质子，质子透过 Nifion 膜通过外电路到达阴极，并与氧气反应生成水。

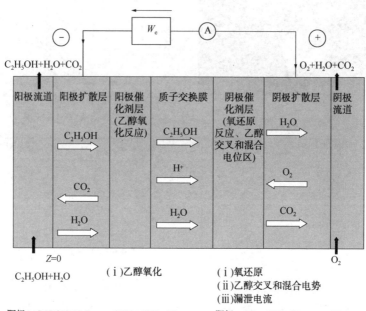

图 7.12　DEFCs 工作原理示意图

乙醇是理想的直接醇类燃料电池的燃料。首先，它可以通过发酵过程从可再生资源(例如甘蔗、小麦、玉米，甚至稻草)中大量获得，因此能够实现清洁的能源转换。其次，在很多国家，乙醇已经被用作发动机燃料的一部分，因此可以利用现有的液态乙醇供应和分配基础设施。DEFCs 具有巨大的商业化潜力，在所有类型的燃料电池中，使用液体乙醇的 DEFCs 是便携式和柔性设备的最佳选择之一。由于其无毒和低成本的特点，它被认为是一种极具前景的能量转换装置。例如，柔性 DEFCs 可以通过使用高活性 ORR 电催化剂，以及优越的相容性和离子导电性水凝胶电解质来解决乙醇交叉诱导催化剂中毒的问题。这种柔性 DEFCs 在室温和大气压下具有高性能功率密度和更高的能量密度。此外，它还具有极好的灵活性和独特的即插即用功能，只需要少量乙醇，就可以方便地为电子时钟和智能手机供电。这种具有即插即用功能的高性能灵活 DEFCs，为下一代柔性电子产品提供了更多新的可能。

7.6　总结与展望

燃料电池可作为一种新兴的、清洁的、强大的化石燃料替代品。与直接甲醇燃料电池相比，DEFCs 具有运输和储存更安全、乙醇生产和处理成本更低等显著优势。乙醇比甲醇更经济，因为它在农业中大规模生产，价格低廉且供应持续。乙醇的完全氧化产生的能量为 8.0kW/(h·kg)，而甲醇的完全氧化产生的能量为 6.1kW/(h·kg)，因此乙醇具有高的能量密度，比甲醇更受欢迎。在不同类型的燃料电池中，DEFCs 是轻型车辆和便携式设备的优异选择。

本章从乙醇电催化氧化的反应原理出发，讲述了乙醇经过 12 电子转移实现完全氧化生成二氧化碳的过程，以及如何打断 C—C 键使反应通过全部氧化途径生成 CO_2 的关键问题。讨论了电催化剂表面结构对于乙醇的电催化氧化途径的影响以及 EOR 反应的评价参数。本章重点总结了近年来关于 Pt 基、Pd 基及其他金属基 EOR 电催化剂设计的研究，并指出载体材料、催化剂组成和形貌的重要性。近年来，EOR 的研究受到广泛关注，但对其反应机理、材料作用的探索仍不够深入。因此，为合成活性高、性能好、选择性好的电催化剂，需要进一步从根本上理解反应机理及载体材料对催化剂的影响。

综上所述，乙醇是能源领域一种具有较高商业价值的潜在燃料来源。通过对 DEFCs 领域的持续研究，可为实现绿色汽车和绿色城市提供无限可能。通过加深对 DFECs 的认识，能够助力 EOR 的发展，使乙醇成为未来的主要能量来源。

参 考 文 献

[1] Tarasevich M R, Korchagin O V, Kuzov A V. Electrocatalysis of anodic oxidation of ethanol[J]. Russ. Chem. Rev., 2013, 82(11): 1047.

[2] Rao V, Cremers C, Stimming U, et al. Electro-oxidation of ethanol at gas diffusion electrodes a DEMS study [J]. J. Electrochem. Soc., 2007, 154(11): B1138.

[3] 饶路，姜艳霞，张斌伟，等. 化学进展[J]. 乙醇电催化氧化，2014，26(05): 727-36.

[4] Hitmi H, Belgsir E M, Léger J M, et al. A kinetic analysis of the electro-oxidation of ethanol at a platinum electrode in acid medium[J]. Electrochim. Acta, 1994, 39(3): 407-415.

[5] Shao M H, Adzic R R. Electrooxidation of ethanol on a Pt electrode in acid solutions: in situ ATR-SEIRAS study[J]. Electrochim. Acta, 2005, 50(12): 2415-2422.

[6] Kutz R B, Braunschweig B, Mukherjee P, et al. Reaction pathways of ethanol electrooxidation on polycrystal-line platinum catalysts in acidic electrolytes[J]. J. Catal., 2011, 278(2): 181-188.

[7] Bayer D, Berenger S, Joos M, et al. Electrochemical oxidation of C_2 alcohols at platinum electrodes in acidic and alkaline environment[J]. Int. J. Hydrog. Energy, 2010, 35(22): 12660-12667.

[8] Bai J, Liu D, Yang J, et al. Nanocatalysts for electrocatalytic oxidation of ethanol[J]. ChemSusChem, 2019, 12(10): 2117-2132.

[9] Wang H F, Liu Z P. Comprehensive mechanism and structure-sensitivity of ethanol oxidation on platinum: new transition-state searching method for resolving the complex reaction network[J]. J. Am. Chem. Soc., 2008, 130(33): 10996-11004.

[10] Lai S C S, Koper M T M. Ethanol electro-oxidation on platinum in alkaline media[J]. Phys. Chem. Chem. Phys., 2009, 11(44): 10446-10456.

[11] Lyu F, Cao M, Mahsud A, et al. Interfacial engineering of noble metals for electrocatalytic methanol and ethanol oxidation[J]. J. Mater. Chem. A, 2020, 8(31): 15445-15457.

[12] Tian N, Zhou Z Y, Sun S G. Platinum metal catalysts of high-index surfaces: from single-crystal planes to electrochemically shape-controlled nanoparticles[J]. J. Phys. Chem. C, 2008, 112(50): 19801-19817.

[13] Sheng T, Lin W F, Sun S G. Elucidation of the surface structure-selectivity relationship in ethanol electro-oxidation over platinum by density functional theory[J]. Phys. Chem. Chem. Phys., 2016, 18(23): 15501-15504.

[14] Tian N, Zhou Z Y, Yu N F, et al. Direct electrodeposition of tetrahexahedral Pd nanocrystals with high-index facets and high catalytic activity for ethanol electrooxidation[J]. J. Am. Chem. Soc., 2010, 132(22):

7580-7581.

[15] Guo J, Huang R, Li Y, et al. Surface structure effects of high-index faceted Pd nanocrystals decorated by Au submonolayer in enhancing the catalytic activity for ethanol oxidation reaction[J]. J. Phys. Chem. C, 2019, 123(38): 23554-23562.

[16] Cases F, López-Atalaya M, Vázquez J L, et al. Dissociative adsorption of ethanol on Pt(h, k, l)basal surfaces[J]. Journal of electroanalytical chemistry and interfacial electrochemistry, 1990, 278 (1-2): 433-440.

[17] Tarnowski D J, Korzeniewski C. Effects of surface step density on the electrochemical oxidation of ethanol to acetic acid[J]. J. Phys. Chem. B, 1997, 101(2): 253-258.

[18] Kim I, Han O H, Chae S A, et al. Catalytic reactions in direct ethanol fuel cells[J]. Angew. Chem. -Int. Edit., 2011, 50(10): 2270-2274.

[19] Lamy C, Coutanceau C, Leger J M. The direct ethanol fuel cell: a challenge to convert bioethanol cleanly into electric energy[J]. Catalysis for Sustainable Energy Production, 2009: 1-46.

[20] Dimos M M, Blanchard G J. Evaluating the role of Pt and Pd catalyst morphology on electrocatalytic methanol and ethanol oxidation[J]. J. Phys. Chem. C, 2010, 114(13): 6019-6026.

[21] Lee Y W, Han S B, Kim D Y, et al. Monodispersed platinum nanocubes for enhanced electrocatalytic properties in alcohol electrooxidation[J]. Chem. Commun., 2011, 47(22): 6296-6298.

[22] Li P, Liu K, Ye J, et al. Facilitating the C-C bond cleavage on sub-10 nm concavity-tunable Rh@ Pt core-shell nanocubes for efficient ethanol electrooxidation[J]. J. Mater. Chem. A, 2019, 7(30): 17987-17994.

[23] Liu K, Wang W, Guo P, et al. Replicating the defect structures on ultrathin Rh nanowires with Pt to achieve superior electrocatalytic activity toward ethanol oxidation[J]. Adv. Funct. Mater., 2019, 29(2): 1806300.

[24] An L, Zhao T S, Li Y S. Carbon-neutral sustainable energy technology: Direct ethanol fuel cells[J]. Renew. Sust. Energ. Rev., 2015, 50: 1462-1468.

[25] Zhu Y, Bu L, Shao Q, et al. Subnanometer PtRh nanowire with alleviated poisoning effect and enhanced C-C bond cleavage for ethanol oxidation electrocatalysis[J]. ACS Catal., 2019, 9(8): 6607-6612.

[26] Liu Y, Wei M, Raciti D, et al. Electro-oxidation of ethanol using Pt_3Sn alloy nanoparticles[J]. ACS Cataly., 2018, 8(11): 10931-10937.

[27] Wang L, Wu W, Lei Z, et al. High-performance alcohol electrooxidation on Pt_3 $Sn-SnO_2$ nanocatalysts synthesized through the transformation of Pt-Sn nanoparticles [J]. J. Mater. Chem. A, 2020, 8 (2): 592-598.

[28] Zhang Z, Xin L, Sun K, et al. Pd-Ni electrocatalysts for efficient ethanol oxidation reaction in alkaline electrolyte[J]. Int. J. Hydrog. Energy, 2011, 36(20): 12686-12697.

[29] Chelaghmia M L, Nacef M, Fisli H, et al. Electrocatalytic performance of Pt-Ni nanoparticles supported on an activated graphite electrode for ethanol and 2-propanol oxidation [J]. RSC Adv., 2020, 10 (61): 36941-36948.

[30] Sulaiman J E, Zhu S, Xing Z, et al. Pt-Ni octahedra as electrocatalysts for the ethanol electro-oxidation reaction[J]. ACS Catal., 2017, 7(8): 5134-5141.

[31] Tang X D, Zeng M, Chen D P, et al. Self-Supporting bimetallic Pt-Ni Aerogel as electrocatalyst for ethanol oxidation reaction[J]. ChemistrySelect, 2021, 6(45): 12696-12701.

[32] Fetohi A E, Amin R S, Hameed R M A, et al. Effect of nickel loading in Ni@ Pt/C electrocatalysts on their activity for ethanol oxidation in alkaline medium[J]. Electrochim. Acta, 2017, 242: 187-201.

[33] Yuan X, Jiang B, Cao M, et al. Porous Pt nanoframes decorated with Bi(OH)₃ as highly efficient and stable electrocatalyst for ethanol oxidation reaction[J]. Nano Res., 2020, 13: 265-272.

[34] Wang W, Liu X, Wang Y, et al. A metal-organic framework derived PtCo/C electrocatalyst for ethanol electro-oxidation[J]. J. Taiwan Inst. Chem. Eng., 2019, 104: 284-292.

[35] Comignani V, Sieben J M, Sanchez M D, et al. Influence of carbon support properties on the electrocatalytic activity of PtRuCu nanoparticles for methanol and ethanol oxidation[J]. Int. J. Hydrog. Energy, 2017, 42 (39): 24785-24796.

[36] Yuan X, Zhang Y, Cao M, et al. Bi(OH)₃/PdBi composite nanochains as highly active and durable electrocatalysts for ethanol oxidation[J]. Nano Lett., 2019, 19(7): 4752-4759.

[37] Uhm S, Yi Y, Lee J. Electrocatalytic activity of Pd-CeO₂ nanobundle in an alkaline ethanol oxidation[J]. Catal. Lett., 2010, 138: 46-49.

[38] Chen L, Lu L, Zhu H, et al. Improved ethanol electrooxidation performance by shortening Pd-Ni active site distance in Pd-Ni-P nanocatalysts[J]. Nat. Commun., 2017, 8(1): 14136.

[39] Huang W, Kang X, Xu C, et al. 2D PdAg alloy nanodendrites for enhanced ethanol electroxidation[J]. Adv. Mater., 2018, 30(11): 1706962.

[40] Dutta A, Mondal A, Broekmann P, et al. Optimal level of Au nanoparticles on Pd nanostructures providing remarkable electro-catalysis in direct ethanol fuel cell[J]. J. Power Sources, 2017, 361: 276-284.

[41] Wang J, Pei Z, Liu J, et al. A high-performance flexible direct ethanol fuel cell with drop-and-play function[J]. Nano Energy, 2019, 65: 104052.